AF307202

Heinrich Hertz
Die Constitution der Materie

Springer-Verlag Berlin Heidelberg GmbH

Heinrich Hertz im Kreise seiner Dozenten-Kollegen an der Universität Kiel
(Staatsarchiv Hamburg)

Heinrich Hertz

Die Constitution der Materie

Eine Vorlesung
über die Grundlagen der Physik
aus dem Jahre 1884

Herausgegeben von
Albrecht Fölsing

Springer

Albrecht Fölsing
Tristanweg 4
D-22559 Hamburg

Gedruckt mit Unterstützung
der Fa. Arnold Hertz & Co., Immobilien, Hamburg

Mit 22 Abbildungen

ISBN 978-3-642-63646-2

Die Deutsche Bibliothek – CIP-Einheitsaufnahme

Hertz, Heinrich: Heinrich Hertz – Die Constitution der Materie: eine Vorlesung über die
Grundlagen der Physik aus dem Jahre 1884 / Heinrich Hertz. Hrsg.: Albrecht Fölsing. –
Berlin; Heidelberg; New York; Barcelona; Hongkong; London; Mailand; Paris;
Singapur; Tokio: Springer, 1999
ISBN 978-3-642-63646-2   ISBN 978-3-642-58561-6 (eBook)
DOI 10.1007/978-3-642-58561-6

Datenkonvertierung: LE-TeX, Jelonek, Schmidt & Vöckler GbR, Leipzig
Einbandgestaltung: E. Kirchner, Heidelberg

SPIN: 10652370   55/3144/ba - 5 4 3 2 1 0 – Gedruckt auf säurefreiem Papier

Vorwort

Als ich Material für eine Biographie über Heinrich Hertz sammelte, wurde mir der in Privatbesitz verbliebene Nachlaß von Mathilde Hertz zugänglich, der viele nachgelassene Papiere ihres Vaters enthält. Zu den interessantesten Funden gehörte zweifellos das Manuskript einer Vorlesung „Über die Constitution der Materie", die Heinrich Hertz im Sommersemester 1884 als Privatdozent an der Universität Kiel gehalten hat.

In diesen Vorlesungen behandelte Heinrich Hertz neben vielen anderen Problemen der damals modernen Physik auch die Elektrodynamik, jenes Gebiet, mit dem sein Name und sein Ruhm aufs engste verbunden ist. Als Professor in Karlsruhe konnte er in einer Serie epochaler Experimente in den Jahren von 1886 bis 1888 elektrische Wellen im Laboratorium erzeugen, ihre Identität mit den optischen Wellen nachweisen und somit die Maxwellsche Theorie glanzvoll bestätigen. Der besondere Reiz der Kieler Vorlesung liegt nun darin, daß Heinrich Hertz darin viele Aspekte der späteren Forschungen gewissermaßen als Gedankenexperimente vorweggenommen und in höchst anschaulicher Form skizziert hat, so daß die Karlsruher Arbeiten als konkrete Realisation eines schon Jahre zuvor entworfenen Forschungsprogramms erscheinen.

Mein Dank gilt vor allem Frau Christa Hertz, die nicht nur mit der Veröffentlichung dieses nachgelassenen Manuskripts sofort einverstanden war, sondern meine Arbeit durch ihre zuvorkommende Hilfsbereitschaft stets unterstützt hat.

Herrn Holger Hertz danke ich für seine spontane Bereitschaft, die Veröffentlichung durch einen Zuschuß zu den Druckkosten zu fördern.

Schließlich gilt mein Dank dem Springer-Verlag und hier insbesondere Herrn Prof. Dr. Wolf Beiglböck für die Bereitschaft, diesen Text von Heinrich Hertz der Öffentlichkeit zugänglich zu machen.

Hamburg, im Juni 1999 *Albrecht Fölsing*

Inhaltsverzeichnis

Einführung

Es sind garzuviele geistvolle und schöngeformte Gedanken in diesen Vorlesungen enthalten, als daß man ihre Publikation nicht aufs dringendste wünschen sollte.

Max Planck 1895

Eine Vorlesung, aus der ein Buch werden sollte

Heinrich Hertz starb am Neujahrstag des Jahres 1894 im Alter von nur 36 Jahren. Sein letztes großes Werk, „Die Prinzipien der Mechanik, in neuem Zusammenhange dargestellt", hatte er noch im November 1893 trotz schwerer Krankheit fertigstellen können. Die Überwachung des Drucks und das Lesen der Korrekturen würde, davon war er überzeugt, sein Assistent Philipp Lenard erledigen. In dieser letzten Phase seines Lebens wurde auch über ein Buch gesprochen, das Heinrich Hertz ein Jahrzehnt zuvor als Privatdozent in Kiel geschrieben hatte, das jedoch nicht veröffentlicht worden war. Das Manuskript *Ueber die Constitution der Materie* war als Ausarbeitung einer Vorlesung im Jahre 1884 auf 420 Seiten angewachsen, aber nicht zu Ende gebracht und seither nicht wieder aufgenommen worden. Der Umstand, daß es in einigen Teilen nicht mehr dem Stand der Forschung entsprach, und – wie Franz Richarz notierte – „seine große Bescheidenheit werden Hertz davon abgehalten haben, das Manuskript in den letzten Wochen seines Lebens als beachtenswert zu bezeichnen".[1]

Richarz war an der Bonner Universität Privatdozent. Er sprach nach dem Tod von Heinrich Hertz verschiedentlich mit dessen Witwe über das nachgelassene Werk; Elisabeth Hertz erteilte ihre Zustimmung zu einer posthumen Veröffentlichung, und Richarz beendete ein vierseitiges Gutachten mit der Empfehlung: „Meiner Meinung nach ist die Veröffentlichung des Manuskripts nicht nur aus persönlichem Interesse an dem Verfasser, sondern wegen seines wissenschaftlichen Nutzens wünschenswert."[2]

Da sich Richarz zu Verhandlungen wegen seiner Berufung an die Universität Greifswald Anfang 1895 in Berlin aufhielt, nutzte er die Gelegenheit, wegen des Manuskripts Max Planck zu konsultieren, den Ordinarius für Theoretische Physik an der Universität Berlin. Planck, der zweimal einen von Hertz ausgeschlagenen Ruf angenommen hatte – 1885 das Extraordinariat in Kiel und 1889 die Professur in Berlin –, hatte den ein Jahr äl-

teren Heinrich Hertz nicht nur aus der Ferne bewundert, sondern bei dessen
Besuchen in Berlin auch persönlich schätzen gelernt. Daher hatte es sich
Planck nicht nehmen lassen, in der Physikalischen Gesellschaft zu Berlin
eine bewegende Gedenkrede auf den zu früh verstorbenen Kollegen zu halten. Von seiner Verehrung zeugt auch der Dank, den er Elisabeth Hertz für
die Übersendung der Anfang 1895 erschienenen „Schriften vermischten
Inhalts", des ersten Bandes von Hertz' Gesammelten Werken, abstattete:
„Ich brauche Ihnen nicht zu versichern, daß mich der Gedanke, dadurch
dem Unvergeßlichen auch persönlich ein Stück näher gekommen zu sein,
sehr beglückt." In diesem Brief ging Planck auch auf das Manuskript ein:

> Zu meiner großen Freude erzählte College Richarz mir, daß Sie Ihre Einwil-
> ligung zur Veröffentlichung des nachgelassenen Fragments „Vorlesungen über die
> Constitution der Materie" gegeben haben. Ich durfte in das Manuskript gründlich
> Einsicht nehmen, u. fühle mich geradezu verpflichtet, - ich kann sagen, im Namen
> der Wissenschaft - Ihnen für Ihren hochherzigen Entschluß den aufrichtigsten Dank
> auszusprechen; es sind garzuviele geistvolle und schöngeformte Gedanken in diesen
> Vorlesungen enthalten, als daß man ihre Publikation nicht aufs dringendste wünschen
> sollte.[3]

Trotz der prominenten Fürsprache kam die Publikation nicht zustande.
Die Gründe dürften heute kaum noch aufgeklärt werden können. Das
Manuskript wurde jedenfalls von Elisabeth Hertz aufbewahrt. 1936 nahm
sie es mit vielen anderen nachgelassenen Papieren ihres Mannes mit nach
England, wo sie und die beiden Töchter eine Zuflucht fanden, als der
Name von Heinrich Hertz in Deutschland wegen seiner jüdischen Groß-
eltern geschmäht wurde. Nach dem Tod der jüngeren Tochter Mathilde am
20. November 1975 gelangte das Manuskript mit dem restlichen Nachlaß schließlich wieder nach Deutschland und verblieb in Privatbesitz. Ich
konnte es für meine Biographie über Heinrich Hertz heranziehen. Jetzt
wird es erstmals in vollem Umfange der Öffentlichkeit vorgestellt.

Der Titel *Ueber die Constitution der Materie* umfaßte die gesamte
Physik, zunächst natürlich die „ponderabel" genannte, also wenigstens
prinzipiell wägbare Materie einschließlich der Atome. Weil in der Physik
des 19. Jahrhunderts auch der Äther, der Träger der optischen und elektromagnetischen Erscheinungen, als Materie aufgefaßt wurde, freilich als
„imponderable" Materie, wird folgerichtig in einem umfangreichen Teil
die Physik des Äthers, also Elektrodynamik und Optik, behandelt. Daß
der 1884 ausgearbeitete Text ein Jahrzehnt später in diesen Passagen, vor
allem wegen Hertz' eigener Leistungen, nicht mehr den aktuellen Stand
der Erkenntnis widerspiegelte, minderte für Planck keineswegs seinen
bleibenden Wert, sondern machte ihn nur umso interessanter:

> Aber gerade dies verleiht nach meinem Dafürhalten diesen Vorlesungen einen ihrer
> großen Reize – u. zwar nicht allein in persönlicher, sondern in rein fachlicher Hinsicht

2

– daß man deutlich sieht, wie die Wissenschaft, durch Induktion fortschreitend, aus der Summe der vorhandenen Thatsachen das Ergebnis zieht u. danach die Fragestellung zur Auffindung neuer Thatsachen einrichtet. Jeder Forscher kann sich gerade hieran ein Beispiel und ein Muster nehmen, wie er verfahren soll, wenn er einer unbekannten Welt von Erscheinungen gegenübersteht, und der Erfolg hat ja gezeigt, daß die Fragestellung die richtige war, ...[4]

Diese Vorlesungen enthalten aber nicht nur die richtige Fragestellung, sondern bereits eine faszinierende Skizze zu ihrer Lösung. Hertz entfaltete nämlich die Probleme der Elektrodynamik und der elektromagnetischen Theorie des Lichts schon 1884 als ein ausgereiftes Forschungsprogramm. Zur experimentellen Überprüfung fehlten ihm in Kiel freilich nicht nur die Mittel, sondern auch ein erfolgversprechender Ansatz. Als ihm dann einige Jahre später in Karlsruhe die experimentelle Bestätigung und theoretische Durchdringung der Maxwellschen Theorie gelang, war das über weite Strecken die inhaltliche Ausfüllung seiner bereits in Kiel ausgearbeiteten Konzepte. Wegen dieser gedanklichen Vorwegnahme allein ist daher dieser Text für das Verständnis physikalischer Forschung und für die Rekonstruktion der Hertzschen Entdeckungen ein wertvolles Dokument, zumal es sich um damals zentrale Themenkomplexe handelt, nämlich um die Entscheidung zwischen Nah- und Fernwirkungstheorien sowie um die Vereinigung von optischen und elektromagnetischen Erscheinungen.

Die Vorlesungen beschränkten sich freilich keineswegs auf Elektrodynamik, sondern handelten dem Titel gemäß von der gesamten Physik. Dieses auch damals schon recht weite Feld konnte in den zwölf Vorlesungsstunden eines kurzen Sommersemesters nur bei Konzentration auf das Wesentliche dargestellt werden, und das war für Hertz die Explikation der Grundfragen dieser Wissenschaft vor einem philosophisch zu nennenden Hintergrund. Anhand der Physik und immer innerhalb ihrer Problemhorizonte war er bereits 1884 auf dem Weg zu jenen philosophischen Konzeptionen, die er später in der Analyse der Elektrodynamik und insbesondere in der großen Einleitung zu seinen „Prinzipien der Mechanik" präsentierte. Daher bieten diese Vorlesungen einen interessanten Einblick in die Herausbildung seines Denkens, das nicht nur einen wesentlichen Beitrag zur Wissenschaftstheorie leistete, sondern insbesondere durch Ludwig Wittgensteins Rezeption in seinem „Tractatus logico-philosophicus" auf die Philosophie des 20. Jahrhunderts einen nachhaltigen Einfluß ausgeübt hat.

Schließlich sind diese Vorlesungen auch ein aufschlußreiches biographisches Dokument. Heinrich Hertz war nach Studien- und Assistentenjahren in Berlin, dem Zentrum seiner Wissenschaft, als Privatdozent an die kleine Universität Kiel gegangen. In dieser peripheren Situation voller Unsicherheit im Hinblick auf seine weitere Karriere versuchte er, sich in den Vorlesungen der Grundlagen seiner Wissenschaft zu versichern und die zentralen Probleme zu beleuchten, die er für wichtig und entscheidbar hielt. Er schrieb das Manuskript im Alter von 27 Jahren.

Eine biographische Skizze

Heinrich Hertz wurde am 22. Februar 1857 in Hamburg geboren. Sein Vater war ein angesehener Anwalt mit florierender Kanzlei, wurde Richter am Obergericht und schließlich der für das Justizwesen zuständige Senator in der Stadtregierung. Der vielfach talentierte und hochbegabte Sohn besuchte neun Jahre lang eine der privaten Hamburger Bürgerschulen. Nach zwei Jahren häuslichen Privatunterrichts besuchte er das Gymnasium nur in der Prima, um kurz nach seinem 18. Geburtstag das Abitur zu erwerben. Anstatt nach der Sitte Hamburger Anwaltsfamilien an einer Universität Jura zu studieren, wie es später seine jüngeren Brüder selbstverständlich taten, wollte er Bauingenieur werden. Das für diesen Beruf vorgeschriebene Praktikumsjahr verbrachte er in Frankfurt am Main auf dem dortigen Bauamt und in einem Architekturbüro; anschließend ging er an das Polytechnikum in Dresden. Nach dem ersten Semester wurde er zum einjährigen Militärdienst einberufen, den er beim technisch ausgerichteten I. Eisenbahn-Garde-Regiment in Berlin als Offiziersanwärter absolvierte. Nach einer Reihe zeitraubender Übungen wurde er zunächst „Vizefeldwebel", später „Second"- und schließlich, als er längst Professor war, auch „Premier-Lieutenant".

Nach dem Militärdienst wollte er sein Studium am Polytechnikum in München fortsetzen und dort auch das Examen als Bauingenieur ablegen. Aber beim Beginn des Semesters gewann seine lange verdrängte Leidenschaft für die Physik die Oberhand, so daß er mit Erlaubnis des Vaters das Studienfach wechselte und sich an der Münchner Universität immatrikulierte. Da ihn die Anfängervorlesungen nicht ausfüllten, studierte er auf Anraten des Ordinarius Philipp von Jolly die großen theoretisch-mathematischen Werke von Pierre Simon de Laplace und Joseph Lagrange. Das Praktikum belegte er gleich doppelt, mit mäßigem Vergnügen an der Universität und mit deutlich größerem Interesse am Polytechnikum.

Weil München dem anspruchsvollen Studenten nicht genug zu bieten schien, ging er nach zwei Semestern im Herbst 1878 nach Berlin, wo Hermann Helmholtz und Gustav Kirchhoff seine herausragenden Lehrer wurden. Daneben hörte er noch bei den Mathematikern Carl Wilhelm Borchard und Ernst Eduard Kummer jeweils Analytische Mechanik. Am wichtigsten war freilich die Arbeit im Laboratorium des für Helmholtz errichteten neuen, großzügig ausgestatteten Physikalischen Instituts. Gleich nach der Ankunft entschloß sich Heinrich Hertz, eine von Helmholtz gestellte Preisaufgabe für die Studierenden der Philosophischen Fakultät zu bearbeiten, wodurch sich eine engere Beziehung zu Helmholtz ergab. Bei der Aufgabe ging es um die experimentelle Bestimmung einer oberen Grenze für die „Masse bewegter Elektrizität" durch Präzisionsmessungen der Selbstinduktion. Der Student im dritten Semester löste diese Aufgabe mit Bravour und erhielt den Preis.

Daraufhin machte Helmholtz seinen Studenten auf eine weitere Preisaufgabe aufmerksam, die er durch die Preußische Akademie der Wissenschaften hatte stellen lassen. Sie war ungleich schwieriger als die der Fakultät, denn ihre Lösung sollte eine Entscheidung über Grundfragen der Maxwellschen Theorie liefern. Nachdem Hertz in den Semesterferien verschiedene Möglichkeiten theoretisch untersucht und berechnet hatte, verzichtete er auf die Bearbeitung, weil er kaum Aussichten für einen Erfolg sah. Statt dessen stellte er im Wintersemester 1879/80 binnen weniger Wochen eine umfangreiche theoretische Dissertation „Ueber die Induction in rotirenden Kugeln" fertig. Weil er erst fünf und nicht die vorgeschriebenen sechs Semester an Universitäten studiert hatte, bedurfte es einer Sondergenehmigung, bevor er am 15. März 1880 mit dem in Berlin seltenen Prädikat „magna cum laude" promoviert wurde.

Zur Fortsetzung seiner akademischen Karriere blieb Heinrich Hertz in Berlin und versuchte, in alternativen Experimenten die obere Grenze der „Masse der Elektrizität" weiter zu präzisieren. In den Sommerferien 1880 wurde ihm von Helmholtz eine überraschend frei gewordene Assistentenstelle angeboten, die er dankbar annahm. Seine Aufgabe bestand in der Betreuung der Praktikumsversuche für Mechanik und Wärmelehre. In seinen Forschungsarbeiten schloß er zunächst einige elektrodynamische Experimente ab und widmete sich anschließend vielfältigen anderen Problemen. Trotz großen Aufwandes blieben Experimente zur Verdunstung unergiebig, während Studien über Elastizität und die Härte fester Körper Resultate von bleibendem Wert ergaben. Regelmäßig besuchte er die Sitzungen der Physikalischen Gesellschaft und profilierte sich als Vortragender sowie als Referent für die „Fortschritte der Physik". Im unmittelbaren Rückblick bemerkte er zu seinen Berliner Arbeiten, sie seien „entstanden nicht in konsequenter Verfolgung eines größeren Zieles, sondern aus Anlaß gelegentlicher Anregungen, welche mir in reichem Maße von meinen Lehrern und Mitarbeitern aus zuströmten".[5]

Im Sommer 1882 begann Heinrich Hertz mit einer großangelegten Untersuchung der Glimmentladung, mit der er sich in Berlin habilitieren wollte. Die Aussicht, mit sechs anderen Privatdozenten konkurrieren zu müssen, schien ihm jedoch nicht verlockend. Daher akzeptierte er nach reiflichen Abwägungen das Angebot, sich in Kiel für Mathematische

Physik zu habilitieren. Mit dieser Privatdozentur war ein Stipendium des preußischen Kultusministeriums verbunden sowie die Aussicht, in etwa zwei Jahren auf ein neu einzurichtendes Extraordinariat für Theoretische oder Mathematische Physik berufen zu werden. Als Habilitationsschrift reichte er die 1881 veröffentlichte theoretische Abhandlung „Ueber die Berührung fester elastischer Körper" ein. Nach erfolgreich bestandenem Colloquium hielt er am 5. Mai 1883 seine Antrittsvorlesung „Ueber die Grundlagen der mechanischen Wärmetheorie". Dieses Gebiet, das später als Thermodynamik bezeichnet wurde, behandelte er auch in seiner ersten zweistündigen Vorlesung. Außerdem bot er noch ein dreistündiges Repetitorium der allgemeinen Physik an, eine Art gehobenen Nachhilfeunterrichts.

Die Kieler Dozentur hatte Heinrich Hertz mit gemischten Gefühlen angetreten. „Mir bitte ich einstweilen kein Glück zu wünschen", schrieb er seinem Nachfolger in der Berliner Assistentenstelle. „Vorläufig ist meine Veränderung wohl eher eine Verschlechterung, die ich nur um zukünftigen Gewinnes willen auf mich nehme."[6] Kiel war eine kleine, nach Studentenzahlen sogar die kleinste Universität Preußens, und Heinrich Hertz war klar, daß er sich mit „kleinen Verhältnissen" zu arrangieren haben würde. 300 Studenten fanden sich im Winter ein, im Sommersemester dann wegen des Ambientes einer Sommerfrische um die 400. Nur etwa ein Dutzend studierten Physik oder Mathematik im Hauptfach und waren damit potentielle Hörer des neuen Dozenten.

Eine zweistündige Spezialvorlesung war für diese kleine Schar ein ausreichendes Angebot. Neben den Vorlesungen, die ihn nicht ausfüllten und deren Hörer jeweils an einer Hand abzuzählen waren, brachte er die in Berlin abgebrochenen Arbeiten zum Abschluß, vor allem die „Versuche über die Glimmentladung". Danach arbeitete er intensiv über Hydrodynamik, ohne jedoch publikationsfähige Resultate zu erhalten. Mehr Erfolg hatte er im Nachdenken über Grundfragen der Elektrodynamik: In einer Abhandlung konnte er durch Rekurs auf allgemeine Prinzipien die Vorzüge der Maxwellschen Theorie plausibel machen.

Als einen gravierenden Nachteil seiner Dozentur empfand es Heinrich Hertz, daß er von Arbeitsmöglichkeiten im Physikalischen Institut „abgeschnitten" war. Bemühungen, sich in seiner Wohnung ein Laboratorium einzurichten, führten nicht weit, so daß ihm seine große Leidenschaft des Experimentierens verwehrt war. Trotzdem war er erleichtert, daß er Ende 1884 von der Kieler Fakultät als einziger Kandidat für das theoretische Extraordinariat vorgeschlagen wurde. Gleichzeitig erhielt er einen Ruf an das Polytechnikum in Karlsruhe. Vor allem wegen des ausgezeichneten Laboratoriums entschied er sich für Karlsruhe.

Die Einarbeitung in die neuen Pflichten und eine schwere psychische Krise nach einer übereilt geschlossenen und wieder aufgelösten Verlobung

6

hinderten ihn mehr als ein Jahr lang am wissenschaftlichen Arbeiten. Erst als er 1886 mit Elisabeth Doll verheiratet war und seine persönlichen Verhältnisse eine glückliche Wendung genommen hatten, konnte er sein Laboratorium nutzen. Alsbald bemerkte er Funkenüberschläge bei der Entladung Leidener Flaschen durch sogenannte „Rießsche" oder „Knochenhauersche" Spulen. Aus dieser Beobachtung resultierte die berühmte Serie bahnbrechender Untersuchungen über schnelle elektrische Schwingungen, zunächst in Drähten. Dabei glückte ihm als spektakuläres Nebenprodukt die Entdeckung des photoelektrischen Effekts. Von vornherein und planmäßig ins Auge gefaßt war dagegen der Nachweis von Induktionswirkungen durch elektrische Vorgänge in Isolatoren, wodurch er eine Lösung der Akademieaufgabe aus dem Jahre 1879 fand, die freilich verspätet war und nicht mehr mit einem Preis gewürdigt wurde. Als Krönung seiner Experimente gelang ihm schließlich 1888 die kontrollierte Erzeugung elektromagnetischer Wellen im Raum und der Nachweis ihrer Identität mit den Wellen des Lichts. Damit war die Kontroverse zwischen Fern- und Nahwirkungstheorien der Elektrodynamik eindeutig zugunsten der Faraday-Maxwellschen Nahwirkungstheorie entschieden und die Einheit von optischen und elektromagnetischen Erscheinungen sichergestellt.

Durch diese Leistungen war Heinrich Hertz im Jahre 1889 der wohl berühmteste Physiker seiner Generation. Er erhielt gleich zwei ehrenvolle Berufungen an preußische Universitäten, nach Berlin als Nachfolger von Gustav Kirchhoff auf den theoretischen Lehrstuhl und nach Bonn als Nachfolger von Rudolf Clausius. Er entschied sich für die Professur für Physik in Bonn.

Während der ersten beiden Jahre in Bonn war Heinrich Hertz damit ausgelastet, das von Clausius vernachlässigte Institut von Grund auf neu einzurichten. Zu den elektromagnetischen Wellen veröffentlichte er nur noch eine experimentelle Arbeit über deren magnetische Komponente. Vor allem konzentrierte er sich auf theoretische Untersuchungen, in denen er seine in Karlsruhe begonnene Analyse der Elektrodynamik zum Abschluß brachte. In der Abhandlung über die Grundgleichungen der Elektrodynamik für ruhende Körper gelang ihm eine axiomatisch strenge und definitive Darstellung, während die Theorie für bewegte Körper ein Torso blieb. Nach den Jahren des Aufbaus widmete sich ein kleiner, internationaler Kreis tüchtiger Schüler diffizilen Detailforschungen zu den elektromagnetischen Wellen, während Heinrich Hertz experimentelles Neuland erschließen wollte. Dabei glückte ihm die Entdeckung, daß dünne Metallfolien für Kathodenstrahlen durchlässig sind. Die weitere Verfolgung dieser Entdeckung überließ er seinem Assistenten Philipp Lenard, weil er selbst von einer theoretischen Aufgabenstellung völlig absorbiert wurde.

Seit 1891 suchte Heinrich Hertz nach einer neuen Darstellung der Mechanik, die ohne den problematischen Begriff der Kraft auskommen

sollte und bei der es ihm vor allem um „die logische, oder, wenn man will,
die philosophische Seite des Gegenstandes"[7] ging. Bei dieser Arbeit hat
er, soweit man sehen kann, sein Manuskript *Ueber die Constitution der
Materie*, nicht herangezogen, denn offenbar waren ihm die 1884 in Kiel
niedergeschriebenen Gedanken immer präsent. Über damals formulierte
zentrale Aspekte wie die Interpretation von Theorien als „Bilder" hat er
wohl immer wieder nachgedacht, ohne allerdings viel Aufhebens davon zu
machen. Nachdem er einige seiner erkenntnistheoretischen Auffassungen
eher implizit in seine theoretischen Abhandlungen zur Elektrodynamik
hatte einfließen lassen, nutzte er die große Einleitung zu den „Prinzipien
der Mechanik", seine philosophischen Auffassungen darzustellen, wie sie
sich in langem und intensivem Nachdenken über die Probleme der Physik
herausgebildet hatten. Ihren ersten Niederschlag hatten sie freilich schon
in dem Manuskript gefunden, das er 1884 in Kiel geschrieben hatte.

„Die Sache ist nämlich nicht so einfach ..."
– die Arbeit an einem Buch, das nicht fertig wurde.

Weil Heinrich Hertz zu den wenigen vom Kultusministerium geförder-
ten Privatdozenten gehörte, wurde von ihm „Bewährung ... als Dozent
und in litterarischer Hinsicht"[8] erwartet. Eine gute Gelegenheit, sich auf
dem Katheder zu profilieren, boten die „Publica", die hörgeldfreien, für
alle Studenten zugänglichen Veranstaltungen. Im Wintersemester 1883/84
hielt er daher neben einem Spezialkolleg über „Theoretische Elektrizität
und Magnetismus" auf Anregung des Physiologen Victor Hensen ein „Publicum" über „Optik für Mediziner", bei dem sich zu Anfang 50 Hörer
einfanden; diese für Kiel gewaltige Zahl erklärt sich freilich dadurch, daß
die Augenheilkunde gerade Pflichtfach im medizinischen Staatsexamen
geworden war.

Für das Sommersemester 1884 kündigte Heinrich Hertz wieder das
Repetitorium und ein zweistündiges Kolleg über Hydrodynamik an, ein
Gebiet, mit dem er sich den Winter hindurch intensiv beschäftigt hatte.
Dazu plante er noch als einstündiges „Publicum" eine Vorlesung *Ueber
die Constitution der Materie.*[9] Am 12. Februar 1884 notierte er in sei-
nem Tagebuch, er habe „angefangen über die Constitut. d. Materie zu
sammeln". Konkreter sind die bald folgenden Eintragungen, daß er sich
„auf der Bibliothek Kant geholt", insbesondere die „naturwissenschaftl.
Abhandlungen von Kant gelesen" und auch das im Vorjahr erschienene
Buch von Ernst Mach über „Die Mechanik in ihrer Entwicklung" studiert
habe. Wenig später heißt es nur noch summarisch: „Viele Bücher aus der
Bibliothek geholt u. Litteratur studirt."[10]

8

Mit dem Kolleg *Ueber die Constitution der Materie* hatte Heinrich Hertz ganz Besonderes vor, denn daraus sollte sein erstes Buch hervorgehen. Er hat diesen Plan zwar nirgendwo schriftlich festgehalten, aber einiges spricht dafür, daß er diese Absicht schon bei der Ankündigung der Vorlesung hatte: Während er bei seinen sonstigen Vorlesungen nur die wesentlichsten Aspekte auf losen Blättern konzipierte, hatte er bereits vor Beginn des Semesters Ende April für die *Constitution der Materie* die ersten Stunden einschließlich einer Titelseite detailliert ausgearbeitet und druckfertig aufgeschrieben. Da es sich um ein „Publicum" handelte, mußte er sich vornehmlich auf Hörer einstellen, die nur wenig von Physik und Mathematik wußten. Was er plante, war daher kein Lehrbuch, sondern ein inhaltlich anspruchsvoller und kompromißloser, aber auch für ein breiteres Publikum verständlicher Essay über Methoden und Probleme der damals modernen Physik.

Schon die erste Vorlesung am 30. April 1884 begann jedoch mit einer kleinen Enttäuschung. 15–20 Hörer waren erschienen, eine für Kieler Verhältnisse recht ansprechende Zahl, aber der Dozent hatte „noch mehr erwartet"[11], wahrscheinlich wegen des Themas und wegen der Mühe, die er sich mit der Vorbereitung gegeben hatte. Weil das Kolleg über Hydrodynamik wegen mangelnden Interesses der Studenten entfiel, konnte er sich ganz auf das „Publicum" konzentrieren. Er arbeitete den Mai hindurch intensiv an dem Text, mußte sich aber nach der fünften Vorlesung eingestehen: „Das Colleg findet keinen rechten Anklang."[12] Seinen Verdruß wegen der Studenten verknüpfte er mit einem schönen Kompliment für seinen jüngeren Bruder Gustav und seinen Vater, dem er während seiner Besuche in Hamburg schon im April längere Passagen des Textes vorgelesen hatte[13]:

Ich glaube kaum, daß ein Zuhörer da ist, der mehr von Physik versteht wie Papa und Gustav, meist aber haben sie weniger Verstand und Alle haben, wie Ihr euch denken könnt, unendlich viel weniger guten Willen. So verstehen sie es nicht. Ich kann ihnen auch nicht helfen, der Fehler ist, daß ich doch schließlich für Physiker lesen möchte und höchstens Zuhörer habe, die sich für Physik interessiren.[14]

Dieses Dilemma hatte naturgemäß Auswirkungen auf das Manuskript, die er in dem gleichen Brief an die Eltern beklagte:

Was das Aufschreiben anlangt, so bin ich mit dem Aether jetzt fertig geworden. Aber gut ist es nicht geworden, was hinzugekommen ist, und es fehlt auch noch vieles was hineinsoll. Aber fürs erste Bedürfnis muß ich eilen meinen Zuhörern etwas Greifbares zu bieten, sonst verhungern sie mir im leeren Raume.[15]

Er hatte aber auch die Fülle des Materials unterschätzt und geriet dadurch in arge zeitliche Bedrängnis. „Mit meinem Colleg über die Materie bin ich natürlich nicht entfernt fertig geworden", war die Bilanz zum Semesterende. „Wenn ich es offen sagen soll, bin ich überhaupt noch gar nicht zu den Hauptfragen gekommen, und habe dieselben nur ganz kurz in der letzten Vorlesung erwähnt.“[16] Im Tagebuch hielt er fest, er habe das Kolleg „gewaltsam zu Ende gebracht“.[17] In dem Manuskript ist allerdings nicht zu erkennen, welche „Hauptfragen“ er in dieser letzten Stunde aufgeworfen haben mag; offenbar ist er wegen Zeitmangels von dem aufgeschriebenen Text erheblich abgewichen und hat in der Vorlesung so etwas wie einen Schluß improvisiert, während das Manuskript schlicht im Sande verläuft.

Erst nach den Ferien hat sich Heinrich Hertz das Manuskript im Herbst 1884 noch einmal vorgenommen. Er brachte einige Korrekturen und Ergänzungen an und wollte offenbar wenigstens einen eindrucksvollen Schluß zustande bringen. „Soweit ich sonst noch arbeite, habe ich mich wieder an die Constitution der Materie gemacht“, schrieb er im November. „Doch arbeite ich mehr Litteratur und denke nach, das Aufschreiben will nicht recht, weil ich nicht recht weiß, was ich aufschreiben soll; die Sache ist nämlich nicht so einfach und läßt sich nicht eins zwei drei um den Finger wickeln.“[18]

Danach geriet das auf mehr als 400 Seiten angewachsene Manuskript aus dem Blickfeld und wurde nie mehr erwähnt. Eine gewisse Unlust, die letzten, reichlich weitschweifig geratenen Passagen über die der Chemie entnommenen Argumente zugunsten des Atomismus zu straffen und einen Schluß zu konzipieren, war offenbar nicht zu überwinden. Dabei mag der Zeitmangel wegen des bevorstehenden Wechsels nach Karlsruhe eine Rolle gespielt haben und auch seine Neigung zu unerbittlicher und daher oft überzogener Selbstkritik, vielleicht auch die Sorge, mit seinen manchmal kühnen und unkonventionellen Spekulationen sein Ansehen in akademischen Kreisen zu gefährden. Hätte er sich aber überwunden, das Manuskript zum Abschluß gebracht und veröffentlicht, so wäre daraus ein Buch von großem Reiz hervorgegangen. Auch bei einer posthumen Veröffentlichung nach Ablauf eines Jahrzehnts war Franz Richarz noch von dem großen Nutzen überzeugt, „den die Arbeit erstens als allgemeinverständliche Darstellung für weitere Kreise, zweitens aber auch wegen der Klarheit und Schönheit und vielfachen Originalität auch für Physiker haben wird.“[19]

Heinrich Hertz als philosophierender Physiker

Als Auftakt eines „Publicums“ für einen breiteren Hörerkreis widmete Heinrich Hertz die erste Stunde einem historischen Exkurs über die Beziehungen zwischen Philosophie und Physik. Allerdings hatte Heinrich Hertz Philosophie nicht so systematisch und umfassend studiert wie Physik. Auf dem Gymnasium hat er einiges von den griechischen und römischen Autoren erfahren, wohl eher Ethik als etwa Metaphysik. Während des Praktikums in Frankfurt las er Platons „Politeia", und in dem einen Semester am Polytechnikum in Dresden war es neben der Mathematik eine Vorlesung über die Geschichte der Philosophie, die ihn am meisten fesselte.

Der Dozent war Friedrich Schultze, ein nicht gerade führender, aber schriftstellerisch produktiver Vertreter des Neukantianismus, dessen Repräsentanten es im Rückgriff auf Kant darum ging, die Möglichkeit sicherer Erkenntnis insbesondere in den Naturwissenschaften zu begründen. Schultze, der gerade an einer Schrift „Über die Bedeutung und Aufgabe einer Philosophie der Naturwissenschaften" arbeitete, wird manches von dieser Thematik in seinen Vorlesungen dargestellt und die Geschichte der Philosophie in Kantschen Kategorien entfaltet haben. Hertz rühmte diese Vorlesungen des Neukantianers als „wirklich wissenschaftlich und sein Fach und daher sehr interessant".[20] Angeregt von der Vorlesung, holte er sich aus der Bibliothek Kants Anthropologie, las sie aber mit nur mäßigem Interesse. Regelrecht gefesselt wurde er jedoch von der „Kritik der reinen Vernunft", die er sehr gründlich studierte. So hat er manchen Vormittag „scharf Analysis gearbeitet" und am Nachmittag „Analysis und Kant gelesen"[21].

Nach dem Dresdner Semester hat Heinrich Hertz das Studium der Philosophie nicht fortgesetzt. Weder in München noch in Berlin hörte er philosophische Vorlesungen, auch nicht, wenn er sich zur Ablenkung gelegentlich entschloß, „durch die Kollegien der anderen Professoren zu laufen"[22]; es gibt auch keine Hinweise auf die Lektüre philosophischer Autoren. Allerdings war in Berlin bei der Promotion Philosophie Pflichtfach, so daß er in seinem letzten Semester bei Eduard Zeller eine Vorlesung über „Geschichte der Philosophie" belegte. In der Prüfung ging es nur um die griechischen Denker von den Vorsokratikern bis Aristoteles. Zeller wurde laut Prüfungsprotokoll „von den Antworten des Kandidaten sehr befriedigt", und der Kandidat selbst meinte, er hätte in diesem Fach glänzen können, „wenn Prof. Zeller nicht gar zu leicht gefragt hätte".[23]

Intensiver als von diesen akademischen Pflichtübungen und intensiver auch als durch das Studium Kants wurde das Denken von Heinrich Hertz durch die Physik beeinflußt. Schon in seinem ersten Semester in München hat er bei der Lektüre der Werke von Laplace und Lagrange viel Zeit darauf verwendet, „um über die Sachen selbst nachzudenken, und gerade die Prinzipien der Mechanik, wie schon die Worte: Kraft, Zeit, Raum, Bewegung sagen, können einen hart genug beschäftigen".[24] Durch diese französischen Klassiker wurde er mit einer mathematisch-phänomologischen Praxis der Physik bekannt, die Fragen nach dem Wesen und den Ursachen der Dinge und Erscheinungen beiseite läßt zugunsten einer zuverlässigen Beschreibung durch mathematische Theorien.

In gewandelter und durch Franz Neumann weiterentwickelter Form standen auch Helmholtz und Kirchhoff dieser phänomenologischen Auffassung nahe. Dabei hielt Helmholtz im Unterschied zu Kirchhoff an der zentralen Rolle der Naturgesetze fest, allerdings mit der gelegentlich betonten Einschränkung, daß Gesetze nicht wie Gegenstände existieren und direkt beobachtet werden können, sondern in einem Prozeß der Hypothesenbildung gefunden werden: „Jede richtig gebildete Hypothese stellt ihrem thatsächlichen Sinne nach ein allgemeineres Gesetz der Erscheinungen hin, als wir bisher unmittelbar beobachtet haben; sie ist ein Versuch, zu immer allgemeinerer und umfassenderer Gesetzlichkeit aufzusteigen."[25] Obwohl damit für Helmholtz die Naturgesetze streng genommen Hypothesen waren, hat er die Gesetze doch als Abbilder der Natur aufgefaßt und die Aufgabe der Wissenschaft darin gesehen, die in und mit der Natur gegebenen Gesetze zu erkennen.

Wenn Heinrich Hertz, der schon als Student in München die Vorträge von Helmholtz gelesen hatte und in Berlin das Studium der Schriften seines Lehrers vertiefte, diese Fragen mit Helmholtz besprochen haben sollte, dann dürfte das eher beiläufig geschehen sein, denn weder finden sich in seinen ausführlichen Briefen an die Eltern Berichte über Diskussionen zu den philosophischen Grundlagen der Naturwissenschaft, noch sind sie anderweitig überliefert.

Radikaler waren die programmatischen Thesen, die Heinrich Hertz in Kirchhoffs Vorlesungen zu hören bekam. Darin wurde als Aufgabe der Mechanik bestimmt, „die in der Natur vor sich gehenden Bewegungen zu *beschreiben*, und zwar vollständig und auf die einfachste Weise zu beschreiben". Nach Kirchhoff ging es in der Physik also darum, „anzugeben, *welches* die Erscheinungen sind, die stattfinden, nicht aber darum, ihre Ursachen zu ermitteln".[26] Dieses Programm dürfte einerseits eine wesentlich Anregung für Hertz gewesen sein, den von Helmholtz vertretenen Abbildcharakter der Naturgesetze aufzugeben, aber andererseits war ihm der pure Phänomenalismus Kirchhoffscher Prägung nicht ausreichend. In einer ziemlich freien phänomenologischen Umdeutung der Philosophie Kants entwickelte er schließlich seine Konzeption der „Bilder" zur Beschreibung der Wirklichkeit. In der Kieler Vorlesung ist diese in den „Prinzipien der Mechanik" streng formulierte und vollendet ausgeführte Konzeption bereits in Ansätzen enthalten, und in dem besonders interessanten Fall der konkurrierenden Theorien der Elektrodynamik wird sie sogar zur Bewertung dieser Theorien herangezogen.

12

Elektrodynamik in „Bildern"
und elektromagnetische Wellen in Gedankenexperimenten

Am Beispiel der Aporien des Atombegriffs reduziert Heinrich Hertz in
seiner Kieler Vorlesung die Physik im strengen Sinne auf „ein System von
begrifflich definierten Größen, welche unter sich und mit den makrosko-
pischen Eigenschaften der Materie durch streng mathematisch formulierte
Beziehungen verbunden sind" (MsS. 33). Aber die Physik tut gut daran,
sich nicht auf dieses begrifflich-mathematische Skelett zu beschränken, In
lockerer Anlehnung an Kant formuliert Hertz die Einsicht: „Es ist eine
allgemeine und nothwendige Eigenschaft des menschlichen Verstandes,
daß wir uns die Dinge weder anschaulich vorstellen noch sie begrifflich
definiren können, ohne ihnen Eigenschaften hinzuzufügen, die in ihnen an
sich durchaus nicht vorhanden sind." (MsS. 35) Diese Eigenschaften sind
an zwei Bedingungen geknüpft: „Sie dürfen sich nicht widersprechen,
also sie müssen logisch möglich sein, und die Rechnungen zu welchen sie
führen, müssen möglichst einfach, also sie müssen zweckdienlich sein."
(MsS. 34/35). Obwohl daran festzuhalten ist, daß die wesentlichen Eigenschaften der Gegenstände „lediglich Zeit- und Raumbeziehungen sind", ist
es nicht nur zulässig, sondern sogar nützlich, „wenn wir von den Dingen,
die wirklich sind, aber in unseren Geist nicht eingehen, Bilder geschaf-
fen haben, die mit jenen Dingen in einigen Beziehungen übereinstimmen,
während sie in anderen wieder den Stempel unseres Verstandes tragen"
(MsS. 38).

Nach diesen Kriterien analysiert und bewertet Hertz in seiner Vor-
lesung auch die elektrodynamischen Theorien. Die auf Coulomb und
Ampére zurückgehende Fernwirkungstheorie von Wilhelm Weber, die in
Deutschland die herrschende war, hat er sich durch Selbststudium und in
Kirchhoffs Vorlesung ebenso gründlich erarbeitet wie die Potentialtheorie.
Die Maxwellsche Theorie hat er hauptsächlich durch die Helmholtzschen
Arbeiten kennengelernt, ebenso wie dessen eigene Theorie mit einem
Ansatz für die Wechselwirkung zweier Stromelemente, aus dem durch
Spezialisierung eines Zahlenfaktors alle drei konkurrierenden Theorien
deduziert werden konnten. Für stationäre und auch für quasistationäre
Ströme lieferten alle Theorien identische Resultate; unterschiedliche Vor-
hersagen traten nur bei schnellen Veränderungen auf, die jedoch experi-
mentell nicht realisiert werden konnten. Eine Entscheidung zwischen den
konkurrierenden Theorien war mit damaligen Mitteln also nicht möglich.

Immerhin hatte die von Helmholtz ausgeschriebene Preisaufgabe für
Studenten das Ziel, durch die Bestimmung einer oberen Grenze für die
Masse der geladenen Partikel die Webersche Theorie zu widerlegen oder
zumindest begründete Zweifel zu untermauern. Trotz der exzellenten Ex-

perimente, die Hertz zur Lösung dieser Aufgabe ersann, konnte auf diesem Wege eine Entscheidung jedoch nicht herbeigeführt werden. Hertz ließ – trotz der Ablehnung der Weberschen Theorie durch Helmholtz – in seinen in Berlin entstandenen Arbeiten zur Elektrodynamik keinerlei Präferenz für die eine oder andere Auffassung erkennen. Vielmehr bediente er sich ziemlich eklektisch und polypragmatisch der jeweils geeigneten Formeln und enthielt sich analytisch tiefschürfender Betrachtung über die Vorzüge oder Nachteile der jeweiligen Theorien. Dieses leistete er erstmals in seiner Kieler Vorlesung, wobei er sich auf den Vergleich der Weberschen als typischer Fernwirkungstheorie mit der Maxwellschen Nahwirkungstheorie beschränkte.

Die Webersche Theorie kann Hertz zwar nicht widerlegen. Dieses „Bild" ist nach damaligen Kenntnissen wohl widerspruchsfrei, aber nicht unbedingt „zweckdienlich". Schon das ausufernde Geschäft der Kräfteparallelogramme scheint ihm zu verwickelt. Vor allem aber die komplizierte Form des Weberschen Grundgesetzes, das zusätzlich zu dem Coulomb-Term noch Komponenten enthält, die von Geschwindigkeit und Beschleunigung der Ladungen abhängen, stellt in Frage, ob es „durch Klarheit und durch Einfachheit einleuchtet" (MsS. 159).

Die Feldtheorie, wie sie von Faraday und Maxwell entwickelt worden war, preist er dagegen in den höchsten Tönen, obwohl er auch sie nicht beweisen kann. Umso ausgiebiger stellt er daher alle Argumente zusammen, die zugunsten dieses „Bildes" sprechen. Die in Deutschland mit beträchtlicher Heftigkeit ausgefochtenen akademischen Kontroversen schiebt er schließlich mit dem Kriterium der „Zweckdienlichkeit" beiseite, um seine Präferenz für die Maxwellsche Theorie zu legitimieren. In der konkreten Arbeit des Physikers wie des Ingenieurs stünden nämlich „vor seinem Geiste nicht mehr die alten geraden Linien von Punkt zu Punkt mit ihren Kräfteparallelogrammen, sondern vor seinem Auge stehen die krummlinigen Faradayschen Kraftlinien. Das ist genug" (MsS. 145). Die in drei Vorlesungsstunden im Mai 1884 von Heinrich Hertz präsentierten Argumente waren jedenfalls das überzeugendste Plädoyer zugunsten der Feldtheorie, das bis dahin jemals in Deutschland vorgebracht worden war. Es ging weit über das hinaus, was Hertz von Helmholtz gelernt haben mag.

Die Argumentationskette kulminiert schließlich in der Vorlesung über die in der Maxwellschen Theorie enthaltene elektromagnetische Theorie des Lichts. Am interessantesten sind hier die Gedankenexperimente, in denen Hertz elektromagnetische Vorgänge in Isolatoren darstellt und die Existenz elektromagnetischer Wellen nahezu als Notwendigkeit herausarbeitet. Sein theoretischer Ausgangspunkt ist die Gleichheit der Ausbreitungsgeschwindigkeit des Lichts mit der Geschwindigkeit der elektromagnetischen Wellen, wie sie nach der Maxwellschen Theorie möglich sein müssen.

14

Um die Existenz dieser Wellen plausibel zu machen, entwickelt Hertz eine Folge eindrucksvoller Gedankenexperimente. Dabei ist sein Ausgangspunkt ein denkbar einfaches Gebilde, bestehend aus zwei metallischen Kugeln, die durch einen Draht verbunden sind. Die schnellen Vorgänge in diesem aus kapazitiven und induktiven Elementen aufgebauten Schwingkreis, einem Dipol, entziehen sich freilich der Beobachtung, denn der Strom hat „seine tausend Bewegungen abgemacht, lange ehe der stumpfsinnige Mensch die erste Kunde seines Daseins erhält" (MsS. 199). Im nächsten Schritt stellt er viele solcher Dipole eng nebeneinander, wobei dann der erste Dipol in seinem Nachbarn Schwingungen induziert und dieser wieder im nächsten, so daß sich eine Welle in dem mit Dipolen angefüllten Raum ausbreitet. In ähnlicher Weise werden sich in Stäben aus Isolatoren Wellen ausbreiten, freilich nicht durch Induktion, sondern durch fortschreitende Polarisation. Von dieser Situation sind es nur noch naheliegende Schritte zur Ausbreitung von Wellen in einem kontinuierlichen Isolator und schließlich im „leeren", nur mit dem Äther angefüllten Raum.

Natürlich weiß Hertz, daß seine Schlüsse nicht absolut sicher, sondern eher Analogien sind. Aber sie ermutigen ihn zu einer abschließenden Zusammenfassung:

> Wir nehmen also an, daß das Licht in dielektrischen Schwingungen des Aethers bestehe; damit ist auch die Frage, die wir in Bezug auf die elektrischen Kräfte aufwarfen, entschieden. Denn nur mit der einen der kämpfenden Ansichten läßt sich diese Theorie des Lichts vereinigen, sie verliert Grund und Boden, sobald wir die elektrischen Kräfte als den Raum überspringende Fernkräfte ansehen. (MsS. 212)

Zu diesem Optimismus mag er sich auch deshalb berechtigt gefühlt haben, weil er neben der eher populären Darstellung in der Vorlesung mit Erfolg an einer mathematisch-theoretischen Begründung der Maxwellschen Theorie arbeitete. In einer Parallelaktion zur Vorlesung hat er „kräftig Elektrodynamik nach Maxwell" studiert, und Mitte Mai hatte er sogar ein „heureka"-Erlebnis: „Morgens glückte die elektrodynamische Frage."[27] Er glaubte, ein überzeugendes Argument gefunden zu haben, mit dem er alle Fernwirkungstheorien als ungenügend und die Maxwellschen Gleichungen als die einzig vollständige Beschreibung der elektrodynamischen Erscheinungen nachweisen konnte.[28]

Drei Jahre später konnte Hertz von der Theorie und dem Gedankenexperiment zur konkreten Realisation im Laboratorium schreiten. Das Mittel dazu bot ihm der elektrische Funke. Der Draht des in Kiel analysierten Dipols wurde gewissermaßen in der Mitte durchgeschnitten, mit einer Funkenstrecke versehen und durch ein Induktorium zu schnellen Schwingungen angeregt, wobei der Funke als schneller Schalter wirkte. Zugleich konnten in einem Empfänger sekundäre Funken zum Nachweis der Induktionswirkung genutzt werden. Mit diesem Instrumentarium war der in Kiel beklagte „stumpfsinnige Mensch" in die Lage versetzt worden, schnelle elektromagnetische Wellen zu erzeugen und ihre Ausbreitung zu verfolgen. Es ist nun faszinierend zu sehen, wie Heinrich Hertz seine in Kiel formulierten Vorstellungen in Karlsruhe mittels der Funken in die Tat umsetzte: zunächst die Ausbreitung von Wellen in Drähten und danach der Nachweis elektromagnetischer Wirkungen in Isolatoren, anschließend die Bestimmung der Ausbreitungsgeschwindigkeit im Raum und schließlich die spektakulären, in der Arbeit über „Strahlen elektrischer Kraft" beschriebenen Experimente, welche die Identität der elektromagnetischen Wellen mit denen des Lichts sicherstellten. Aus den Gedankenexperimenten waren konkrete und überzeugende Vorgänge im Laboratorium geworden.

Ponderable Materie und eine Identität

Der zweite Teil der Vorlesung ist der „ponderablen", also sozusagen normalen Materie gewidmet. Nach mancherlei eher philosophischen Analysen des Begriffs der Materie behandelt Hertz in dem physikalisch wohl eindrucksvollsten und überraschendsten Abschnitt die Beziehung zwischen träger und schwerer Masse. Weder in Lehrbüchern noch in theoretischen Erörterungen wurde deren Identität thematisiert. Hertz ist der erste, der hier ein fundamentales Problem sieht, denn es handelt sich um „zwei Haupteigenschaften der Materie, ... die völlig unabhängig voneinander gedacht werden können und die sich durch die Erfahrung und nur durch diese als völlig gleich erweisen. Diese Übereinstimmung ist also vielmehr als ein wunderbares Rätsel zu bezeichnen." (MsS. 259) Bei diesem Rätsel kann es freilich nicht bleiben, denn es ist klar, „daß die Proportionalität zwischen Masse und Trägheit ebenso sehr einer Erklärung bedarf, und ebensowenig als bedeutungslos hingestellt werden darf, wie die Gleichheit der Fortpflanzungsgeschwindigkeit elektrischer und optischer Wellen" (MsS. 261).

Wenn man von dieser Bemerkung absieht, wurde diese Identität auch in den nächsten Jahrzehnten nicht problematisiert. Erst 1907 hat Albert Einstein dieses Rätsel erneut entdeckt und als Argument für das Postulat der Allgemeinen Relativität fruchtbar gemacht. Rückblickend schrieb er, daß diese wichtige Identität von der bisherigen Mechanik „zwar *registriert*, aber nicht *interpretiert*" worden sei.[29] – Immerhin hatte Heinrich Hertz bereits 1884 die Interpretation gefordert, freilich nur in einem unveröffentlichten Manuskript.

16

Die umfangreichsten Kapitel des Teils über die ponderable Materie
widmet Heinrich Hertz dem Nachweis, daß die atomare Konstitution der
Materie eine berechtigte Vorstellung sei. Das war damals keine Selbst-
verständlichkeit, denn nicht nur einige Physiker, sondern vor allem an
Kant orientierte Philosophen hatten die Tragfähigkeit der Atomvorstel-
lung wegen der ihr innewohnenden begrifflichen Aporien bestritten.

Freilich geht Heinrich Hertz über die sozusagen klassische Vorstellung
des Atoms als einem Gebilde, das keine Teile hat, sogleich weit hinaus. Ein
gutes Jahrzehnt vor der Entdeckung des Elektrons beschreibt er die Atome
als zusammengesetzte Gebilde, denn die Emission von Licht ist gemäß der
elektromagnetischen Theorie dadurch zu erklären, ,,daß die Atome fähig
sind, Schwingungen in ihrem Inneren auszuführen" (MsS. 352). Die ins
Auge gefaßten Modelle etwa analog dem Planetensystem bleiben selbstverständlich vage, aber er läßt in einem kühnen Vorgriff auf die Zukunft
keinen Zweifel daran, daß die Aufklärung der Spektren gelingen und einen
großen Nutzen haben wird:

> Man wird die Gesetze der Schwingungsdauern verstehen ...oder man wird mit
> dem Verständnis dieser Gesetzmäßigkeit den sichersten Aufschluß erhalten über die
> Ursachen, welche jene Schwingungen hervorrufen. (MsS. 354/5)

Diese und manche anderen Bemerkungen zeigen, daß Heinrich Hertz in
seiner Vorlesung eine Fülle von Problemen identifiziert und angesprochen
hatte, die für ein langes und produktives Forscherleben mehr als ausrei-
chende Betätigungsfelder geboten hätten. Ihm selbst war es wegen seines
frühen Todes nur vergönnt, die in der Elektrodynamik aufgeworfenen Fragen zu lösen.

Anmerkungen

[1] Franz Richarz: Zum Manuskript ,,Über die Constitution der Materie"
von Heinrich Hertz. Undatiertes Gutachten, vermutlich Anfang 1895.
Nachlaß Mathilde Hertz; spätere Verweise als NMH.

[2] Wie Anm. 1.

[3] Max Planck an Elisabeth Hertz. Berlin, 22. März 1895. NMH.

[4] Ibid.

[5] Vita zur Habilitation in Kiel; Berlin, 14. März 1883. Pers. Akte Heinrich Hertz im Landesarchiv Schleswig-Holstein, Schleswig.

[6] An Arthur König, Hamburg, 11. April 1883. DMMü.

[7] Prinzipien der Mechanik, Einleitung, S. XXXII. Leipzig 1894.

[8] Bewilligung des Stipendiums für Heinrich Hertz durch das preußische Kultusministerium an die „kgl. Regierung in Schleswig". Nachlaß Friedrich Althoff, Geh. Staatsarchiv Preuß. Kulturbesitz, Berlin.

[9] Im „Programm" der Universität Kiel für das Sommersemester 1884 wurde die Vorlesung unter dem Titel „Moderne Anschauungen über die Constitution der Materie" angekündigt. Auf der Titelseite des Manuskripts sowie in allen sonstigen Äußerungen von Hertz sind die „Modernen Anschauungen" entfallen.

[10] Tagebuch, 12., 16., 19. Februar, 4. und 8. März 1884. NMH.

[11] An die Eltern, Kiel, 2. Mai 1884. Hamburgisches Staatsarchiv; spätere Verweise als HSTA.

[12] Tagebuch, 28. Mai 1884.

[13] Tagebuch, 18. Mai 1884.

[14] An die Eltern, 31. Mai 1884. HSTA.

[15] Ibid.

[16] An die Eltern, Kiel, 31. Juli 1884. HSTA.

[17] Tagebuch, 30. Juli 1884.

[18] An die Eltern, Kiel, 23. Nov. 1884. HSTA.

[19] Wie Anm. 1.

[20] An die Eltern, Dresden, 24. Mai 1876. Erinnerungen, Briefe, Tagebücher. Weinheim und San Francisco 1977, spätere Verweise als EBT; hier S. 48.

[21] Tagebuch, 12. Juni 1876. EBT, S. 50.

[22] An die Eltern, Berlin, 31. Januar 1879. EBT, S. 104.

[23] Protokoll der Promotionsprüfung des Cand. Hertz am 5. Februar 1880. Archiv der Humboldt-Universität Berlin; Brief an die Eltern, 6. Februar 1880, EBT, S. 122.

[24] An die Eltern, München, 13. Januar 1878. EBT, S. 76.

[25] Hermann. v. Helmholtz: Die Thatsachen der Wahrnehmung (1878). In: Vorträge und Reden. Bd. 2, S. 242. Braunschweig 1896.

[26] Gustav Kirchhoff: Vorlesungen über mathematische Physik. Bd. 1: Mechanik. Leipzig 1877. Vorrede, S. V.

[27] Tagebuch, 11. und 19. Mai 1884.

[28] Ueber die Beziehungen zwischen den Maxwellschen elektrodynamischen Grundgleichungen und den Grundgleichungen der gegnerischen Elektrodynamik. Ann. Phys., Bd. 23, S. 84–103, 1884. Gesammelte Werke I, Nr. 17.

[29] Albert Einstein: Über die spezielle und die allgemeine Relativitätstheorie. 21. Aufl. 1956, S. 54. 1. Aufl. 1917.

Editorische Notiz

Das Manuskript

Der Text der Vorlesung wurde auf sogenannte Groß-Quartoblättern des damals gängigen Maßes $16,5 \times 21,0$ cm geschrieben. Diese großen Quartos entstanden durch Falten eines Folioblattes von 21×33 cm. Bei dem vorliegenden Manuskript wurden jeweils zwei Folios ineinander gefaltet, so daß Einheiten von acht großen Quarto-Seiten entstanden. Diese Einheiten von je zwei Doppelbögen zu acht Seiten wurden aufeinandergelegt. Gelegentlich findet sich eine Numerierung der einzelnen Einheiten, allerdings inkonsequent und nicht nach einem rekonstruierbaren System. Daher wurde auf die Angabe dieser Ziffern verzichtet. Die einzelnen Seiten wurden von Hertz nicht paginiert. In der Kopie wurde das nachgeholt, so daß eine Numerierung von 1 bis 420 entstand. Der Beginn einer neuen Manuskriptseite (MsS.) wird durch diese Ziffern in der Form | kenntlich xy gemacht.

Die insgesamt 420 Manuskriptseiten wurden in einem Foliobogen zusammengefaßt, der die Aufschrift trägt:

Ueber die Constitution der Materie
Manuscript einer Vorlesung
gehalten in Kiel
Sommersemester 1884
von
Heinrich Hertz

Diese Titelseite ist in der von Hertz nur ausnahmsweise verwendeten lateinischen Schrift geschrieben worden. Der Text der Vorlesung ist in deutscher Schreibschrift geschrieben.

In dem Manuskript findet sich zu Beginn eine Seite mit dem Titel „I. Der Aether" und nach der MsS. 216 eine weitere solche Seite mit dem Titel „II. Die ponderable Materie". Beide sind nicht in der Handschrift von Hertz, sondern in der von Franz Richarz geschrieben.

Eine Vorlesung von 45 Minuten dürfte bei zügigem Vortrag etwa 40 Manuskriptseiten umfaßt haben. Die ersten 121 Seiten lassen erkennen, daß Hertz seinen Text gemäß den ersten drei Vorlesungen gegliedert hat. Da bei diesem raschen Vorgehen offenbar das Fassungsvermögen der Hörer überfordert war, geriet Hertz schon bald aus dem Takt. Vermutlich deshalb wurde ab MsS. 122 der Text fortlaufend geschrieben. Lediglich die Trennungen in eine Einleitung von 40 Manuskriptseiten, einen ersten Teil von MsS. 41 bis MsS. 216, den Hertz selbst mit „I. Der Aether" überschrieben hat, sowie einen abschließenden Teil über die ponderable Materie von MsS. 217 bis MsS. 420, dem Hertz keine Überschrift vorangestellt hat, sind eindeutig. Zur Strukturierung wurden diese langen, fortlaufenden Teile in jeweils fünf Kapitel untergliedert und mit Überschriften versehen.

Die Transkription

Bei der Übertragung der Handschrift in eine Druckvorlage wurde eine möglichst authentische Fassung bei akzeptabler Lesbarkeit angestrebt. Deren Grundlage bildet eine buchstabengetreue Transkription. Obwohl Hertz das Manuskript vollständig ausgeschrieben hat, wurde in einigen Punkten von der buchstaben- und zeichengetreuen Übertragung abgewichen. Auf die strenge Wiedergabe einer „diplomatischen Fassung" – also mit allen Einfügungen, Alternativen, Ausstreichungen und Überschreibungen, wie sie etwa für Ludwig Wittgensteins Nachlaß entwickelt worden ist – wurde verzichtet, weil sie keinen Gewinn gebracht, sondern bei erheblichem typographischen Aufwand nur die Lesbarkeit beeinträchtigt hätte. Daher wurde eine „normalisierte Fassung" hergestellt, die sich in folgenden Punkten von der Handschrift unterscheidet:

– Hinzufügungen wurden immer in eckige Klammern gesetzt. Das betrifft die eingefügten Kapitelüberschriften und in einigen seltenen Fällen Wörter, die Hertz vergessen hatte, die aber im Interesse einer flüssigen Lesbarkeit in [eckigen] Klammern nachgetragen wurden.
– Hertz benutzte häufig Abkürzungen. So schrieb er beinahe immer das Wort „Körper" ohne Vokale, also „Krpr". Endungen wie „-ung" wurden oft auf ein schwungvolles Kürzel reduziert, wobei noch der Unterschied zwischen Singular und Plural, also zwischen „-ung" und „-ungen", eingeebnet wurde. Die Auffüllung dieser Abkürzungen durch typographische Mittel kenntlich zu machen hätte ein verwirrendes Schriftbild ergeben und keinen Kenntnisgewinn gebracht. Daher wurden diese Abkürzungen stillschweigend zu vollständigen Wörtern ergänzt.

20

– Die Zeichensetzung weist einige der Lesbarkeit abträgliche Eigentümlichkeiten auf. So setzte Hertz nur selten einen Punkt, sondern trennte auch mehrere längere Hauptsätze oft nur durch Kommata. Wenn es die bequeme Erkennbarkeit der Satzstruktur erforderte, wurde ein solches Komma hinter einem längeren Satz durch ein Semikolon ersetzt. Gelegentlich leidet die Verständlichkeit durch Hertz' sparsamen Gebrauch von Kommata innerhalb längerer Perioden; wenn es erforderlich schien, wurden in solchen Fällen stillschweigend zusätzliche Kommata eingefügt.

– Wenn Hertz in der grammatischen Konstruktion eine Nachlässigkeit unterlaufen ist, z. B. statt eines wegen des Anschlusses erforderlichen Plural ein Singular geschrieben wurde, blieb dieser Fehler stehen und wurde durch ein sic kenntlich gemacht.

– Durchgestrichene Wörter, Wortfolgen oder Satzfragmente, die von Hertz während des Schreibens durch bessere und endgültige Formulierungen ersetzt wurden, sind nicht wiedergegeben, da es sich dabei ausnahmslos um Bruchstücke handelt, die inhaltlich nichts Neues, nicht eimal im Sinne einer Variannte, bringen und deren Inhalt in den endgültigen Formulierungen aufgegangen ist.

– Gelegentlich gibt es in dem Manuskript Einschübe, die entweder durchgestrichen, in Klammern gesetzt oder auf die Ränder geschrieben wurden. Da ihre Aufnahme in den laufenden Text den Lese- und Gedankenfluß stören würde, wurden sie als Fußnoten gedruckt.

– Stellen, die Hertz in Klammern gesetzt hat, werden in (runden) Klammern wiedergegeben.

– *Kursiv* gesetzte Passagen sind im Manuskript von Hertz unterstrichen.

– Hinzugefügte Informationen finden sich in den Fußnoten.

Im übrigen wurde der Text so belassen, wie Hertz ihn geschrieben hat, d. h. in der alten Orthographie des 19. Jahrhunderts. Diese Orthographie hatte freilich nicht jene Verbindlichkeit, die erst durch Konrad Dudens amtlich approbierte Rechtschreibung erreicht wurde. Daher treten in den Schreibweisen gewisse Variationen auf. So schreibt Hertz beinahe immer „direct", aber z. B. auf MsS. 179 auch mal „direkt". Wenn Sie, lieber Leser, derartige Variationen bemerken, dann schimpfen Sie nicht auf den Transkribenten, sondern rechnen das bitte dessen Bemühen um buchstabengetreue Übertragung an.

Hätte Hertz sein Manuskript damals drucken lassen, wären gewiß mehr Änderungen vorgenommen worden als in der vorliegenden Transkription. Wahrscheinlich hätte Hertz den Text noch einmal beim Abschreiben korrigiert, oder er hätte von einem korrektursicheren Schreiber „Abschrift nehmen" lassen. Er hätte aber auch das vorliegende Manuskript an den

Verlag geben können, in dessen Setzerei es dann nach Art des Hauses korrigiert worden wäre.

Die Liberalität von Heinrich Hertz im Hinblick auf die Orthographie geht aus einem Brief an Felix Meiner, den Inhaber des Verlages Joh. Ambrosius Barth, hervor. Am 1. Dezember 1893, als in Leipzig mit dem Satz von Hertz' letztem Werk „Die Prinzipien der Mechanik, in neuem Zusammenhange dargestellt" begonnen worden war, beantwortete er eine sich darauf beziehende Anfrage Meiners: „Was die Orthografie anlangt, so gebe ich Ihnen gern nach, wenn Ihnen als dem Verleger die neue Orthographie erwünschter ist. ... Die Sache ist von sehr geringer Bedeutung, bitte entscheiden Sie wie sie wollen." So großzügig sollte und konnte bei dieser Transkription nicht verfahren werden, denn wegen des Respekts vor einem historichen Dokument war die möglichst exakte Wiedergabe des Manuskripts geboten.

Ueber die Constitution der Materie.

Manuscript einer Vorlesung

gehalten in Kiel

Sommersemester 1884.

von

Heinrich Hertz.

Über die Constitution der Materie

Einleitung:
Philosophie und Physik; die Arten der Materie;
die Berechtigung und die Aporien des Atomismus.

Meine Herren!

Die Physik und die Philosophie hatten nicht seit jeher so streng voneinander geschiedene Gebiete, wie dies heutzutage der Fall ist. Solange die Physik in ihren Windeln lag, so lange das Wissen von der Natur ein so geringes war, daß es den Geist eines Mannes allein nicht ausfüllte, so lange bildeten Physik und die übrigen Naturwissenschaften einfach Theile der Philosophie. Daher finden wir denn auch, daß manche Probleme, die wir heute entschieden den Naturwissenschaften zur Beantwortung vorlegen würden, vorher von der Philosophie durchgedacht wurden. Dazu gehört auch die Frage, die uns hier beschäftigen wird, die nach der Constitution der Materie.

Höher zwar erschien es den Philosophen, das Wesen des Geistes und seine Beziehungen zur Materie festzustellen; die letztere selbst war fast verachtet, sich mit ihr zu beschäftigen, war der niedrigste Dienst, den 2 der Geist leisten konnte, und die Fragen, welche sie darbot, mußten, | so war man überzeugt, verhältnismäßig die einfachsten sein. Trotzdem verschmähte die Philosophie nicht, auf diese Fragen einzugehen. Daß die unendliche Mannigfaltigkeit der Einwirkungen, welche die Außenwelt auf uns ausübt, nur die Zusammensetzung unzähliger einfacher Einzelwirkungen sei, daß die mannigfaltigen Eigenschaften der Dinge nur das zusammengesetzte Resultat von anderen, vermutlich sehr weit einfacheren Eigenschaften ihrer letzten Bestandteile sei, schien einleuchtend; aber schwierig ist die Beantwortung der Frage: Welches sind diese letzten Bestandteile und welches sind ihre einfachen Eigenschaften?

Frühzeitig war hier eine Streitfrage aufgetaucht, über welche die Philosophie nie hinauskam, die Frage nämlich: Schließen sich diese letzten Bestandteile stetig aneinander an, so daß nirgends zwischen ihnen leerer Raum bleibt, oder sind es räumlich voneinander getrennte, mit Kräften

24

ausgestattete Wesenheiten, sogenannte | Atome? Erfüllt also die Mate- 3
rie den Raum wirklich stetig, wie sie es auf den ersten Anblick zu thun
scheint, oder ist eben diese Stetigkeit nur Schein und das Resultat des
Zusammenwirkens unzählig vieler discreter Theilchen? Die erstere Anschauung nennt man die dynamische, die letztere die atomistische. Die
Gründe für und wider waren etwa von der gleichen Schlüssigkeit.

Für die atomistische Anschauung argumentirte man etwa durch diesen
Schluß: Da die Materie undurchdringlich ist, so ist Bewegung nur möglich
in einem nicht von Materie erfüllten Raum. Nun bewegen sich aber die
Theilchen der Materie gegeneinander. Also muß sich zwischen diesen
Theilchen leerer Raum befinden. Für die dynamische Anschauung dagegen
etwa: Durch einen absolut leeren Raum hindurch ist eine Einwirkung
nicht möglich. Nun aber wirken die letzten Theilchen aufeinander. Also
ist zwischen ihnen kein leerer Raum.

Alle solchen Schlüsse haben etwas einschmeichelndes für den Geist,
so lange man nur die eine Seite der Sache betrachtet; sieht man aber, daß
sich das Für und das Wider | gleich gut mit ihnen stützen läßt, so verwirft 4
man sie ein für alle mal. Zu der wechselnden Annahme der dynamischen
und atomistischen Anschauung haben übrigens auch Gründe mitgewirkt,
die wir noch viel weniger billigen können als die eben erwähnten. Seit
nämlich Demokrit, Epikur und nach ihnen Lukrez gleichzeitig die Ansicht vertraten, daß die Materie aus Atomen bestehe und die Ansicht,
die Welt sei nur das zufällige Spiel dieser Atome, welchem die Götter
theilnamslos zuschauten, seitdem ist in den Geistern der Menschen eine
seltsame Ideenassociation zurückgeblieben von Atomistik zu Materialismus, von da zu Atheismus und von da zu einer zweifelhaften Ethik. Die
Atomistik blieb immer das System der Sceptiker und der Empiristen, die
dynamische Anschauung war wie selbstverständlich die der Gläubigen
und der Idealisten, die erste hatte stets einen liberalen, die letztere einen
conservativen Anstrich. Man sollte das kaum für möglich halten und doch
ist es so. Nur die historische Entwickelung kann wohl eine Erklärung lie-
fern, denn einen inneren Zusammenhang zwischen | Atomistik und auch 5
nur dem nächstliegenden Begriff – dem Materialismus – aufzufinden, ist
wohl schlechterdings unmöglich.

Die heutige Philosophie, so weit sie sich auf Kant stützt, scheidet
immer mehr die Frage nach der Constitution der Materie aus ihrem Inte-
ressenkreise aus und weist sie den exacten Naturwissenschaften zu, sich
höchstens eine Controle der letzten Resultate vorbehaltend. Es kann kein
Zweifel mehr daran bestehen, daß es sich hier rein um Erfahrungsthatsa-
chen [handelt] sowie um Dinge, die sich so wenig a priori entscheiden
lassen, wie die Frage nach der Zahl der Planeten und der chemischen
Elemente, und daß daher diejenigen Wissenschaften hier reden müssen,
welche sich bemühen, die hier in Betracht kommenden Erfahrungen zu

sammeln. Das sind aber vor allem Physik und Chemie. Überblicken wir kurz, wie dieselben zur Betrachtung des vorliegenden Problems geschritten sind.

Zunächst: als sie sich von der Philosophie und voneinder loslösten, lagen ihnen so hohe Betrachtungen fern, ja dieselben widersprachen geradezu ihren Methoden und ihren Absichten. | Sie hatten sich losgelöst von der Philosophie in dem Gefühle, daß die Menschen zu wenig noch wüßten von der Natur, weder um über dieselbe mit Erfolg nachdenken zu können, noch um dieselbe sich völlig dienstbar zu machen. So wollten sie denn die Natur besser kennenlernen, mehr vielleicht noch um sie zu beherrschen, als um sie zu begreifen. Jedenfalls wollten sie Neues lernen, nicht über Bekanntes speculieren, ihre Methode war nicht die Deduction, sondern die Induction, vor allem die Induction aus dem Experiment.

So arbeiteten sie Jahrhunderte hindurch und sammelten Thatsachen, anfangs vereint, später, sagen wir seit Lavoisiers Zeiten, voneinander getrennt. Aber wenn sie sich so darauf beschränkten, concrete Thatsachen aus der sichtbaren Welt zu sammeln, so konnte dies doch nur einem Anfangsstadium ihrer Entwickelung genügen. Wie die Menge der Thatsachen schnell und schneller wuchs, ordneten sie sich von selber unter allgemeinere Gesichtspunkte, und es | war unmöglich, sie in ihrer Fülle geistig zu bemeistern, ohne daß man diese Gesichtspunkte mit Vorliebe aufgesucht hätte, ohne daß man also wieder zu theoretischen Versuchen zurückgekehrt wäre, die man als nächstliegenden Zweck vermieden hatte.

Viele Thatsachen ordneten sich unter Gesetze, viele Gesetze wieder ließen sich als Anwendungen gewisser Grundgesetze ansehen, zwischen den Grundgesetzen schimmerte wieder ein Zusammenhang durch, und wenn wir von dem Bedürfnis der Menschen nach Erkenntnis gar nicht erst reden wollen, das rein praktische Interesse der Naturwissenschaften befielt uns, diese durchschimmernden Gesetze klar zu legen. Sie sind gewissermaßen der Talisman, welcher uns die Herrschaft über die Natur verleiht, alle einzelnen Gesetze haben keinen Werth im Vergleich mit diesen letzten und einfachsten; sie stellen den Stein der Weisen dar, welchen die Vorgänger der heutigen Naturforscher mit so viel Seelenqual gesucht haben. Ihre | vollständige Darstellung würde die bisher inductiven Wissenschaften in deductive verwandeln und ihrem Lehrgebäude die Ordnung und Durchsichtigkeit desjenigen der Mechanik und Astronomie verleihen.

Sind die Naturwissenschaften einmal so weit gekommen, daß sie die Frage nach solchen Gesetzen mit Erfolg in den Kreis ihrer Betrachtung ziehen kann [sic!], dann treten auch mit einem Male all jene alten philosophischen Fragen nach der Constitution der Materie wieder in den Vordergrund, ja, die Frage nach den letzten einfachsten Gesetzen ist im Grunde identisch mit derjenigen nach der Constitution der Materie. Aber da wir in dieser Vollständigkeit einstweilen keine Aussicht haben, unsere Fragen beantwortet zu erhalten, so sind es besonders die alten Fragen: Besteht die Materie aus Atomen oder füllt sie den Raum gleichförmig aus? Wie viel specifisch verschiedene Arten von Materie giebt es und dergleichen, | welche auf Beantwortung drängen.   9

Thatsächlich sind nun die exacten Naturwissenschaften seit etwa Anfang dieses Jahrhunderts in der Lage, auf solche Fragen einzugehen. Nicht gleichmäßig wachsend, sondern sprungweise und bald von hier, bald von dort aus gehend, ist unsere Erkenntnis in Bezug auf diese Fragen fortgeschritten. Zunächst war es die Chemie, welche etwa während des Zeitraums von 1810–1830 unzweifelhaft die Thatsache feststellte: die wägbare Materie besteht aus discreten, von einander unabhängigen Theilchen, aus Atomen. Und die vielen tausende von verschiedenen Materien, welche wir um uns sehen, machen nicht die Annahme von ebeno viel Arten von Atomen nötig, sondern die kleinsten Theile dieser Substanzen sind zusamengesetzt aus verhältnismäßig wenigen Elementaratomen, welche die Chemie nicht weiter zerlegen kann, und deren sie 60–70 aufzählt. Die Chemie entschied also zuerst die alte Frage zu Gunsten des Atomismus, und auch heute noch können wir sagen, daß die | chemischen Gründe 10 ganz überwiegend es sind, welche unsere Entscheidung in diese Richtung zwingen. Zwar hat sich die Physik auch ihrerseits bemüht, direct Gründe zu bringen, welche beweisen, daß die Materie nicht ins Unendliche theilbar ist, ohne ihre Eigenschaften vollständig zu verlieren, daß mit einem Worte die Materie aus Atomen besteht, und wenn es keine Chemie gäbe, so könnte man auch die physikalischen Gründe wohl schon als beweisend ansehen, aber wie die Sache liegt, ist das Beweismaterial der Chemie so viel größer und geordneter, daß wir die Entscheidung: „die Materie besteht aus Atomen" am besten durch sie beweisen lassen.

Dagegen gehört alles übrige, was wir nun über diese Atome und über die Constitution der Materie überhaupt aussagen können, ganz vorzugsweise in das Gebiet der Physik. Zunächst fand man schon im | ganzen 11 Verlauf des Jahrhunderts, daß eine ganze Reihe physikalischer Eigenschaften an die *Atome* geknüpft zu sein scheint, und mehr von dem Vorhandensein eines bestimmten Atoms abhängt als von der Art, wie es in Verbindung sich befindet, daß es also auch diese Eigenschaften mit sich in alle Verbindungen mitnimmt. So entstand die Vorstellung von Eigenschaften, die von der inneren Beschaffenheit der Atome selbst abhängen, und die wachsende Erkenntnis solcher Eigenschaften regte immer mehr die Hoffnung an, es werde dereinst gelingen, durch ihre Betrachtung auch über die Beschaffenheit der Atome selbst, ihre Größe, ihre Gestalt u.s.w. Kenntnis zu erlangen. Dann entstand plötzlich, kurz vor und nach 1860, die sog. kinetische Gastheorie, welche einen großen Theil dieser Hoffnungen verwirklichte.

Die Frage, welche sich die Begründer derselben stellten, ist diese: Zugegeben, daß die Materie aus discreten und unveränderlichen | Atomen bestehe, und angenommen, daß in einem Gase sich diese Atome ungefähr so verhalten, wie die nächstliegende Vorstellung es sich denkt, nämlich wie ein Gewimmel schnell bewegter, sich stoßender und kreuzender Körperchen, so fragen wir: lassen sich daraus einige Eigenschaften der Gase erklären, und giebt es bekannte Eigenschaften der Gase, welche dieser Vorstellung widersprechen? Die Antwort, welche jene Begründer erhielten, aber war diese: Es giebt keine Eigenschaften der Gase, welche jener Anschauung widerspricht[sic!]; vielmehr zeigen sich viele Eigenschaften derselben als leicht erklärlich aus jener Annahme, und dieselbe setzt eine große Zahl von Beziehungen zwischen solchen Eigenschaften, welche scheinbar gar nichts miteinander zu thun haben und auf ganz verschiedenen Gebieten der Physik liegen.

Findet man nun, daß in der Natur thatsächlich diese Beziehungen bestehen, so wird man nicht | zweifeln, daß die Grundanschauung richtig war. Aber nachdem wir diese Überzeugung gewonnen, kehren wir mit einer Fülle von Fragen an die Natur zurück. Wir begnügen uns nicht mehr zu fragen: Kann das Vorhandensein von Atomen derartige Eigenschaften mit diesen Beziehungen zur Folge haben? sondern: wie groß, wie schwer, wie zahlreich müssen diese Atome sein, damit sie die Eigenschaften der Gase in ihrer exacten Größe zu Wege bringen? Und nun giebt uns die Natur auch eine Fülle von Antworten, sie sagt uns: so und so geschwind bewegen sich die Atome, so viele von ihnen sind in einem cbcm, so und so groß ist demnach ihr Gewicht, so und so oft stoßen sie zusammen, dies ist ungefähr ihre Größe, diese Atome sind nahezu punktförmig, jene haben wir uns als complicirte Systeme zu denken, usw.

Die kinetische Theorie der Gase ist gerade in der Absicht, derartige Fragen zu beantworten, immer mehr bearbeitet und weiter | ausgedehnt worden. Comprimiren wir ein Gas mehr und mehr, so wird es dichter und dichter, es nimmt schließlich die Dichtigkeit einer Flüssigkeit an und ist von solcher überhaupt nicht mehr zu unterscheiden, auch dann nicht, wenn wir in keinem Augenblick den Übergang vom Gas zur Flüssigkeit bemerken konnten. Es ist sonach ein continuirlicher Übergang vom Gas zur Flüssigkeit, und auch die letztere wird man sich daher ähnlich zu denken haben wie ein Gas, nämlich als ein Gewimmel durcheinander sich drängender Atome; auch auf die Flüssigkeiten werden sich die Überlegungen der kinetischen Gastheorie übertragen lassen. Man hat diesen Versuch mit Erfolg gemacht und man hat dadurch theils die früheren Resultate bestätigt, theils neue Aufschlüsse hinzugewonnen. Aber nachdem man einmal auf dieses Gebiet hingewiesen war, nachdem man eingesehen, daß es weder vermessen noch überflüssig sei, die Atome zu messen und zu wägen, da kamen von allen Seiten der Physik | neue Aufschlüsse, meist nicht in der Fülle, wie die kinetische Gastheorie sie gab, aber dafür gerade in Bezug auf Fragen, auf welche jene nicht eingehen konnte. Vorzugsweise ist gerade jetzt die Spectralanalyse im Begriff, uns sehr merkwürdige Dinge über den Aufbau der Atome zu geben, doch können wir in dieser Übersicht auf solche Einzelheiten noch nicht eingehen.

Vielmehr wollen wir jetzt eine ganz andere Frage aufwerfen, die ganz wesentlich in dieses Gebiet gehört und mit deren Beantwortung die Physik sich allein befaßt hat. Was wir nämlich bisher über die Constitution der Materie ausgesagt haben, bezog sich lediglich auf diejenige Materie, welche die Chemie kennt und bearbeitet, auf die wägbare oder ponderabele Materie. Es fragt sich nun aber: Giebt es außer dieser noch andere Arten von Materie, und wenn ja, wie viele? Weiter könnte man dann im Bejahungsfalle fragen, ob auch | diese Materie aus Atomen bestehe u.s.w., 16 doch bleiben wir einstweilen bei der ersten Frage.

Hüten wir uns, zu glauben, es gehöre der Begriff der Schwere nothwendiger Weise zu dem der Materie, zu glauben, eine imponderabele Materie könne nicht existiren. Daß die Materie ponderabel sei, sagt nichts anderes, als daß die einzelnen Theile derselben sich anziehen; nun kann man sich offenbar sehr wohl einen Stoff denken, der alle möglichen Eigenschaften hat, nur die nicht, sich anzuziehen; daß überhaupt alle Materie sich anzieht, davon hatte man bis vor 200 Jahren überhaupt keine Ahnung, man glaubte, daß sie nur von der Erde angezogen würde. Geben wir also getrost zu, daß es Stoffe geben könne, die der Schwere nicht unterliegen, die auf der Waage nicht nachweisbar sind, und fragen wir vielmehr: haben wir Grund zur Annahme solcher?

Die alte Physik nahm eine große Zahl derselben an. Sie war | eine 17 Physik der Imponderabilien. Die Ursache der Wärme war ein unwägbarer Stoff, Wärmestoff oder Caloric genannt, das Licht bestand in fortgeschleuderten Theilen des Lichtstoffs, die Elektricität war eine zarte unwägbare Flüssigkeit, die man auf Flaschen füllte, und der Magnetismus war ebenfalls eine zarte Flüssigkeit, die aber aus den Atomen des Eisens nicht herauskonnte. (Phlogiston)

Jetzt haben sich unsere Ansichten hierüber wesentlich geändert. Wir wissen, daß die Wärme nichts ist als Bewegung der Atome der ponderabeln Materie, daß auch das Licht eine Form der Bewegung ist, daß auch der Magnetismus keine selbstständige Erklärungsweise nöthig macht, sondern auf eine elektrische Bewegung zurückgeführt werden kann. So ist denn die Zahl der zur Erklärung der Welt nothwendigen Imponderabilien jedenfalls sehr eingeschränkt, wir haben nur noch zwei, derer wir bedürfen, einmal ein Medium | welches der Träger der Lichtbewegung ist, welches den Welt- 18 raum erfüllt und welches wir den Aether nennen, und ein zweites, welches den Namen Elektricität trägt und welches wir uns immer noch nicht viel anders als wie eine zarte Flüssigkeit vorstellen können. Es liegt nun nahe,

einen Inductionsschluß zu machen und zu sagen: Da mit fortschreitender
Kenntnis die Zahl der Imponderabilien immer mehr abgenommen hat, so
wird sie auch weiter abnehmen; auch die beiden, welche heutzutage noch
eine Rolle spielen, der Lichtaether und die Elektricität, werden sich als
überflüssige Hypothesen darstellen.

Es hat auch nicht an Versuchen gefehlt, auch diese fortzuschaffen
und das Licht als Schwingung fein vertheilter ponderabler Materie, die
Elektricität aber wie die Wärme als eine Art der Bewegung aufzufassen.
Indessen ist die erste dieser Bemühungen durchaus verfehlt, die letztere
19 wenigstens bisher ohne Erfolg geblieben. Wir können heutzutage in der
Physik dieselben nicht entbehren. Doch zeigt sich zwischen beiden ein
großer Unterschied: Während nämlich in der neueren Zeit alles dahin
strebt, die Existenz eines den Raum erfüllenden Lichtaethers fester und
fester darzulegen, ihm immer wichtigere Funktionen anzuvertrauen und
zu zeigen, daß wir ihm nur ganz einfache und verständliche Eigenschaften
beilegen müssen, um eine große Zahl von Erscheinungen aus ihm zu erklären, währenddessen wird das Fluidum der Elektricität beständig in seiner
Bedeutung eingeschränkt, ihm werden seine Funktionen abgenommen,
und die Eigenschaften, welche wir ihm beilegen müssen, damit es die ihm
bleibenden erfülle, sind so denen der übrigen Körper widersprechend, daß
seine thatsächliche Existenz von Jahr zu Jahr unwahrscheinlicher wird.

So ist auch die Meinung der Physiker, denn während die wenigsten
unter ihnen an der Existenz des Weltaethers zweifeln, beeilt sich jeder,
20 der auf die Erklärung der elektrischen Erscheinungen ein- | geht, zu ver-
sichern: das Wesen der Elektricität sei gänzlich unbekannt, es sei eine
der größten Fragen der Zukunft, die Anschauung der Elektricität als eines
imponderablen Fluidums trage durchaus den Mangel einer provisorischen
Hülfshypothese an der Stirne. So können wir denn sagen, daß auf unsere
Frage die neuere Physik die Antwort ertheilt: Ja, es giebt auch imponderabele Materie, doch kennen wir nur eine Art derselben, den Licht-
oder Weltaether, welcher allen Raum zwischen der ponderabeln Materie
füllt. Er ist vielleicht der Vermittler der Gravitationswirkung, welcher er
selbst nicht unterliegt, jedenfalls ist er der Vermittler des Lichts und der
strahlenden Wärme, wahrscheinlich der Vermittler der elektrischen und
magnetischen Fernwirkungen. Ob er selber atomistisch zusammengesetzt
ist, darüber können wir bisher nur Vermuthungen haben. Im Einzelnen
werden wir seine Funktionen und die Beweise seiner Existenz in Kürze
kennen lernen.

21 Meine Herren!

Ich habe Ihnen nun Gebiete skizziert, auf welchen wir uns zu bewegen
haben werden; die Fragen, welche ich aufgeworfen und im Überschlag
beantwortet habe, werden den Rahmen bilden, in welchen hinein wir
unser Gemälde zu entwerfen haben. Ich werde aber bei der Ausführung

30

desselben nicht dieselbe Reihenfolge einhalten wie eben in der Aufstellung der Fragen und welche mehr der geschichtlichen Entwickelung entsprach, sondern ich werde einen mehr systematischen Weg nehmen. Ich werde also mit dem einfachsten beginnen, dem sog. leeren Raum, oder dem Aether, wie wir sagen. Zum zweiten werde ich dann die ponderable Materie behandeln, ich werde zeigen, was wir von den Atomen wissen, und wie wir dazu kommen, es zu wissen. Die Kenntnis vom Aether, die wir erlangt haben, wird in diesem zweiten Theil nicht nöthig sein, denn wir werden die ponderable Materie ganz für sich betrachten, als gäbe es keinen Aether oder wüßten wir nichts von ihm. Im dritten Theil werde ich dann die | Beziehungen zwischen Aether und ponderabeler Materie 22 besprechen, und die Folgerungen, die wir aus diesen Beziehungen auf die Natur der einzelnen ziehen können. Dabei werden dann auch eine Reihe noch unaufgelöster Räthsel zur Besprechung kommen, die ich nicht verhüllen werde. So gerade in Bezug auf das Wesen der Elektrizität.

Dem Unternehmen stellen sich einige Schwierigkeiten entgegen. (Praktische Bemerkungen)

Ehe wir nun auf die Einzelheiten unseres Vorhabens eingehen, ist es zweckmäßig, daß wir uns vorher noch einmal mit der Philosophie auseinandersetzen. Wir müssen ihr nämlich klar unsere Absicht und unsere Mittel, dieselbe zu erreichen, aufweisen und zeigen, in wie weit sich diese Absicht und Mittel von denjenigen unterscheiden, welche sie selber hatte, als sie daran ging, über die Constitution der Materie nachzudenken. Thun wir das nämlich nicht vorher, so müssen wir es nachher thun; wir würden uns nachträglich den | Vorwurf müssen machen lassen, unsere Ar- 23 beit sei vergeblich gewesen, denn weder werde das, was wir vorgebracht, mit Recht als Lehre von der Constitution der Materie bezeichnet, noch seien die Mittel, mit welchen wir zu unseren Resultaten gekommen, vom philosophischen Standpunkte aus unanfechtbar. Wenn ich sage, die Philosophie werde uns diese Einwände machen, so ist das natürlich nur ein Bild und denke ich dabei nicht an besondere Personen; wir selbst werden von einem mehr philosophischen Standpunkte aus beginnen zu zweifeln an allem, was wir von physikalischen Thatsachen ausgehend in naiver Weise erschlossen haben. Wir könne diese Zweifel aber von vorn herein beseitigen, und wir wollen daher auf sie eingehen, um nicht später auf sie zurückkommen zu müssen.

Denken Sie sich also, unser Ziel wäre erreicht, wir werden eine ungefähre Vorstellung von demselben haben; denken Sie sich etwa, wir hätten gefunden, die Gase | bestehen aus kleinen kugelförmigen Körperchen, die 24 wie elastische Kugeln sich stoßen, die 1 Milliontel mm Durchmesser haben etc., wir werden dann denken, wir hätten die alte philosophische Frage zu Gunsten der Atomistik entschieden und werden sehr stolz auf unseren Erfolg sein. Der Philosoph aber wird sagen: diese Auskunft befriedigt mich in keiner Weise und sie trifft nicht den Kern der Fragen, die ich aufgeworfen. Die Atome, von denen ihr redet, sind offenbar zwar kleine, aber nicht unendlich kleine und nicht untheilbare Körper, einem hinreichend geschärften Blick würden sie nicht mehr klein sein, und für einen solchen würden daher alle ursprünglichen Fragen mit unverminderter Schwierigkeit fortbestehen. Füllt dann die Materie den Raum eines Atoms nun stetig oder unstetig aus? Wodurch unterscheidet sich dieser erfüllte Raum dann schließlich von dem leeren, wenn wir von allen äußeren Wirkungen absehen? Oder ist Euer Atom doch nur derjenige Raum, welchen die von einem 25 punktförmigen | Kraftzenztrum ausstrahlenden Kräfte erfüllen? Und wenn ja, wie löst ihr alle die Schwierigkeiten, auf welche ich auch bei dieser Vorstellung stoße? Oder, da Euer Atom offenbar etwas sehr complicirtes ist, ist es vielleicht zusammengesetzt aus einem solchen System ausdehnungsloser Kraftzentren, die ich dann erst als Atome bezeichnen würde? Diese und ähnliche Fragen sind es, um deren Beantwortung mir zu thun ist; was ihr vorbringt, erscheint mir fast als so oberflächlich, daß ich es mit den grobsinnlichen Thatsachen der täglichen Erfahrung vergleichen möchte.

Der Physiker würde hierauf etwa die folgende Antwort ertheilen: Ich erkenne als richtig an, was Du sagst, aber ich kann darin keinen Vorwurf sehen. Wenn Du die Sicherheit meiner Aussagen über die Atome vergleichst mit der Sicherheit der täglichen Erfahrung, so bin ich sehr froh. Denn ich bin dann gewiß, Aussagen zu machen, die richtig sind, denn das 26 giebst Du zu, und die nicht unwichtig sind, denn das zeigen die zahlreichen Schlüsse, die ich auf sie baue. Auch daß sie sich auf die Constitution der Materie beziehen, darüber kann kein Zweifel sein.

Damit genügen mir meine Aussagen. Wenn sie Dir nicht genügen, so verfolgen wir eben verschiedene Ziele. Ich untersuche die Thatsachen der Natur, und Du untersuchst die Schwierigkeiten, welche der menschliche Verstand findet, sie zu begreifen. Ich frage nach dem, was ist, und Du fragst nach dem, was denkbar ist. Nun ist es keine Frage, daß es Dir schon in den einfachsten Dingen Schwierigkeiten macht, die Thatsachen begrifflich widerspruchsfrei darzustellen, zu sondern, was von ihnen in den Dingen selbst liegt, und was wir hinzuthun, und doch ist es keine Frage andererseits, daß es nützlich und nothwendig ist, die Thatsachen zu untersuchen und festzustellen, selbst ehe und ohne daß die Möglichkeit einer solchen Untersuchung erwiesen ist. Und der Werth, den die Erkenntnis einer Thatsache hat, wird nicht beeinträchtigt durch die Schwierigkeit, welche der 27 Verstand findet, | sie begrifflich widerspruchsfrei zu formuliren.

Unsere Ziele sind also verschieden und wir können dieselben unabhängig von einander verfolgen. Ja, dieselben sind so sehr unabhängig voneinander, daß ich meines könnte erreicht haben und Du dennoch nicht weiter gekommen seiest. Denn was hülfe es Dir, wenn ich Deine Frage formell

32

vollständig beantwortete und etwa sagte: Ich habe aus der Erfahrung über alle Zweifel festgestellt, daß die Atome ausdehungslose Kraftzentren sind. Würdest Du befriedigt sein? Keineswegs; denn die Schwierigkeiten, die Du in dieser Aussage findest, sind ja nicht die, daß sie mit der Natur nicht in Einklang zu bringen wäre, sondern die, daß Du in ihrer weiteren Entwickelung auf logische Widersprüche zu kommen glaubst. Wir können also nicht nur, sondern wir müssen unsere Ziele unabhängig voneinander verfolgen.

Soll ich das meinige scharf formuliren, so werde ich sagen: Es besteht darin, unter unbedingter | Annahme aller Voraussetzungen über Raum, Zeit, Causalität, welche ich im Übrigen bei Betrachtung der Dinge mache, diejenigen Eigenschaften der Materie festzustellen, welche von der besonderen Form derselben unabhängig sind, und diese Eigenschaften auf möglichst wenige und möglichst einfache zurückzuführen. Daß diese letzten Eigenschaften dann sich als sehr leichtbegreiflich oder gar als nothwendige erweisen werden, hoffe ich gar nicht; daß sie sich als unbegreiflich erweisen werden, fürchte ich nicht, denn nichts, was Thatsächlich ist, kann nach meiner Auffassung unbegreiflich sein.

In dieser Weise werden sich Physik und Philosophie über ihre Absicht auseinandersetzen; es ist nicht unnatürlich, daß, wenn die Physik auch die Frage nach der Constitution der Materie von der Philosophie überkommen hat, sie dieselbe doch in anderer Weise auffaßt, und daß die Antworten, welche sie giebt, sehr unähnlich denen sind, welche die Philosophie als die einzig möglichen sich vorgestellt hatte.

Wir sind indessen noch nicht am Ende der Einwürfe angelangt, welche uns seitens der philosophischen Überlegungen gemacht werden können, sondern, wenn dieselbe nun auch unsere Absicht als eine berechtigte anerkennt, so wird sie doch vielleicht leugnen, | daß wir auf dem richtigen Wege zur Erweiterung derselben sind. Sie wird etwa fragen: Ich billige Dein Ziel, aber doch gefällt mir die Art nicht, in welcher Du es zu erreichen strebst. Denn indem ich Deinen Ausführungen zuhöre, erfahre ich von der Materie fast zu viel. Ich sehe den Raum gefüllt mit einer zarten, gleichförmigen Flüssigkeit, die durchfurcht ist von langen und kurzen Wellen. Ich sehe in derselben die Atome schweben, Körperchen von verschiedener Gestalt und verschiedener Größe; Du sagst mir, daß ich ihnen Farbe nicht beilegen darf, also sehe ich sie wie durchsichtige Glaskörperchen, und ich kann mich nicht enthalten, in ihnen die Strahlenzentren gespiegelt zu sehen.

Wie ich sie vor meinem geistigen Auge sehe, so kann ich sie auch in der Vorstellung betrachten, ich fühle dann, daß sie hart sind; auch elastisch sind sie, denn sie prallen ja von einander ab, wenn sie sich stoßen. Ich sehe nun diese Atome in heftiger Bewegung, ich sehe, wie sie sich umkreisen und sich zu größeren Systemen vereinigen, wie sie erzittern unter dem Einfluß der Aetherwellen, und wie diese Erzitterungen wieder ihre

28

29

30

Verbindungen lösen.[1] Ich verstehe auch, wie sich aus dem Zusammenwirken dieser Körperchen und des umfließenden Aethers die Erscheinungen der sichtbaren Körperwelt erklären, wie diese nur das sichtbare Resultat des Zusammenspiels unzähliger Atome sind.

Aber so hübsch dies Alles ist, Du wirst nicht von mir verlangen, daß ich es wörtlich fasse. Die Lichtwellen im Aether können nicht gesehen werden; sie sich beleuchtet und sichtbar zu denken, ist eine Absurdität, denn sie selber stellen das Licht dar. Ebenso können die Atome, die sehr klein gegen diese Lichtwellen sind, wohl gedacht werden als bewegt durch sie, aber nicht als beleuchtet durch sie, sie sind unsichtbar, nicht bloß für das menschliche Auge, sondern für | jedes Auge, eine Gesichtsvorstellung von ihnen ist daher von vorn herein unmöglich. Jede Gesichtsvorstellung, die wir uns von ihnen machen, macht sie entweder zu farbigen oder zu durchsichtigen Körpern; eine ist so unmöglich wie die andere, und daher ist jede falsch.

Ebenso ist es mit den Tastvorstellungen. Damit wir oder irgend ein lebendes Wesen einen Körper durch den Tastsinn wahrnehmen, muß der Körper in einem endlichen Verhältnis zu der Größe des Tastorgans stehen, ein einzelnes Atom aber würde in diese Organe eintreten ohne empfunden zu werden. Um aber gar die Form eines Atoms durch den Tastsinn wahrzunehmen, müßten Organe vorhanden sein, die klein wären gegen die Atome, und solche Organe sind nicht nur nicht vorhanden, sondern sie sind undenkbar, da sie ja selbst wieder aus Atomen bestehen müßten. Ebenso ist es mit den anderen Sinnen. Jede directe sinnliche Vorstellung von den Atomen ist deshalb nicht allein nicht vorhanden oder mit unseren Mitteln nicht hervorzurufen, sondern sie schließt geradezu einen logischen Widerspruch ein. Du hast also sehr unrecht, solche sinnlichen Vorstellungen von den Atomen in mir wachzurufen.

Aber selbst Eigenschaften, welche bestimmt sind ohne Rücksicht auf unsere Sinne, wie die Elasticität, lassen sich nicht auf die Atome übertragen, denn Du sagst ja: Alle Körper sind elastisch, und das erkläre sich leicht aus den Eigenschaften der Atome, welche sie zusammensetzen. Dann aber ist es ein circulus vitiosus, wenn Du nun sagen wolltest: Alle Körper sind elastisch, ich darf also auch von den Atomen annehmen, daß sie elastisch seien. Wie in Bezug auf die sinnlichen Eigenschaften, so wirst Du Dich also auch in Bezug auf diese darauf beschränken müssen zu sagen, sie seien nicht wörtlich zu nehmen, sondern sie stehen nur als Hülfsausdrücke für andere Eigenschaften, welche die gleiche Wirkung hervorbringen. Jede sinnliche Vorstellung von den Atomen schließt eine Absurdität ein, jede Übertragung der sinnlichen Eigenschaften der Materie auf die Atome einen logischen Fehler. Was aber bleibt schließlich dann übrig?

---

[1]Ergänzung am Rand: Atome hohl, gefüllt mit Electr. Magnetismus

34

Lassen sie uns darauf im Namen der Physik das Folgende antworten: Zunächst bleibt immer noch etwas übrig, wenn wir alles Gedachte fortlassen. Es bleibt übrig ein System von begrifflich definirten Größen, welche unter sich und mit den makroskopischen Eigenschaften der Materie durch streng mathematisch formulirte Beziehungen verbunden sind; ist es nicht erlaubt, dieselben um ihrer selbst willen zu betrachten und ihnen vorstellbare Bedeutungen beizulegen, so behalten sie doch ihren Werth als Hülfsgrößen um jener Beziehungen willen. Ist es mir also z. B. nicht erlaubt, im eigentlichen Sinne von dem Durchmesser eines Atoms zu reden, so behält doch das, was ich den Durchmesser eines Atoms für ein bestimmtes | Gas nenne, seine Bedeutung: es ist eine Länge, mit deren Hülfe 34 ich eine Beziehung zwischen Wärmeleitungsfähigkeit des Gases, seiner inneren Reibung, seiner Dielektricitätsconstanten und seinem Lichtbrechungsvermögen aufzustellen vermag.

Ich kann auf diese Weise die Atome überhaupt als mathematische Hülfsfiction auffassen. Ich kann mich darauf beschränken, es als meine Aufgabe zu betrachten, die sinnlich wahrnehmbaren Thatsachen möglichst einfach zu beschreiben, alles, was über die sinnliche Wahrnehmung hinausgeht, ist dann Fiction, die der Beschreibung dient und den Zweck hat, diese Beschreibung zu vereinfachen. Viele Physiker sind der Ansicht, daß in der That die Aufgabe der Phyik nicht weiter gehe, und daß nur von diesem Standpunkte aus die Theorie von der Constitution der Materie aufzufassen sei. Die Eigenschaften, die wir der Materie beilegen dürfen, sind hier nur an zwei Bedingungen geknüpft: sie dürfen sich nicht widersprechen, also sie müssen logisch möglich sein, und die Rechnungen, zu welchen sie führen, | müssen möglichst einfach, also sie müssen 35 zweckdienlich sein. Im Übrigen kann von einer größeren oder geringeren Wahrscheinlichkeit dieser Eigenschaften, da dieselben ja nur als Fictionen angesehen werden, nicht die Rede sein.

Ich sage: Die Physik kann sich darauf beschränken, die Sache so anzusehen, und ist immer noch in ihrem guten Rechte, aber sie ist nicht gezwungen, sich so zu beschränken. Es ist eine allgemeine und nothwendige Eigenschaft des menschlichen Verstandes, daß wir uns die Dinge weder anschaulich vorstellen noch sie begrifflich definiren können, ohne ihnen Eigenschaften hinzuzufügen, die in ihnen an sich durchaus nicht vorhanden sind. Das geschieht nicht nur in allem Denken und Vorstellen des gewöhnlichen Lebens, auch die Wissenschaften verfahren nicht anders; einzig die Philosophie sucht und findet den Unterschied zwischen den Dingen, die sind, und den Dingen, die wir wahrnehmen, aber sie | sieht 36 auch die Nothwendigkeit dieses Unterschiedes ein.

Halten wir uns an die Geometrie. Wenn irgend eine, so verdient diese den Namen einer exacten Wissenschaft. Sie behandelt die Eigenschaften der Raumgebilde, und um uns dieselben darzulegen, verlangt sie, daß wir uns eine Reihe von Raumgebilden vorstellen sollen. Aber alle diese sind solche, deren sinnliche Vorstellung unmöglich ist, wenn wir nicht ihnen Eigenschaften verleihen, von denen die Geometrie nichts wissen will, von denen wir ausdrücklich abstrahiren sollen. Wenn uns gesagt wird: Stelle Dir eine unendlich dünne Kugelschale oder ein unendlich kleines Raumelement vor, so erscheinen vor unserem geistigen Auge die gewünschten Objecte, aber weder erscheinen dieselben unendlich dünn oder unendlich klein, noch ohne Farbe oder ohne andere Eigenschaften, die absolut dem eigentlich gewollten Object fremd sind.

Und wenn der Geometrie nicht als absurd angerechnet wird, wenn sie trotzdem mit | diesen Vorstellungen operirt, soll es dann in der Physik ungerechtfertigt sein zu sagen: Denke Dir ein Atom als einen kugelförmigen mit Materie erfüllten Raum von 1 Milliontel mm Durchmesser? Freilich, wir können uns einen solchen Raum in wirklicher Größe nicht vorstellen, wir können ihn nicht erfüllt denken, ohne ihn mit Glas, Eisen oder irgend einer bestimmten Materie erfüllt zu denken, aber wir können doch uns klar machen, was von diesen Eigenschaften unwesentlich ist, und ein Kern wird bleiben, der die wesentlichen Eigenschaften, um die es uns zu thun ist, besitzt. Was wir hinzufügen, sind dann nicht falsche Vorstellungen, sondern es sind die Bedingungen der Vorstellbarkeit überhaupt; wir könnten sie nicht fortnehmen und bessere an ihre Stelle setzen, sondern wir müssen sie hinzuthun oder auf alle Vorstellungen in diesem Gebiete verzichten.

Hüten wir uns also zu glauben, wir könnten durch Betrachtung | der Atome das Wesen der Dinge selbst erforschen, hüten wir uns auch, die unwesentlichen Eigenschaften, die wir ihnen nothgedrungen beilegen müssen, mit den wesentlichen zu verwechseln, welches lediglich Zeit- und Raumbeziehungen sind; aber lassen Sie uns auch nicht glauben, wir hätten unsere Mühe verloren, wenn wir von den Dingen, die wirklich sind, aber in unseren Geist nicht eingehen, Bilder geschaffen haben, die mit jenen Dingen in einigen Beziehungen übereinstimmen, während sie in anderen wieder den Stempel unserer Vorstellungen tragen. Wir sind damit nur in unserem Gebiete dem Gange des menschlichen Geistes überhaupt gefolgt.

Wir werden aber sogar einen wesentlichen Vortheil gewinnen, wenn wir zu den wesentlichen Eigenschaften der Atome solche addiren, welche sie unserer Phantasie recht klar vor Augen stellen. Wir können dann unsere Phantasie auch anrufen, um zu entscheiden, wie | sich diese Atome unter einfachen Verhältnissen bewegen werden. Denn dadurch, daß unser Vorstellungsvermögen beständig die Bewegungen der sichtbaren Körper in sich aufgenommen hat, kann es dieselben auch ohne Rechnung ziemlich gut beurtheilen, es bildet gewissermaßen eine ganz brauchbare Integrationsmaschine für die Differentialgleichungen der Mechanik, der

36

Hydrodynamik, etc. Wollen wir diese Maschine aber auch für die Atome verwerthen, so müssen wir denselben natürlich Farbe und Anstrich der sichtbaren Körper verleihen.

Fassen wir zum Schluß die letzte Auseinandersetzung dahin zusammen: Die Übertragung der Eigenschaften der sinnlich wahrnehmbaren Körperwelt auf die letzten Bestandtheile derselben ist erlaubt, wenn wir uns nur klar sind, was in diesen Eigenschaften als das Wesentliche gelten soll – es sind dies stets nur die Größenbeziehungen – und was in ihnen nur zugesetzt wird, um eine Vorstellung möglich zu | machen. Vorher nannten wir diese Übertragung eine naive, jetzt, nachdem wir gesehen, in wie weit sie zulässig ist und wo sie zu Irrthum leiten kann, dürfen wir uns gegen diese Bezeichnung verwahren.

(Grenzen, in welchen sich die Phantasie immerhin halten soll)

(Complicirte Systeme mancher Physiker, abstoßende Aetheratmosphären um die Atome, ..., etc.)

(Nicht die Schranke, welche uns das Denken setzt, wollen wir niederwerfen, wohl aber die Schr., welche die Sinne uns setzten) (Atom!)

(Verschied. Grad der Erkenntnis – wie die Sachen sind, – Wie nicht möglich was sein könne – nicht wie sie sein können)

I. Der Aether

I.1: Der Raum, das Vakuum, der Aether und das Licht.

Meine Herren!

Wir wissen, daß der Raum, in welchem wir leben, nicht leer ist. Derselbe ist zunächst gefüllt mit einer elastischen Flüssigkeit der Luft. Aber wir können mit Hülfe von Pumpen die Luft aus abgeschlossenen Gefäßen entfernen, wir erhalten alsdann | einen luftverdünnten Raum. Da man annahm, daß, wenn die Verdünnung nur weit genug getrieben würde, in diesem Raum überhaupt keine Materie mehr sei, so nannte man ihn auch einfach den leeren Raum oder das Vacuum, eine Bezeichnung, über deren Berechtigung wir uns indessen heute gerade zu streiten haben.

Der luftverdünnte Raum unter der Glocke der Luftpumpe ist nun zunächst jedenfalls kein Unikum und keine Ausnahme in der Natur, im Gegentheil. Wir wissen nämlich, daß, wenn wir uns von der Erde entfernen, wir nacheinander in Räume gelangen, in welchen wir dieselben Erscheinungen wahrnehmen wie unter der Glocke der Luftpumpe. Je mehr wir uns von der Erde entfernen, je mehr fällt das Barometer, je schwerer wird den lebenden Wesen das Athmen, je leichter durchströmt die Elektricität den Raum, kurzum, je dünner wird die Luft. Auf dem Gipfel der höchsten Berge und an den höchsten Punkten, die der Luftballon erreicht, ist diese Dichte nur noch etwa ein Drittel derjenigen hier unten. Untersuchen wir aber das Gesetz der Abnahme der Dichtigkeit, so können wir auch für unerreichbare Gegenden die Dichte der Luft angeben; wir finden dann, daß schon einige Meilen[1] über der Erdoberfläche die Luft nicht dichter ist als unter dem Recipienten unserer gewöhnlichen Luftpumpen; in der Entfernung eines Erdhalbmessers ist sie dünner, als wir sie durch unsere besten Luftpumpen erhalten können.

Ein so vollkommenes Vacuum muß den unermeßlichen Raum zwischen der Sonne und den Planeten füllen, und ein noch vollkommeneres Vacuum die noch weit unermeßlicheren Räume, welche unser Sonnensystem von den nächsten Fixsternen scheiden. Wir müssen gestehen: Wenn die Natur einen Abscheu vor dem leeren Raum hat, so hat sie einigermaßen | Ursache, sich unglücklich zu fühlen. Jedenfalls lohnt es wohl, diesen leeren Raum, dessen Ausdehnung Billionen von Billionen mal die des erfüllten übertrifft, näher zu untersuchen.

Mit den alten Kolbenluftpumpen kommen wir nicht weit. Wir vermögen nur die Luft bis auf ihren 200–500sten Theil fortzuschaffen und da erscheint der Raum noch durchaus nicht als leer. Viele Erscheinungen fan-

---

[1] Gemeint sind Preußischen Meilen, die etwa 7,14 Kilometern entsprechen.

38

gen erst an, sich in ihrem ganzen Glanze zu entwickeln, die Radiometer
fangen erst bei dieser Dichte an, durch das Licht gedreht zu werden, und
die elektrischen Entladungen, welche in gewöhnlicher Luft als schmaler
dürftiger Funke erscheinen, fangen erst hier an, sich zu entfalten, uns eine
neue und räthselhhafte Welt voll Farben und räumlicher Mannigfaltigkeit
zu zeigen. Aber seit 20 Jahren besitzen wir in den Quecksilberluftpumpen
Mittel, viel weiter zu kommen; dieselbe erlaubt uns, allmählich in dem
Recipienten die | vollkommenste Leere, die wir überhaupt kennen, die   45
Leere eines gut zubereiteten Barometers herzustellen.

Besitzen wir eine solche Pumpe und verstehen wir, mit derselben
umzugehen, so pumpen wir die Luft schlank herunter – bis auf ein Hun-
derttausendstel ihrer Dichte. Dann wird die Sache schon mühsamer. Stun-
denlang müssen wir pumpen und erhitzen, immer wieder löst sich von der
Glasoberfläche oder dem Quecksilber Luft los. Aber schließlich bringen
wir es herunter bis auf ein Milliontel und selbst ein Zehnmilliontel At-
mosphäre. Aber hier stehen wir dann doch an der Grenze, der Dampf des
Quecksilbers selbst, der Dampf von Fettspuren, von Salzen, die in dem
Recipienten sein können, geben etwas Gas her, und wenn wir auch kein
solches Gas mehr nachweisen können, wir dürfen sicher sein, daß wir
keinen absolut von ponderabler Materie befreiten Raum vor uns haben.
Indessen | sind wir schon weit gekommen und können zufrieden sein,   46
der Raum hat schon seine Stellung zu den verschiedenen physikalischen
Agentien in ausgesprochener Weise eingenommen.

In Bezug auf die einen hat er den Charakter des todten, indifferen-
ten, leeren Nichts. Keine Wärme geht durch Leitung durch ihn hindurch,
kein schwingender Körper verliert seine Bewegung durch Reibung an
ihm, der Ton durchdringt ihn nicht, die Elektricität zerstreut sich nicht
durch ihn, und auch der elektrische Funke weigert sich, ihn zu über-
schreiten, viel lieber durchschlägt er das Glas der Hülle oder macht einen
langen Umweg durch die Luft. Zwei Welten, die durch einen luftleeren
Raum getrennt wären, könnten durch diese Agentien nicht miteinander
communiciren, die Äußerung dieser Agentien ist an das Vorhandensein
ponderabler Materie geknüpft. In Bezug auf eine | andere Gruppe von   47
Erscheinungen hat der Raum ebenfalls seine Stellung erklärt, er läßt sie
ebensogut hindurch als ob er mit Luft gefüllt war, ja zum guten Theil
besser; er hat sein Verhalten gegen sie nicht merklich geändert, während
die letzten Tausendstel der Luft hinausgeschafft wurden; es ist endlich
das Endresultat genau dasselbe, ob nun das restirende Medium wirklich Luft oder ein anderes Gas ist. Daraus können wir mit Sicherheit
schließen, daß diese Erscheinungen sich nicht stützen auf das letzte restirende Milliontel, sondern auf das, was übrig bleibt, wenn wir auch
dieses fortschaffen, daß sie auch im absolut luftleeren Raum bestehen
können.

Zwei Welten, welche durch einen solchen Raum getrennt wären, könnten immer noch durch diese Agentien miteinander communiciren; durch sie communicirt in der That die Erde mit der Sonne | und den Gestirnen, und daß nicht wenig Leben und Mannigfaltigkeit durch diese Agentien vermittelt werden kann, sehen wir an ihr. Wir können aber die Agentien, welche den leeren Raum durchdringen, in zwei Gruppen theilen, und es sind die folgenden:

1. Gruppe   1. Die Gravitationskraft
                    2. Die elektrische (elektromotorische) Kraft
                    3. Die magnetische Kraft

Die unter 3 genannte magnetische Kraft bezieht sich gleichermaßen auf die durch ruhende Magnetismen wie auf die durch bewegte Elektricitäten hervorgerufene magnetische Kraft, und ebenso die unter 2 genannte elektrische ebensowohl auf die durch ruhende Elektricität wie auf die durch bewegte Magnetismen erzeugte elektrische Kraft.

2. Gruppe   1. Das Licht
                    2. Die strahlende Wärme
                    3. Die Kathodenstrahlen (wahrscheinlich)

Die Kathodenstrahlen sind dasselbe, was Crookes vor einigen Jahren als strahlende Materie bezeichnet hat; ob sie hierher gehören, | ist noch zweifelhaft. Vielleicht haben Sie von denselben überhaupt noch nicht gehört, dann bitte ich Sie zu gestatten, daß dieselben einstweilen unbekannter Weise mitlaufen. Die beiden Gruppen stehen in einem innern Gegensatz gegen einander; wenn nämlich zwei Welten mittels der Agentien der zweiten Gruppe mit einander communiciren, so geht Energie von der einen zur anderen über, d. h. sie verschwindet in der einen und entsteht in der anderen, während dies bei denen der ersten Gruppe nicht nothwendig der Fall ist. Dagegen ist die Theilung der Gruppen willkürlich und beruht nur auf dem Umfang unserer Kenntnis, welcher angenommen ist. Setzen wir größere Kenntnis voraus, so hätten wir Licht und strahlende Wärme gleich zusammenziehen können, setzen wir weniger voraus, so hätten wir aus dem Licht auch noch die chemisch wirksamen Strahlen aussondern können.

Indem wir uns nun an die genannten Agentien halten, wollen wir suchen, einen Entscheid darüber zu gewinnen, ob es einen Aether giebt, der den scheinbar leeren Raum erfüllt, und wenn ja, welche Eigenschaften wir ihm beizulegen haben. Der Gedankengang, | welchen wir verfolgen werden, ist dieser: Aus der Betrachtung des Lichts kommen wir zu der Überzeugung, daß der luftleere Raum mit einem Mittel von sehr charakteristischen Eigenschaften erfüllt sei,

aus der Betrachtung der übrigen kommen wir zu der Überzeugung, daß
auch sie nicht immateriell den leeren Raum überspringen, sondern eben
mit Hülfe jenes Mittels von Theilchen zu Theilchen fortgeleitet werden,
aus der Betrachtung aller suchen wir möglichst vollständig die Eigenschaften desselben zu bestimmen. Lücken werden bleiben, dies Gebiet ist
durchaus nicht abgeschlossen.

Ehe wir uns an die Betrachtung des Lichts machen, wollen wir die naheliegende Frage aufwerfen: Giebt es nicht ein directeres Mittel, uns von
der Existenz oder Nichtexistenz des Aethers zu überzeugen? Wenn derselbe ähnlich den uns bekannten Flüssigkeiten den ganzen Raum erfüllt,
so werden sich in ihm die Gestirne bewegen; in jeder bekannten Flüssig-
keit erfahren nun aber | bewegte Körper einen Widerstand, sie kommen 51
allmählich zur Ruhe; hat man nun vielleicht an den Gestirnen eine derartige Wirkung bemerkt? Die Planeten sind am besten beobachtet, man hat
sie seit mehr als 2000 Jahren aufs Genaueste verfolgt, keine Spur einer
solchen Wirkung ist bemerkt worden. Das sieht bedenklich aus.

Aber vielleicht ist ihre Masse gar zu überwältigend gegen die des zarten Aethers, vielleicht auch strömt derselbe in derselben Richtung wie die
Planeten um die Sonne. Die Kometen haben eine unendlich viel kleinere
Masse, eine größere Geschwindigkeit und sie kreuzen die Bahnen der Planeten in allen Richtungen, vielleicht ist an ihnen etwas wahrzunehmen? Es
mußte bei denen, die ein welterfüllendes Medium annehmen, eine gewisse
Befriedigung erregen, als in den zwanziger Jahren der Astronom Encke
einen häufig zur Sonne wiederkehrenden Kometen, der dann nach ihm
benannt | wurde, näher betrachtete und fand, daß sich die Bahn desselben 52
und damit die Umlaufzeit desselben beständig verkürze, daß dies auf die
Gravitationswirkung der Planeten nicht zurückgeführt werden könne, daß
es sich aber sehr wohl erklären lasse durch die Annahme eines zarten
Mittels, welches der Bewegung des Kometen Widerstand entgegenstellte.

Freilich war auch dieser Widerstand nicht groß. Man nimmt an, daß
sich die Dichtigkeit der Kometen nur mit der eines äußerst verdünnten
Gases vergleichen lasse, und Encke fand, daß das widerstehende Mittel noch mehr als 800 Mal dünner sein müsse als der Komet. Aber selbst
diese geringe Wirkung wollen wir uns nicht verleiten lassen, als Äußerung
eines Weltaethers anzusehen. Denn jener Enckesche Komet näherte sich
der Sonne bis auf 1/3 der Erdbahn, und da mußte er Regionen passiren, in
denen dichte Meteorschwärme ihr Wesen treiben, durch welche sich die
unbekannte Materie des Zodiakallichts erstreckt, und wenn ihm ein Wi-
derstand | geboten wurde, so dürfte es wohl am nächsten liegen, diese pon- 53
derable Materie als die Ursache anzusehen. Daß es eine nicht gleichmäßig
wirkende Ursache war, drängt sich auch auf, wenn man sieht, was die
Astronomie weiter über die Bewegung der Kometen herausbrachte. Denn
da man nun den Enckeschen Kometen weiter verfolgte, siehe, da war in der

Bewegung von 1865–71 die Wirkung eines widerstehenden Mittels nicht
zu erkennen, um dann später wieder aufzutreten. Und als man auf die
übrigen Kometen sein Augenmerk richtete, da fand man nur sehr wenige,
bei welchen eine Verkürzung der Umlaufzeit sich geltend macht, und bei
diesen ist es noch bestritten, ob dieselbe sich nicht einfach auf Störungen
durch die Planeten zurückführen läßt.

Und in Frage kommen nur solche Kometen, die der Sonne nahekom-
men, bei denen also auch der Widerstand auf ein ponderables Medium
54 bezogen werden kann. Endlich aber sind in | den letzten Jahren genau
beobachtete Kometen erschienen, welche der Sonne bis auf 100 000 Meilen nahe kommen, welche die Corona durchsetzt haben, fast von den
Flammen der Protuberanzen erreicht werden, sich über die Oberfläche der
Sonne hin mit ungeheurer Geschwindigkeit bewegten, und dennoch einen Widerstand nicht bemerken ließen. Hier haben wir nun wieder Grund
erstaunt zu sein, daß kein Widerstand stattfindet. Jedenfalls werden wir
bei diesem Stand der Dinge nicht geneigt sein, der abnormen Erscheinung beim Enckeschen Kometen ein großes Gewicht beizulegen, am al-
lerwenigsten, denselben[sic!] auf einen überall gleichmäßig vorhandenen
Weltaether zu deuten; vielmehr werden wir sagen, daß wir astronomische
Gründe für die Existenz eines solchen nicht beibringen können.

Dürfen wir sagen, es sei im Gegentheil klar, daß ein solcher nicht
existire? Ich gaube nein, ja, ich muß gestehen, daß es mir eine gewisse
55 Befriedigung gewährt, daß, wenn | schon die Planeten einen merklichen
Widerstand nicht finden, daß dann überhaupt ein solcher nicht nachweisbar
ist. Denn dem Aether werden wir keineswegs bloß minimale Eigenschaften beilegen, wir werden ihn uns vielmehr als Träger gewaltiger Kräfte
denken. Wenn er daher die Planeten nicht stört, so wollen wir uns auch
lieber nicht denken, seine Eigenschaften seien zu schwach dazu, sondern
sie seien derart, daß sie solche Wirkungen überhaupt nicht haben. Und wir
können allerdings solche Eigenschaften einer Flüssigkeit beilegen. Der
Widerstand, welchen bewegte Kugeln in einer Flüssigkeit finden, hängt
nicht allein ab von ihrer Dichte, sondern noch von einer anderen Eigenschaft, die wir Zähigkeit oder Viscosität nennen. Eine Leimlösung hat
fast die gleiche Dichte wie Wasser, aber eine viel größere Zähigkeit, und
56 eine in ihr bewegte Kugel findet einen weit größeren Widerstand; | eine
Mischung von Benzin und Schwefelkohlenstoff kann zu gleichem spec.
Gewicht wie Wasser gebracht werden, und sie hat dann eine weit geringere
Zähigkeit.

Wir können nun die Wirkung des verschiedenen Grades der Zähigkeit
weiter verfolgen und können dann auch die Erscheinungen bestimmen
für den Grenzfall, daß die Zähigkeit Null ist. Eine Flüssigkeit, in der
das eintritt, bezeichnen wir als eine ideale Flüssigkeit, und die Hydrodynamik beschäftigt sich zum großen Theil mit der Betrachtung idealer

Flüssigkeiten. Nun wohl, die Hydrodynamik zeigt, daß Körper, die sich in einer idealen Flüssigkeit bewegen, einen Widerstand nicht erfahren. Sie bewegen sich aber anders, als ob die Flüssigkeit nicht da wäre, aber doch so, daß ein fortgestoßener Körper für immer mit gleichbleibender Geschwindigkeit fortglitte. Wenn wir also glauben, ein Körper müsse in einer Flüssigkeit nothwendiger Weise bald zur Ruhe kommen, so liegt | das 57 doch nur daran, daß wir unsere Beobachtung an den gewöhnlichen, zähen Flüssigkeiten gemacht haben, nicht daran, daß der Begriff der Flüssigkeit überhaupt eine solche Wirkung nöthig machte.

Wenn wir aber sehen, daß von den gewöhnlichen Flüssigkeiten die eine doppelt so weit von der Abstraction „ideale Flüssigkeit" absteht als die andere, daß eine dritte dieser Abstraction sehr nahe kommt, so werden [wir] keine philosophischen Bedenken hegen, einer so exceptionellen Flüssigkeit, wie der Aether wäre, die Eigenschaften einer idealen Flüssigkeit selbst beizulegen. Sagen wir indes auch nicht zu viel, begnügen wir uns lieber mit folgendem: Aus den astronomischen Erscheinungen läßt sich für und gegen die Existenz des Aethers nichts schließen; nur das können wir aussagen, daß, wenn ein Aether den Weltraum füllt, seine mechanischen Eigenschaften von denen der gewöhnlichen Flüssigkeiten sehr abweichen müssen, und sich nur | mit denen einer idealen Flüssigkeit 58 vergleichen lassen.

Sehen wir nun zu, was uns die Lichterscheinungen lehren. Über das Wesen des Lichts besteht heutzutage unter Physikern nur eine Ansicht, die Ansicht, daß das Licht eine Wellenbewegung sei. Wir können tausende complicirter und von einander unabhängiger Erscheinungen in ungezwungener Weise erklären durch diese Annahme, wir kennen keine andere Annahme, die sie in ihrer Gesammtheit erklärte, und unter den zahlreichen noch nicht völlig erklärten ist keine, die dieser Annahme widerspräche. Mehr Grund, eine Annahme für richtig zu halten, können wir in der Physik nicht erwarten. Es ist alo das Licht eine Wellenbewegung. Aber es ist eine Wellenbewegung, die den von ponderabler Materie freien Weltraum durchdringt. Es muß also in diesem Raum noch etwas geben, das Wellen schlägt, und wir können dasselbe Aether | nennen. Es giebt also einen den 59 Raum erfüllenden Licht- und Wellenaether.

Sie werden enttäuscht sein über das Summarische meines Beweisverfahrens. Sie hatten erwartet, ich würde Ihnen aus der Lehre vom Licht allmählich die Gründe häufen für die Existenz des Aethers, und nun haue ich gewissermaßen den Knoten einfach durch. Und doch ist mein Verfahren nicht falsch. Sollte ich viele Gründe bringen, so müßten dies Gründe sein für die Undulationstheorie des Lichts, nicht für die Existenz des Aethers. Geben Sie die Undulationstheorie als richtig zu, so genügen in der That die wenigen gesagten Worte. Die Undulationstheorie aber in Ausführlichkeit zu begründen, liegt außerhalb des Rahmens dieser Vorlesung. Alles, was ich in dieser Hinsicht thun kann, ist dies, daß ich die nächstliegenden Zweifel entferne.

Zunächst also werden Sie vielleicht denken: die Undulationstheorie ist gar nicht die einzige Theorie des Lichts und deshalb auch gar nicht 60 so sicher, es giebt vielmehr zwei sich gegenüberstehende | Theorien, die Emissions- und die Undulationstheorie; so sagen die Lehrbücher, aber das ist falsch. Es muß heißen: „Es gab zwei sich gegenüberstehende Theorien", und dann ist es wieder falsch, denn es gab noch mehrere, sie sind aber sämmtlich verlassen, die Emissionstheorie, wie die übrigen, zugunsten der einen Undulationstheorie. Jener Ausdruck entspricht dem Zustand zu Anfang des Jahrhunderts und wird einfach mechanisch von Lehrbuch zu Lehrbuch übernommen. Aber Sie werden sagen: Es ist nicht bloß Autoritätsglaube, wenn ich die Emissionstheorie neben die Undulationstheorie stelle; mag die letztere auch eine Reihe sonderbarer Farbenerscheinungen in Krystallen etc. erklären, so sind das doch lauter fernliegende, der Natur mit Hebeln und Schrauben abgezwungene Kundgebungen; die alltäglichste Erscheinung des Lichts, die geradlinige Fortpflanzung, ist ganz natürlich aus der Emissionstheorie zu erklären und widerspricht ganz der 61 Vorstellung, daß das Licht aus Wellen bestehe. Denn Wellen, | sowohl die des Meeres als die des Schalls, biegen um alle Ecken herum, das Licht aber geht geradlinig weiter, wie ein fliegendes Geschoß.

Diese Überlegung wird über den Haufen geworfen durch die Antwort: die Thatsache ist falsch, sie beruht auf mangelhafter Beobachtung, in Wirklichkeit biegt das Licht auch um die Ecken, es pflanzt sich nicht nur geradlinig, sondern nur vorzugsweise geradlinig fort, und auch der Schall pflanzt sich vorzugsweise geradlinig fort. Der Unterschied ist also nur ein gradueller, er beruht auf der Verschiedenheit der Wellenlängen von Licht und Schall. Berechnen wir, wie sich Schallwellen verhalten müßten, die so kurz sind wie die Lichtwellen, so finden wir, sie müßten die Erscheinungen des Lichtes zeigen, und berechnen wir die Ausbreitung von Lichtwellen, welche die Länge der Schallwellen haben, so sehen wir, daß sie sich wie der Schall verhalten würden. Also, wenn wir nicht der ungenauen 62 Beobachtung und Überlegung mehr vertrauen wollen als der genauen Bebachtung und Überlegung deshalb, weil wir erstere oft, letztere selten anstellen, so dürfen wir diesen Einwand gegen die Undulationstheorie nicht vorbringen. Die zahllosen positiven Gründe für die Theorie aber enthalte ich mich vorzubringen.

Aber, werden sie vielleicht sagen: Eine Hypothese ist und bleibt doch immer diese Theorie und damit auch die Existenz des Aethers. Meinetwegen, aber doch in dem Sinne, wie die Existenz der Luft eine Hypothese ist, ersonnen, um gewisse sichtbare Wirkungen zu erklären und in Zusammenhang zu setzen, wie die Existenz aller äußeren Dinge eine Hypothese ist, instinctiv ersonnen, um einen Grund unserer wechselnden Empfindungen

44

zu haben. Nein, wir wollen uns nicht um Worte streiten, sondern wollen getrost zugestehen: daß das Licht eine Wellenbewegung sei, gehört zu den sichersten Resultaten der Wissenschaft. Geben wir aber das zu, so | werden 63 wir nicht behaupten wollen, die letzten Spuren von ponderabler Materie, welche sich im Weltraum finden mögen, seien Träger des Lichts. Denn wäre dies der Fall, so müßte etwas darauf ankommen, aus welchem ponderablen Stoff diese Spuren bestehen; die Lichterscheinungen müßten sich wesentlich ändern, wenn wir die Menge der Materie verdoppelten, verdreifachten, auf das tausendfache, Millionenfache steigerten, und doch ist nichts dergleichen der Fall; erst wenn wir die ponderable Materie zu einer Dichte bringen, die derjenigen der Luft ähnlich ist, finden wir wahrnehmbare Änderungen an der Lichtbewegung. Es muß also ein anderes Mittel der Träger des Lichtes sein. Es giebt also einen Aether, wiederhole ich.

Werfen wir jetzt einen Blick auf die Eigenschaften des Lichtes, um daraus auf die Eigenschaften des Aethers schließen zu können. Licht überhaupt besteht in Erzitterungen des Aethers, wie Schall überhaupt in Erzitterungen der Luft. Regelmäßig sich ausbreitendes | Licht haben wir 64 erst dann, wenn diese Erzitterungen in bestimmter Richtung fortschreiten. Wir bezeichnen sie dann als Lichtwellen. Die Farbe des Lichts hängt ab von der Form dieser Wellen. Ist der Abstand von Wellenthal zu Wellenberg überall genau gleich und hat die Welle außerdem die Gestalt einer Sinuslinie, so entsteht eine einfache oder Spectralfarbe. Welche Spectralfarbe entsteht, hängt ab von der absoluten Größe jenes Abstands oder von der Wellenlänge. Ist diese Kurve keine Sinuslinie, aber wiederholt sich doch in ihr dieselbe Form beständig, so haben wir ein Gemisch mehrerer Spectralfarben. Ist die Curve ganz unregelmäßig, so haben wir ein Licht von beständig sich verändernder Zusammensetzung. Licht überhaupt können wir uns immer zusammengesetzt denken aus unzähligen sich durchkreuzenden Wellen einfachen Lichts.

Die Geschwindigkeit, mit welcher sich das Licht ausbreitet, ist eine ungeheure, und sie ist im leeren Raum gleich für alle einfachen Farben und damit für alle Erzitterungen überhaupt. | Sie ist ungeheuer im Verhältnis zu 65 unseren irdischen Geschwindigkeiten, denn das Licht legt in der Sekunde nahe an 300 000 Kilometer oder 42 000 preußische Meilen zurück, es vermöchte also in dieser Zeit 7–8 mal die Erde zu umkreisen; aber sie ist nicht außer Verhältnis zu den Räumen, welche den eigentlichen Spielplatz des Lichts bilden. 8 Minuten braucht das Licht, um von uns zur Sonne zu gelangen, nicht weniger als 8 Stunden sind nöthig, damit es die äußerste Grenze unseres Planetensystems durcheile, und die Reise von der Sonne zum nächsten Fixstern währt schon Jahre.

Ob sich im leeren Raume alle Farben wirklich mit gleicher Geschwindigkeit fortpflanzen, ist eine Frage, deren Beantwortung von äußerster Wichtigkeit ist, sobald wir über die Mechanik der Lichtbewegungen urthei-

len wollen. Sie ist in neuerer Zeit auf Grund terrestrischer Experimente im negativen Sinne beantwortet worden. Doch werden die betreffenden Ver-
66 suche noch stark angezweifelt, | und wohl mit Recht. Die astronomischen Erfahrungen sprechen zu sehr dafür, daß sich die Farben gleichschnell fortpflanzen. Eilte das rothe Licht etwa dem violetten voraus, so müßten die widerscheinenden Jupitertrabanten zuerst intensiv roth und dann erst weiß erscheinen, und wenn sich das rothe Licht nur um 1/50 schneller bewegte, so müßte die rothe Farbe immer schon 1 Minute andauern. Und der prachtvolle Stern, der 1572 so plötzlich auftauchte, erschien gleich am ersten Abend weiß, während doch hier die Lichtgattungen jahrelang zusammen reisten und eine von ihnen wohl Zeit gehabt hätte, einige Tage vorauszueilen, wenn überhaupt Unterschied stattfand.

Wir können also wohl sagen, der Aether trage die Lichtwellen gleich schell fort. Wir dürfen hinzufügen, daß er das Licht forttrage, ohne es zu absorbiren, ohne einen Theil desselben als Tribut zurückzuhalten, wie
67 es die irdischen Körper thun. | Das reinste Meerwasser erscheint uns so äußerst durchsichtig, und doch: eine Schicht desselben von einigen 100 Mtr. Dicke läßt keine Spur von Licht hindurch. Unzweifelhaft ist die Luft viel durchsichtiger, aber doch: die Luftschicht von einigen Meilen, welche über unseren Häuptern steht, schneidet uns bei klarstem Wetter mehr als die Hälfte des Sonnenlichts ab.

Wie steht es dagegen mit dem Aether? Bei dem Wege der Erde um die Sonne ist sie gewissen Sternen zu Zeiten um 40 Millionen Meilen näher als zu anderen Zeiten, trotzdem verändert sich dadurch die Helligkeit dieser Sterne nicht merklich. Eine Schicht von 40 Millionen Meilen des Aethers bringt also keine merkliche Wirkung hervor. Aber ein größeres Argument können wir aus dem Umstand ziehen, daß wir die Sterne überhaupt sehen. Gesetzt, der Raum zwischen uns und ihnen wäre erfüllt mit einem Mittel,
68 welches millionenmal durchsichtiger wäre als unsere Luft, so würde | doch noch kein Strahl von ihnen zu uns gelangen, wenn sie nicht *sämmtlich* viele Millionen Male heller wären als unsere Sonne. Dürfen wir aber annehmen, daß sie derselben im Durchschnitt ähnlich sein werden, so können wir schließen, daß im freien Aether noch nicht der Billionste Theil von der Lichtmenge verloren geht, welcher in reiner Luft absorbirt werden würde. Wir werden sehen, daß das von Wichtigkeit ist. Doch betrachten wir weiter die Eigenthümlichkeiten der Lichtbewegung.

Obwohl sich die Wellen des Lichts in einer Secunde über einen so ungeheuren Raum ausbreiten, so folgen sie sich doch in den sichtbaren Farben so schnell aufeinander, daß der Raum, welchen jede einzelne Welle einnimmt, ein sehr kleiner ist. Die Größe dieses Raumes, die sog. Wellenlänge für eine bestimmte Lichtgattung, gehört zu den in der Physik am genauesten meßbaren Größen; sie ist größer für das Rothe Licht als für
69 das violette, sie beträgt | ungefähr 7 Zehntausendstel mm für das rothe

46

Licht, welches das äußerste Ende des Spectrums nach der einen Seite
bildet, und 3 1/2 Zehntausendstel für das violette Licht. Es gehen also
etwa 1400 Wellen des rothen Lichts und 2800 Wellen des violetten Lichts
auf einen mm. Daraus kann man leicht berechnen, wie viel Wellen auf
300 000 Kilometer kommen. Es giebt uns das diejenige Zahl von Wellen,
welche sich in einer Secunde bilden, oder, was dasselbe ist, diejenige Zahl
von Wellen, welche während einer Secunde über einen bestimmten Punkt
des Aethers hinweglaufen, also auch die Zahl von Excursionen, welche
derselbe während einer Secunde macht. Man kommt also durch die Di-
vision zu ungeheuren Zahlen und findet, daß im rothen Licht etwa 400
Billionen von Schwingungen und im violetten Licht etwa 800 Billionen
Schwingungen in der Secunde sich folgen.

Bedenken Sie, was das sagen will. Wir vermögen noch etwa den
zehnten Teil einer Secunde nach längerer Übung richtig zu schätzen, wir
können noch beurtheilen, welches von zwei Ereignissen früher eintritt als
das andere, wenn sie sich in einem Intervall von etwa 1/40 – 1/50 Secunde
folgen, aber 1/100 Secunde bildet sicher die Grenze unserer Zeiterfahrung.
Soviel Zeit braucht das Gefühl, um von unserem Finger zum Gehirn und
von da zum Bewußtsein zu dringen, soviel Zeit braucht der Wille, um
rückmeldend vom Bewußtsein zum Gehirn und von da zum Finger hin-
abzueilen, soviel Zeit braucht die einfachste Vorstellung, der einfachste
Schluß, sich zu bilden, um soviel Zeit folgt die Welt, die wir empfinden, der
Welt, welche unsere Empfindungen anregt. Und nun sagt man uns: Theile
diese letzten, für das Bewußtsein unwahrnehmbare untheilbare Zeit, in
tausend Theile, jeden Theil wieder in tausend Theile, die Theile, die Du
erhältst, wieder in Tausend, und was dann herauskommt, | nochmals in
tausend, und du wirst eine Zeit erhalten, nicht: in der überhaupt etwas
geschieht, sondern in der sich ein regelmäßiger, gesetzlicher Vorgang ab-
gespielt hat, in der er begann, anwuchs, sich völlig entwickelte und wieder
herabsank zum Ausgangszustande, und das nicht einmal, sondern 4–8 mal.
Und daß es so ist, ist unleugbare Thatsache, wir müssen sie begreiflich
finden, oder zugestehen, daß die Existenz von Thatsachen nicht von ihrer
Begreiflichkeit abhängt. Jedenfalls wird uns gehörig eingeprägt, daß wir
mit dem Worte „begreiflich" vorsichtig umzugehen haben in der Betrachtung der Natur, und daß wir uns zehn und hundertmal umsehen ehe wir
sagen: dies ist nicht, denn es ist unbegreiflich.

Die Länge der Lichtwellen bildet eine treffliche Brücke für die Vorstellung zwischen dem Reiche der sichtbaren Körper und dem Reiche der
Atome. Sie ist nicht verschwindend | klein gegen jene und nicht überwäl-
tigend groß gegen diese. Zu den Atomen verhalten sich die Lichtwellen
aber der Größe nach wie lange Meereswellen zu Flaschenkorken, die auf
ihnen schwimmen, und zu den kleinsten durchs Mikroskop wahrnehmbaren Körpern etwa, wie dieselben Wellen zu kleinen Inseln oder sehr großen

Schiffen. Wir werden uns daher auch oft der Wellenlänge des Lichts als Vergleichseinheit bedienen, und ich habe deshalb eine Tafel gezeichnet, welche diese Länge in Vergleich setzen soll mit einer Reihe von sichtbaren Größen einerseits und den unsichtbaren Atomen andererseits. (Tafel)[2]

Ist es zu verwundern, daß gerade die Länge der Lichtwellen die Grenze bildet zwischen der sichtbaren und der unsichtbaren Welt?

Ein Umstand muß jedem auffallen, der die Thatsachen, wie wir sie bisher dargestellt haben, mit Aufmerksamkeit überlegt. Das Licht besteht

73 in Wellen, die der Aether fortträgt. Die Wellen können | unzählig viel verschiedene Längen haben, aber sie liegen sämmtlich zwischen zwei im Grunde genommen doch sehr engen Grenzen. Die längste Lichtwelle ist nur doppelt so lang als die kürzeste. Bei elastischen Körpern sind wir dergleichen nicht gewohnt, sie pflanzen Schwingungen von allen Längen fort; die Luft z. B. trägt die ihr ertheilten Stöße weiter, sowohl wenn 3 in der Secunde als wenn 3000 erfolgen. Es muß also der Aether eine sehr abweichende und sehr merkwürdige Constitution haben.[3]

Wir könnten uns hierüber nun in alle möglichen Betrachtungen ver-

74 senken. | Doch zügeln wir lieber noch ein Weilchen unseren allzu eifrigen Verstand, wir werden dann sehen, daß unsere Verwunderung nur durch eine Selbsttäuschung veranlaßt ist, daß die Beschränkung, welche uns in Erstaunen setzt, nur in uns selbst und nicht im Aether liegt. Es ist eine alte Erfahrung, daß die Wirkung auf unser Auge als Licht nicht die einzige Wirkung ist, welche die Sonnenstrahlen ausüben, vielmehr haben dieselben außerdem *die* Wirkung, die Körper, auf welche sie treffen, zu erwärmen, und *die* Wirkung, in diesen Körpern chemische Umlagerungen hervorzurufen. Man sagte deshalb, die Sonne sende außer Lichtstrahlen auch Wärmestrahlen und chemische Strahlen aus. Man hatte guten Grund, nicht zu sagen: die Lichtstrahlen üben dies Wirkung aus. Denn man sah, daß auch

75 dunkle Körper im Stande sind, Wärmestrahlen auszusenden – | Beispiel jeder heiße Ofen – und man war andererseits nicht im Stande, bei allen Lichtstrahlen Wärmewirkung aufzuweisen, wenn man auch nicht mehr glaubte, es könnten leuchtende Körper geradezu Kältestrahlen aussenden, wie es die scholastische Physik beispielsweise vom Monde annahm.

Und was die chemische Wirkung anlangte, so konnte man bei einem großen Theile der sichtbaren Strahlen eine solche nicht annehmen. Vergebens setzte man durch Chlorsilber lichtempfindlich gemachtes Papier den

---

[2] Diese Tafel ist nicht mehr vorhanden.

[3] Hier folgt im Manuskript eine mehrfach geänderte und schließlich endgültig durchgestrichene Passage: „Wir könnten diese Constitution uns näher ausmalen; fragen, wie müssen die Atome des Aethers beschaffen sein, um nur ganz bestimmte Schwingungen fortzuführen, und wir könnten unsere Speculationen alsdann in einem dicken Buche niederlegen. Aber dieses scharfsinnige und gelehrte Werk möchte uns am Ende nur Kummer bereiten, wir würden sehen, daß wir zu früh den sichern Weg der experimentellen Forschung verlassen und den unsichern der Speculation betreten haben."

48

rothen Strahlen aus, vergebens ließ man diese Strahlen auf ein Gemisch von Chlor und Wasserstoff fallen, kein Schwarzwerden des Papiers, keine Explosion des Gasgemischs erfolgte. Und dann wieder, wenn man das Spectrum auf das lichtempfindliche Papier warf, so bräunte es sich an Stellen, an denen das Auge nicht die mindeste Beleuchtung wahrnahm. Sicherlich waren also sichtbare, erwärmende und | chemisch wirksame Strahlen 76 nicht identisch. Aber doch gab es Strahlen, welche gleichzeitig leuchteten und wärmten wie die rothen und andere, welche gleichzeitig leuchteten und chemisch wirkten, wie die violetten, und es erwies sich als unmöglich, die sichtbaren rothen von ihrer wärmenden oder die violetten von ihrer chemischen Wirkung zu befreien. Und indem man die Eigenschaften der unsichtbaren Strahlen verfolgte, fand man, daß sie übereinstimmten mit denen des Lichts, jene Strahlen waren brechbar, beugbar, polarisirbar wie diese.

So gelangte man allmählich zu einer schönen Verallgemeinerung, die nahe genug lag vom Standpunkt der vorurtheilsfreien Vernunft aus, und doch bewundernswert genug ist vom Standpunkte unseres beschränkten und irregeführten Menschenverstandes. Man sagte: Wärme-, Licht- und chemische Strahlen sind ihrem Wesen nach identisch, sie sind sämmtlich Wellen des Aethers und nur ihrer Wellenlänge | nach verschieden; 77 der Aether ist durchsetzt von Wellen aller Längen, diejenigen Wellen nun, welche eine gewisse mittlere Länge haben, bringen Lichtwirkungen hervor, die kürzeren Wellen wirken chemisch, die längeren haben Wärmewirkungen. Gewiß hatte man sich so hoch über den Sinnenschein erhoben, dem Licht und Wärme nur als sehr verschiedenes erscheinen können, und gewiß hatte man einen schönen Einblick in die Verkettung der Kräfte gethan, und doch, wenn man glaubte, auf der Höhe zu sein, so irrte man, man stak noch in tiefer Beschränktheit. Denn als man feinere Mittel fand, die Wärme wahrzunehmen, da sah man, daß nicht blos in den rothen und ultrarothen Strahlen sie sich bilde, sondern durch die ganze sichtbare Farbenskala und über dieselbe hinaus nach der violetten Seite konnte man die erzeugte Wärme nachweisen.

Alle Strahlen erzeugen also Wärme, und wenn dieselbe auch für das 78 Sonnenlicht und die meisten irdischen Quellen nur schwach ist im Vergleich zu violettem, so liegt dies nicht im Wesen dieser Strahlen, sondern darin, daß sie in zu geringem Maße ausgesandt werden; in der That, strahlte die Sonne 10 mal mehr violettes Licht aus und zehn mal weniger rothes, so hätte man geglaubt, die violetten Strahlen seien die wärmenden. Und was die chemischen Wirkungen anlangt, so fanden sich eben auch alle Strahlen wirksam; wenn man anfangs zu einem anderen Resultate gekommen war, so lag das daran, daß man sich auf sehr wenige Reaktionen beschränkt hatte, man hatte nur die Einwirkung auf die Silbersalze, die in der Photographie benutzt werden, ins Auge gefaßt. Aber als man an die Stelle dieser wenigen die hunderte von Reactionen setzte, deren das Licht

79 überhaupt fähig ist, da | fanden sich auch solche, in welchen das Grün, das gelbe, das rothe Licht thätig ist, man überschritt die Grenze des Rothen, und gegenwärtig photographiert man mit Wellen, von denen die längsten nicht mehr 2 mal, sondern 9 mal länger sind als die kürzesten.

Nun, und was endlich die Lichtwirkung anlangt, so können wir kaum zweifeln, daß sie als selbstständige Wirkung nicht mehr zu rechnen ist; sie ist nur eine chemische Wirkung auf gewisse Substanzen, die sich in unserer Netzhaut bilden, und wenn also nur eine beschränkte Reihe von Wellen als Licht empfunden wird, so liegt das in einer Besonderkeit dieser Substanzen und nicht in einer Besonderkeit dieser Wellen. Und sonach wird das ganze complicirte System von theils vereinten, theils getrennten Licht-, Wärme-

80 und chemischen Strahlen zusammengefaßt | beschrieben durch folgende Aussage: Der Aether kann durchfurcht werden von Wellen aller Längen, diese Wellen erzeugen Wärme nach Maßgabe der Energie, welche sie führen, und regen chemische Wirkungen an, sobald sie auf geeignete Körper treffen. Im allgemeinen werden besondere chemische Vorgänge nur von besonderen Wellen angeregt; diejenigen Wellen, welche in den Nervenendigungen der Netzhaut gewisse chemische Vorgänge veranlassen, können als Licht empfunden werden.

Wozu war diese lange Auseinandersetzung nöthig? Wozu mußten wir ein Gebäude aufrichten, um sogleich seine Entbehrlichkeit darzustellen? Einmal, um zu zeigen, daß jene verwunderliche Eigenthümlichkeit des Aethers, von der wir ausgingen, uns nicht irre zu machen braucht, denn sie war nur ein täuschender Schein; zweitens aber erreichen wir auch einen

81 positiven Vortheil | damit. Denn unsere Überzeugung von der Existenz des Aethers muß wachsen, wenn wir sehen, daß dieser Aether, ursprünglich nur angenommen zur Erklärung der Lichterscheinungen, nun auch ungezwungen und ich möchte sagen freiwillig eine Reihe weiterer Funktionen übernimmt.

In der Tafel[4] sind auch die längsten und kürzesten Wellen dargestellt, welche man bisher mittelst der Photographie im Sonnenlicht hat nachweisen können. Die längsten unter ihnen sind schon ungefähr so lang wie die kleinsten mikroskopisch sichtbaren Größen. Wäre unser Auge nur

82 empfindlich für diese langen Wellen, so wären | die kleinsten Pilzsporen unterm Mikroskop nicht mehr zu erkennen. Immerhin könnten wir dieselben noch photographiren. Mikroskopische Bilder würden die durch das Auge direct wahrgenommenen Bilder an Schärfe weit übertreffen. Etwas ähnliches findet auch jetzt statt, wir vermögen durch Benutzung der ultravioletten Strahlen manche Details zur Geltung zu bringen, die das Auge kaum noch zu erfassen vermag.

---

[4]Diese Tafel ist nicht mehr vorhanden. Am Rand des Manuskripts finden sich in Klammern noch folgende Bemerkungen: (Immerhin das Intervall beschränkt. Ein Abstand zwischen 0 und 100 Billionen. Woher das kommt)

50

I.2: Die Eigenschaften des Aethers,
die Fernkräfte und die Nahwirkungen
sowie das Licht und die Kathodenstrahlen

Meine Herren! 83

Wir haben in der vorigen Vorlesung über Licht, Wärme und chemische Strahlen gesprochen. Es entsprach das eigentlich nicht unserer Absicht; wir wollten über die Eigenschaften des Aethers sprechen. Aber wir sind hierin verfahren, wie der Anthropologe verfährt, der uns die Eigenschaften einer fremden Rasse vorführen will: er schildert einfach ihre Lebensweise und von selbst und unwillkürlich abstrahiren wir daraus die Eigenschaften, welche eine solche Lebensweise bedingen. Doch wie es möglich ist, wenn er theils zur Controlle, theils zur Erklärung seiner Schilderung die Aufzählung dieser Eigenschaften, wie er selbst sie abstrahirt hat, hinzufügt, so wollen wir jetzt aus der Wirkungsweise des Aethers wenigstens diejenigen Eigenschaften herausschälen, die ihn am meisten von den bekannten Körpern unterscheiden.

Zunächst dürfen wir sagen: der Aether ist absolut homogen, | kein 84 irdischer Körper kommt ihm hierin annähernd gleich. Ein Körper ist homogen, wenn raumgleiche Kugeln, die wir an verschiedenen Stellen herausschneiden, sich völlig gleich sind, so daß eine Verwechselung derselben ohne Änderung möglich wäre. Das Wasser z. B. in einem Glase ist nahezu homogen. Aber doch nicht völlig. Auf dem Boden das Glases ist der Druck etwas größer als an der Oberfläche und daher ist die Dichtigkeit dort etwas größer, eine Kugel von 1 mm Radius vom Boden genommen wiegt etwas mehr, als wenn wir sie aus der Oberfläche geschnitten hätten. Es ist zwar nur wenig, aber wir können ganz genau angeben, wie viel es ist. Nähern wir dem Glase unsere Hand, so erwärmt sich das Wasser ein wenig, und dadurch wird es an einigen Stellen dünner als an anderen, seine Homogenität ist gestört. Blicken wir nun durch derart ungleichmäßig erwärmtes Wasser nach Gegenständen, so erscheinen dieselben uns ein wenig verzerrt, wenn die Wasserschicht nur dünn ist, sie | erscheinen verwaschen und getrübt, wenn die Was- 85 serschicht dicker wird. So erscheinen uns die Sterne funkelnd, weil wir sie durch unsere in unregelmäßiger Weise unhomogene Atmosphäre sehen, der Sonnenrand erscheint in welliger Bewegung und die feineren Details des Mondes und der Planeten verwaschen und unerkennbar. Aber auf den Gipfeln hoher Berge, wo die Wirkung der Luft gemildert ist, wird dies anders. Hier erscheinen die Fixsterne als ruhige unmeßbare Punkte.

Wie anders müßte es sich verhalten, wenn der Aether im Weltraum ähnliche Änderungen in seiner Dichte besäße, wie die Luft! In dem Verhältnis müßte die Undeutlichkeit der Bilder größer sein als gegenwärtig,

in welchem der durch den Weltraum gemachte Weg zu dem in Luft steht,
86 d. h. es könnten überhaupt Bilder der Sterne | nicht zu uns gelangen. Und
wenn wir wieder einen Vergleich des Aethers mit den irdischen Substanzen
machen wollen, so müssen wir sagen: die Abweichungen des Aethers von
der Homogenität müssen mindestens millionen u. billionen mal kleiner
sein, als die der homogensten irdischen Körper unter den günstigsten
Bedingungen, die wir herzustellen vermögen.

Noch nach einer ganz besonderen Wirkung hin muß die Homogenität
weit über die der sichtbaren Körper hinausgehen. Die Homogenität dieser
Körper hört nämlich gänzlich auf, wenn wir sehr kleine Theile betrachten. Schneide ich aus Wasser Kugeln von 1 mm Radius aus, so sind sie
sehr nahezu gleich, ebenso Kugeln von 1/100 mm Radius, aber denke ich
mir Kugeln von 1 Milliontel Millimeter herausgenommen, so ist es damit
gänzlich zu Ende. In der einen Kugel werde ich ein Wassermolekül gefaßt
87 haben, | in der andern nichts, in der dritten nur ein Sauerstoffatom, u.s.w.
Die Beweise dafür werden wir später kennenlernen. Einstweilen nehmen
wir als bekannt hin, daß die gewöhnliche Materie aus Atomen zusammengesetzt ist von etwa 1 Milliontel mm Durchmesser und einigen Milliontel
Millimeter Abstand von einander.

Wir dürfen nun behaupten: Wenn der Aether eine ähnliche Struktur
besitzt, so muß dieselbe doch unendlich viel feiner sein. Wir können das
schließen aus der vorher hervorgehobenen Eigenschaft, daß der Aether das
Licht, ohne es zu schwächen, weiter trägt. Pflanzt sich in einem aus Atomen bestehenden Körper wie Wasser eine regelmäßige Wellenbewegung
wie der Schall fort, so wird beständig ein Theil dieser regelmäßigen Bewegung umgesetzt in die unregelmäßige der Atome; dieser Theil ist nicht
verloren an sich, aber er ist verloren als Schall, er ist in Wärme verwandelt
88 worden. | Kennen wir nun die Größe der Atome, so können wir daraus
berechnen, wie schnell diese Umwandlung der regelmäßigen Schallbewegungen in Wärmebewegung vor sich geht, und zwar finden wir: je größer
die Atome sind im Verhältnis zur Wellenlänge, um so schneller wird die
Regelmäßigkeit zerstört. Das ist auch ganz klar, eine Welle, deren Länge
nicht größer wäre als der mittlere Abstand der Atome könnte sich offenbar
überhaupt nicht regelmäßig fortpflanzen.

Obgleich nun die Wellen des Lichts so kurz sind, so durchläuft doch
das Licht Billionen von Billionen mal die Länge dieser Wellen, ohne
ausgelöscht zu werden. Wir dürfen daraus schließen: Wenn der Aether
überhaupt atomistisch zusammengesetzt ist, so muß doch seine Struktur
unermeßlich fein sein selbst im Vergleich zu den Lichtwellen, seine Atome
daher von verschwindender Kleinheit nicht allein gegen die sichtbaren
89 Körper, | sondern auch gegen die Atome der ponderabeln Materie.

In Summa werden wir sagen: Der Aether ist vollkommen homogen in
jeder Beziehung, nicht die Spur einer Abweichung ist zu erkennen.

52

Wenden wir jetzt den Blick auf eine andere Eigenthümlichkeit, die den
Aether in ungeheurem Abstand den andern Körpern gegenüberstellt. Es ist
die Geschwindigkeit, mit welcher sich Wellen ausbreiten. Vergleichen wir
ihn etwa mit Wasser. Die Schallgeschwindigkeit in Wasser ist 1424 mtr in
der Secunde, die Geschwindigkeit der Wellen im Aether ist 300 Millionen
Meter, sie ist also rund etwa 200 000 mal größer als in Wasser. Ein Zweifel mag allerdings in uns aufkommen: Ist denn ein derartiger Vergleich
erlaubt? Sind denn die Wellen des Aethers überhaupt analog mit den
elastischen Wellen, welche in Flüssigkeiten u. festen Körpern den Schall
bilden? Bestehen sie wie jene in Verschiebungen der | Aetherteilchen ge- 90
gen einander, welche stets durch die Elasticität vermittelt, und durch die
Trägheit neu erzeugt werden?

Der Zweifel ist gerechtfertigt, denn die Erscheinungen des Lichts haben uns nur gesagt: die Ausbreitung desselben erfolgt wie die Ausbreitung von Wellen, ohne uns doch über die Natur der Wellen das geringste
mitzutheilen, und schon in der sichtbaren Welt sehen wir Wellen sehr
verschiedener Arten: die Wellen auf der Oberfläche ruhenden Wassers
werden durch andere Kräfte hervorgerufen und folgen in vieler Hinsicht
anderen Gesetzen als die des Schalls. Aber wir können dem Zweifel entgegentreten mit der naheliegenden Frage, mit der die Physik ihm seit dem
Auftreten der Undulationstheorie entgegengetreten ist, welche vielmehr
sein Aufkommen überhaupt verhindert hat – mit der Frage nämlich: Was
sollten es sonst für Wellen sein? Welche Veränderungen können wir uns
in einem homogenen Mittel denken, als | Verschiebungen der Theilchen 91
gegeneinander?

Auch wir wissen zunächst nichts anderes, und wenn sich daher die Wellen im Aether 200 000 mal schneller ausbreiten als im Wasser, so werden
wir das auf die ganz eigenthümlichen elastischen Eigenschaften desselben schieben. Nun sagt uns die Wellenlehre, daß für verschiedene Körper
der Quotient Dichtigkeit/Elasticitätsc. sich verhält wie das Quadrat der
Wellengeschwindigkeit in den Körpern. Dieser Quotient ist also für den
Aether 40 000 Millionenmal größer als für Wasser. Entweder der Aether
hat ähnliche Dichte wie das Wasser, alsdann ist seine Zusammendrückbar-
keit noch 40 000 Milliontel mal kleiner als die des fast incompressibeln
Wassers, oder seine elastischen Verhältnisse sind ähnliche wie die des Wassers, alsdann muß seine Dichtigkeit 40 000 Millionen Mal kleiner sein als
die des letzteren. Wir können auch die Unwahrscheinlichkeit auf beide
vertheilen und annehmen, | der Aether sei 200 000 mal dünner als Wasser 92
und übe doch bei der Zusammendrückung einen 200 000 mal größeren
Widerstand aus.

Nicht ohne Seufzen werden wir uns zu einer dieser Aussagen bewegen lassen, doch haben wir ja gewissermaßen uns verpflichten müssen,
das Wörtchen „unbegreiflich" nicht in die Discussion hineinzubringen.

Fragen wir also lieber: Können wir nicht irgend ein Entscheidendes für
eine der obigen Annahmen beibringen, müssen wir uns beschränken, für
den Aether das Verhältnis von Dichte und Elasticitätscoefficient zu besitzen, können wir nicht etwa die Dichte selber und dadurch auch den
Elasticitätscoefficienten absolut bestimmen?

Nein, keine Erscheinung des Lichts oder der strahlenden Wärme bietet
uns hierzu die Mittel. Doch hat der geniale Engländer Sir William Thomson eine einfache Überlegung angegeben, durch welche wir wenigstens
zu einer unteren Grenze für die Dichtigkeit des Aethers gelangen können.
93 Wir | können also nicht sagen, die Dichte des Aethers ist so und so groß,
aber doch: sie ist größer als dieser bestimmte Werth. Die Überlegung, um
welche es sich handelt, ist etwa diese: die Ausschläge der Aethertheilchen
nach beiden Seiten können nur kleine Bruchtheile der Wellenlänge sein.
Denn wäre das anders, so könnte das Licht sich nicht so regelmäßig ausbreiten, wie es thut. Wir wissen aus der Wellenlehre, daß, wenn wir eine
elastische Welle von bestimmter Farbe erzeugen wollten, in der die [sic!]
Ausschlag halb so groß wäre wie die Wellenlänge, daß dann diese Welle
schnell in eine Reihe anderer von verschiedener Farbe zerfiele. Es müssen
also selbst im stärksten Sonnenlicht die Ausschläge nur einen Bruchtheil
der Wellenlänge betragen. Es kann also auch die Geschwindigkeit der
94 Theilchen einen gewissen Werth nicht überschreiten. Da | nun trotzdem
diese Schwingungen einen gewissen Werth von Energie besitzen, einen
Werth, den wir durch Auffangen der Sonnenstrahlen leicht bestimmen können, so kann die Dichte des schwingenden Mediums nicht kleiner als ein
gewisser Grenzwerth sein. Diese Überlegung denken Sie sich nun scharf
eingekleidet und die Rechnung ausgeführt; als Resultat ergiebt sich, daß
1 Cubikkilometer Aether jedenfalls mehr als 1 Kilogramm Masse besitze,
wahrscheinlich beträchtlich mehr, obgleich wir ein exactes Maaß nicht
angeben können.

Nun, das ist nicht eben viel, es sagt gerade nur, daß die Dichte des
Aethers mehr als ein Billiontel von der des Wassers betrage. Doch sagt
es immerhin, daß die Masse des Aethers, welchen die Erde im Raum ver-
drängt, mehr als eine Billion Kilogramm an Masse besitzt, und daß die
95 Masse des Aethers, welche eine | durch die Neptunsbahn gelegte Kugel
einschließt, also gewissermaßen die Masse des zu unserem Sonnensystem
gehörigen Aethers, jedenfalls größer ist als die von 120 000 Erdkugeln. Sie
ist also jedenfalls größer als die Masse der in diesem Raume fein vertheil-
ten ponderabeln Materie. Es gewährt uns das eine gewisse Befriedigung,
aber freilich die Schwierigkeit, welche uns das Mißverhältnis zwischen der
geringen Dichte und dem gewaltigen Widerstand gegen die Formverände-
rung machte, ist durch eine Angabe über die Dichte nicht zu heben.

Und nun soll unsere Gutwilligkeit in Bezug auf das Vorstellen noch auf
eine weit härtere Probe gestellt werden. Die Undulationstheorie theilt uns

54

nämlich – fast möchte ich sagen – schüchtern mit, es handele sich gar nicht um Longitudinalwellen, wie die des Schalls in der Luft sind, sondern es seien die Lichtwellen transversale. Der Unterschied zwischen | beiden wird 96 Ihnen klar sein. Bei den Longitudinalwellen fällt die Schwingungsrichtung der einzelnen Wellen zusammen mit der Fortpflanzungsrichtung der Welle, eine Longitudinalwelle ist also vollständig gekennzeichnet durch diese Richtung und die Wellenlänge. Hingegen bei der Transversalwelle geschehen die Verschiebungen senkrecht zur Fortpflanzungsrichtung; eine solche ist also vollständig definirt erst dann, wenn außer jener Richtung und der Wellenlänge auch noch die Ebene gegeben ist, in welcher die Schwingungen erfolgen.

Bei den Lichtwellen ist nun das einfache mathematische Kriterium für Transversalwellen erfüllt; zwei Lichtwellen von gleicher Farbe, welche in gleicher Richtung fortschreiten, können noch sehr verschieden sein; sie werden vollständig erst bestimmt, wenn noch eine gewisse durch die Strahlenrichtung gehende Ebene, die Polarisationsebene, gegeben ist. Die Lichtschwingungen sind also transversal.

Diejenigen unter Ihnen, welche sich nicht näher mit der Theorie der elastischen | Körper befaßt haben, werden kaum wissen, was denn so 97 schreckliches in dem Worte Transversalwellen liegt. Sie werden dies aber begreifen, wenn ich sage: Transversalwellen sind nur in festen elastischen Körpern möglich. Nur in festen elastischen Körpern entsteht eine Reaction gegen eine gleitende Versetzung der Theilchen gegeneinander, wie sie in den Transversalschwingungen hervorgerufen werden; in den Flüssigkeiten ist schon durch die Definition derselben festgesetzt, daß jede Verschiebung, bei welcher keine Verdichtung oder Verdünnung eintritt, ohne Reaction sich vollziehen kann. In einer Flüssigkeit können daher nur die mit abwechselnder Dilatation und Contraction verbundenen Longitudinalwellen sich ausbilden, in einem festen Körper beide, sowohl Longitudinalals Transversalwellen.

Es bewegt sich also der Aether wie ein fester elastischer Körper. Hierüber hat | die Undulationstheorie seit 1806, in welchem Jahre Malus die 98 Polarisationserscheinung bei der Reflexion entdeckte, keine Zweifel haben können.[5] Aber sie kann auch kaum die ungeheuren Schwierigkeiten vertuschen, die nun uns entgegentreten. Also, der Aether verhält sich wie ein fester Körper und doch eilen die Planeten durch ihn hindurch, nicht nur wie durch eine Flüssigkeit, sondern wie durch eine vollkommene Flüssigkeit, ohne auch nur einen Widerstand zu erfahren? Und die zarten Kometen desgleichen! Das ist nicht bloß unbegreiflich in dem Sinne, in welchem wir keinen Gebrauch von dem Worte machen wollen, es ist widerspruchsvoll.

---

[5]Etienne-Louis Malus hat die Polarisation im Dezember 1808 entdeckt und im Januar 1809 publiziert.

Man hat gesagt: Die Lichtschwingungen und die Bewegung der Planeten sind von unendlich verschiedener Größenordnung. Der Aether kann sich in Bezug auf die einen wie ein fester, in Bezug auf die | anderen wie ein flüssiger Körper verhalten. Auch das Blei fließt unter starkem Druck wie eine Flüssigkeit, und doch wird es sich gegen feine Schwingungen ganz wie ein fester Körper verhalten. Aber dieser Vergleich hinkt vollständig. Blei als Flüssigkeit gehört zu den denkbar unvollkommensten Flüssigkeiten, und ebenso als fester Körper besitzt es nur unvollkommene Eigenschaften, in ihm sind also wie in vielen Körpern die Eigenschaften beider Zustände einander genähert. Beim Aether aber sollen wir uns zugleich die Eigenschaften der vollkommensten Flüssigkeit und des vollkommensten festen Körpers vereinigt denken.

Lassen wir uns auf solche Concessionen nicht ein, sondern sagen wir einfach: Hier ist ein Widerspruch. Wenn wir ihn jetzt nicht lösen können, so dürfen wir doch seine Lösung von der Zukunft erhoffen. Eine der Voraussetzungen, die wir gemacht haben, | muß unrichtig sein. Entweder das Licht ist doch keine Wellenbewegung – das aber scheint über allen Zweifel erhaben – oder die Schwingungen sind keine transversalen – doch auch hierzu zwingen uns die Erscheinungen oder wenigstens, es sind keine elastischen Schwingungen. Der letzte Punkt ist am ehesten angreifbar, doch wiederholen wir unsere frühere Frage: Was sollen es sonst für Schwingungen sein? Lassen wir die Sache einstweilen in diesem Stadium auf sich beruhen und gehen wir weiter zur Betrachtung der übrigen Agentien; vielleicht wird uns Aufschluß von einer Seite, von der wir es am wenigsten erwarten.

Zunächst berühren wir noch einige räthselhafte Punkte. Wenn die Wellen des Lichts und der strahlenden Wärme Transversalwellen sind, wo sind dann die Longitudinalwellen des Aethers? Giebt es solche überhaupt nicht? Das wäre merkwürdig, denn wir sind zwar gewiß, daß Longitudinalwellen | ohne Transversalwellen auftreten, aber wo Transversalwellen möglich sind, da sind meistens die Bedingungen für die Entstehung von Longitudinalwellen gegeben. In der Optik nun wissen wir von solchen nichts; man könnte zwar vermuthen, daß schon bei Refelexion und Brechung ein Theil der Tr.-wellen sich in L.-wellen umsetzt, doch kann man auch solche Bedingungen in Rechnung bringen, daß L-wellen nicht zu Stande kommen, und man bringt diese Bedingungen in Rechnung, eben weil man nie das Auftreten einer von Licht verschiedenen Erscheinung unter diesen Umständen bemerkt hat. Hier werden wir nun an das Agens erinnert, welches wir früher unter dem Namen Kathodenstrahlen angeführt haben. Was sind das für Gebilde und welches ist ihr Wesen? Wir wissen über das letztere nichts bestimmtes, die Meinungen der Physiker gehen weit auseinander. Ich will mich deshalb auch in Bezug auf | diese Erscheinung der Kürze befleißigen.

56

Leiten wir den galvanischen Strom durch ein verdünntes Gas – es ist dazu schon eine bedeutende Spannung nöthig, wir müssen entweder eine Elektrisirmaschine oder einen Inductionsapparat oder eine Batterie von wenigstens mehreren hundert Elementen benutzen, – so erhalten wir prachtvolle Lichterscheinungen. Dieselben sind ja durch das sog. elektrische Ei[6], welches in der Experimentalphysik vorgezeigt zu werden pflegt, und durch die Geißlerschen Röhren bekannt genug. Der Strom tritt durch den einen Pol ein, diesen Pol nennt man die Anode – den Weg nach oben; der andere Pol, durch den der Strom austritt, heißt ihr Weg nach unten – die Kathode. Uns beschäftigt hier die Erscheinung an diesem Pol. Solange man nur gewöhnliche Luftpumpen benutzt, erscheint um die Kathode ein blaues Licht, dann folgt ein dunkler Raum, dann ein rother Streifen, der den Weg | des Stromes zur Anode bezeichnet. So weit war   103
die Erscheinung bekannt, Faraday hat sie auch so genauer beschrieben.

Als dann die Quecksilberluftpumpe erfunden wurde, und man die Luft weiter verdünnen konnte, fand man, daß die Erscheinungen erst recht schön und mannigfaltig wurden; Faraday soll vor Freude gehüpft haben, als ihm Plücker die ersten Geißlerschen Röhren aus Bonn nach England brachte. Was speciell das blaue Licht um die Kathode anlangt, so breitet es sich immer mehr und mehr aus, und zwar nicht in der Bahn des Stromes zur Anode hin, sondern gerade von der Kathode ausstrahlend; es sieht etwa so aus, als befände sich in der Kathode eine elektrische Lampe, welche mit einem Reflector versehen einen blauen Lichtcylinder nach vorwärts wirft, der durch einen feinen Nebel aufgefangen und uns so sichtbar wird. Man nennt diese strahlenartigen Gebilde alsdann | Kathodenstrahlen.   104

Je mehr wir die Luft entfernen, je mehr breiten sich die Kathodenstrahlen aus; treffen sie die Glaswand, so fluorescirt dieselbe unter ihrem Einfluß schön grün, Kreide erscheint orangeroth leuchtend, ein Diamant den Kathodenstrahlen ausgesetzt, leuchtet in prachtvollem Lichte auf. Mit Recht nennen wir die Gebilde Strahlen, und ziehen daher einen Vergleich mit den Lichtstrahlen, denn wenn wir ihnen irgend einen Körper entgegenstellen, (Tafel)[7] so wirft derselbe einen scharf begrenzten Schatten auf die Glaswand genau, wie es ein Lichtstrahl thun würde. Und doch unterscheiden sich diese Strahlen von den Lichtstrahlen nicht bloß dadurch, daß sie nur im ganz leeren Raum bestehen können, sondern noch durch eine Reihe anderer Eigenthümlichkeiten. So werden sie stark von einem Magneten beeinflußt, nähern wir dem Rohre einen Magneten, so werden sie gebogen. Auch das Licht wird bekanntlich beeinflußt vom Magneten,

---

[6]Das „elektrische Ei" war ein länglicher Glaskörper, in dessen Innern zwei Metallkugeln angebracht waren, eine fixiert und die andere durch einen nach oben geführten Stab beweglich. Der Glaskörper war mit Anschlüssen für eine Vakuumpumpe und mit elektrischen Zuleitungen versehen.

[7]Die Tafel oder eine Skizze derselben ist nicht mehr vorhanden.

105 aber in ganz anderer Weise. Seine Richtung wird nicht geändert, sondern
die seiner Polarisationsebene wird gedreht, es wird gewissermaßen tordirt
um die Richtung seiner Fortpflanzung. So bestehen denn eine Reihe von
Analogien und eine Reihe von Gegensätzen zwischen Kathodenstrahlen
und Licht.

In weiteren Kreisen wurden die Kathodenstrahlen zuerst bekannt im
Jahre 1880, als der englische Physiker Crookes auf der Versammlung der
Britischen Naturforscher einen durch glänzende Experimente erläuterten
Vortrag über diese Erscheinungen hielt.[8] Er bezeichnete die Kathodenstrahlen als strahlende Materie. Sein Vortrag wurde mit vielen Abbildungen abgedruckt und die Sache lief dann durch die Tagespresse. Sicherlich
hat Crookes, der schon durch die Entdeckung des Thalliums, der Radio-
metererscheinungen und durch andere Arbeit rühmlich bekannt, durch
106 seine spiritistischen Heldenthaten | aber weniger rühmlich bekannt war,
der Sache einen guten Dienst erwiesen durch diese Verbreitung, welche er
ihr gab. Unrecht hatte er jedoch, wenn er durch Verschweigen aller Vorar-
beiten sich den Anstrich gab, als habe er alle diese Dinge allein gefunden.
In der That hatten deutsche Physiker, insbesondere Hittorf in Münster,
diese Erscheinungen lange vor ihm sehr genau studirt. Unrecht hatte er
auch wohl in Bezug auf den etwas mystisch klingenen Namen „strahlende
Materie", welchen er ihr gab.

Crookes stellte sich vor, daß die Luft bei der äußersten Verdünnung,
die in seinen Röhren herrschte, schon in einem besonderen und neuen Zustande, gewissermaßen in einem vierten Aggregatzustande sich befinde,
der sich zum luftförmigen verhält wie dieser zum flüssigen. In diesem
Zustande sollte sie nun von der Kathode angezogen, elektrisch geladen
107 und nun mit Heftigkeit | geradlinig fortgeschleudert werden. So sollten
die Kathodenstrahlen sich bilden, dieselben sollten also Scharen schnell
fliegender materieller Theilchen sein, ähnlich wie in der Emissionstheorie
das Licht aus solchen Theilchen bestehen sollte. Andere Physiker haben
ähnliche Ansichten ausgesprochen, wenn auch einige meinten, nicht die
Lufttheilchen seien das Bewegte, sondern abgerissene Theilchen der Kathode etc. Auf der anderen Seite aber bildete sich die, wie mir scheint,
mehr berechtigte Anschauung, es seien die Kathodenstrahlen ein Vorgang
im Aether.

Man wird hierzu von selbst geführt, wenn man sieht, wie sich diese
Strahlen immer schöner entwickeln, je mehr man die Luft entfernt, man
kann sie bis zu 1 bis 1 1/2 mtr Länge erhalten. Freilich in völliger Luftleere
hören sie auf. Aber da hört ja eben die Entladung auf, wir vermögen sie

---

[8]William Crookes: Strahlende Materie oder der Vierte Aggregatzustand. – Vortrag, gehalten
auf der 49. Versammlung der Britischen Association zur Förderung der Wissenchaften in Sheffield
am 22. August 1879. Deutsche Übersetzung Leipzig 1879.

da also nur nicht mehr | hervorzurufen. So können wir auch im luftlee-   108
ren Raum kein Licht erzeugen, indem wir daselbst eine Flamme brennen
lassen. Wenn nun aber die Kathodenstrahlen ein Aethervorgang ist [sic!],
welches ist seine Natur? Außer einigen unbestimmten Andeutungen ist
bisher erst eine Stimme darüber laut geworden, die des jüngeren Wiede-
mann in Leipzig, der die Kathodenstrahlen einfach für Lichtstrahlen von
außerordentlich kleiner Schwingungsdauer ansieht. Es sind also Lichtstrahlen, deren Wellenlänge etwa noch 100 oder 1000 mal kleiner ist als
die der violetten Strahlen. Dann erklärt sich ganz gut, warum dieselben
schon Mühe haben, das so dünne Gas zu durchdringen, durch welches
das gewöhnliche Licht ohne Weiteres hindurch geht und einige andere
Erscheinungen. Aber im Ganzen ist doch die Wahrscheinlichkeit für diese
Ansicht nicht allzu groß.

Mir scheint es noch näher | zu liegen, sich die Kathodenstrahlen als   109
Longitudinalwellen des Aethers zu denken. So würde sich gleichzeitig die
Analogie mit und der Gegensatz gegen das Licht erklären, während die
Ansicht Wiedemanns nur die Analogie klar stellt. Indessen auch für diese
Ansicht läßt sich nur allzu wenig anführen, und so sind wir aufs Warten
verwiesen, bis neue Erfahrungen, die das Experiment uns bringt, neue
Klarheit über diese Fragen verbreiten. Immerhin mache ich Sie darauf
aufmerksam, daß, wenn wir auf der einen Seite die Longitudinalwellen im
Aether vermissen, wir auf der anderen Seite noch Erscheinungen kennen,
deren Wesen unerklärt ist und die denkbarer Weise jene Lücke füllen und
dem Bilde, das wir uns vom Aether machen, mehr Leben und Abrundung
verleihen können.

Ich hätte mich vielleicht nicht einmal soweit in dies unsichere und   110
kaum entdeckte Gebiet vorwagen sollen, aber es reizte mich, Ihnen zu
zeigen, wie sehr sich möglicherweise unsere Kenntnis vom Aether noch
vervollständigen kann und wie vielleicht zu dem alten Licht sich eine
Schwestererscheinung gesellen wird, die von der Theorie schon lange
vermißt, thatsächlich schon lange sich gezeigt hat, aber mit dem älteren
Bruder das Schicksal theilt, zunächst verkannt und für eine Äußerung der
ponderabeln Materie gehalten zu werden. Auch dürfen Sie nicht diese
Erscheinungen, weil sie noch wenig bekannt sind, für unwichtig halten.
Nichts ist unwichtig, was in dem ungeheuren Raum zwischen den Gestirnen zu wirken vermag, durch die Unermeßlichkeit dieses Raumes selbst
haben solche Erscheinungen ein Übergewicht gegen diejenigen, welche an
die verschwindend kleinen Räume, wo ponderable Materie sich befindet,
gebunden sind.

Doch genug hiervon, gehen wir nun über zur Betrachtung der Agen-   111
tien der ersten Reihe, der Fernkräfte nämlich; von denen kennen wir die
Schwere, die elektrischen und die magnetischen Kräfte. Haben wir auch
diese als Äußerungen des Aethers anzusehen? Hier gehen wir nun här-

terem Kampfe und größeren Mühen entgegen. Denn bei dem Lichte war
man nie zweifelhaft, daß es sich ausbreite, daß es von Punkt zu Punkt fortschritte – wie konnte man zweifelhaft sein, da man die Geschwindigkeit
dieser Ausbreitung kannte, fast ehe man näher auf ihre Natur einging?
Aber bei den Fernkräften liegt die Sache anders, wir wissen nicht, daß
Zeit vergehe, ehe die Wirkung des einen Körpers auf den anderen merklich wird, wir wissen nicht, daß die Schwere mehr Zeit brauche, um die
Verbindung von der Sonne zum fernsten Nebelfleck herzustellen, als von
der Sonne zum nächsten Kometen, der ihre Oberfläche fast streift. Diesen
112 Kräften scheint die Entfernung nichts zu sein, den Raum scheinen sie zu
überspringen; so hat denn auch die Vorstellung seit Empedokles Zeiten
sie sich am liebsten gedacht als unräumlich und immateriell, vergleichbar
mit dem Haß und der Liebe der Menschen, welche diese von einander und
zu einander treiben, ohne daß Jemand dafür die zwischenliegende Luft
verantwortlich machen wird.

Diese alte Anschauung hat etwas praktisches an sich; suchen wir sie
auch so abstract wie möglich zu fassen, sie leiht immer der todten Materie etwas von menschlicher Empfindung. Wir aber haben kalt gegen
diese Schönheit das Secirmesser anzusetzen und zu fragen: Ist sie richtig? Richten wir die Frage zunächst an die Autoritäten, so finden wir sie
113 geteilt. Da ist der | berühmte Euler, der alle Fernkraft leugnet und sie
auf die Wirkung benachbarter Theilchen zurückzuführen sucht, da ist vor
ihm Huygens, der Erfinder der Undulationstheorie, der die Schwerkraft
durch die Wirkung schnell bewegter Aethertheilchen erklärt. Aber gegen
sie erhebt sich die colossale Gestalt Newtons, des Entdeckers der Gravitation. Newton hat aus der Zeit seines Alters uns einen sehr merkwürdigen
Ausspruch über diese Frage hinterlassen, der zwar nach verschiedenen
Seiten interpretiert ist, der aber doch im Zusammenhang mit der Gelegenheit, bei der er gethan wurde, keinen Zweifel daran läßt, daß Newton
sich die Schwerkraft nicht durch den Raum wirkend dachte, sondern vielmehr als vermittelt durch ein geistiges Agens, und es unterliegt kaum
einem Zweifel, daß er sich als diesen geistigen Vermittler einfach Gott
114 dachte.

Aber wenn wir auch durchaus gewillt wären, der Autorität Newtons in
dieser Frage doppeltes und dreifaches Gewicht zu gewähren, so werden
wir daran doch wieder zweifelhaft, wenn uns gezeigt wird, daß er auch zu
anderen Zeiten anders über die Sache dachte, und sich selbst mit Theorien
über die Erzeugung der Gravitation durch den Aether trug. Wahrscheinlich
ist Newton durch das Mißglücken dieser Theorien zu seinem schließlichen
Resultat gekommen und wahrscheinlich ist es ebenso den meisten späteren gegangen. Aber in neuerer Zeit ist der Kampf, der in Bezug auf die
Gravitation zum Einschlafen gekommen war, mit neuer Heftigkeit um die
magnetischen und elektrischen Kräfte entbrannt.

60

Da ist auf der einen Seite W. Weber in Göttingen, der mit vieler Kunst das ganze complicirte System der elektrodynamischen und magnetischen Kräfte auf ein System von Fernkräften zwischen | den elektrischen Theil-
chen zurückführte und dessen Schüler und Freunde nun mit Starrheit die Allgemeingültigkeit dieser Fernkäfte proclamirten, da ist auf der anderen Seite der große Engländer Faraday, der ungeleitet, aber auch unbeeinflußt von mathematischer Vorbildung, in zahllosen Versuchen fand, daß er die complicirte Vertheilung der Kräfte am besten bemeistern könne, wenn er sich diese Kräfte materiell im Raume bestehend dachte; da ist Faradays Schüler und Nachfolger Maxwell, der diesen Anschauungen eine solche Durchbildung gab und ihre Vorzüge so klar darlegte, daß sie von Tag zu Tage an Anhängern gewinnen.

Wir wollen nun selber an diese Frage herantreten, uns dabei von vorn herein auf den letztgenannten Standpunkt, der eine räumliche Übertra-gung annimmt, stellen. | Für heute wollen wir allerdings noch nicht zum eigentlichen Kampfe vorgehen, sondern uns begnügen, die beiderseitige Stellung genau zu begreifen und unseren Schlachtplan daran zu entwerfen.

Den Kernpunkt der Streitfrage machen wir uns am besten durch ein Beispiel klar. Wählen wir als solches die Anziehung der Sonne auf die sie umkreisenden Planeten. Nach der reinen Lehre von der unvermittelten Fernwirkung wirkt diese Kraft nicht durch den leeren Raum hindurch, sie wirkt überhaupt nicht durch den Raum hindurch, sondern sie ist ein von außerhalb auf die Planeten ausgeübter Zwang. Sie wirkt nur an den Orten, wo sich ein Planet befindet. Aller andere Raum ist todt, oder mindestens so in Bezug auf die Gravitation. Sie ist auch nur so lange thätig als die Plane-ten vorhanden sind; entfernen wir diese sämmtlich, so findet eine Wirkung der Sonne nach außen überhaupt nicht mehr | statt, aller Raum um sie ist ja leer und indifferent, sie ist in Bezug auf die Gravitationswirkung ganz auf sich selbst beschränkt. Damit überhaupt von einer Gravitationswirkung die Rede sein könne, sind also nach dieser Anschauung nothwendiger Weise zwei Körper erforderlich, von denen im Grunde keiner der anziehende oder angezogene ist, sondern die einander coordinirt sind. Entfernen wir einen derselben, so ist Wirkung nicht nur nicht wahrnehmbar, sondern überhaupt nicht vorhanden, überhaupt nicht denkbar.

Dagegen sieht die Lehre von der Vermittlung der Kraft die Sache in folgender Weise an: Die Planeten werden gegen die Sonne gezogen, weil sie sich in einem Raum befinden, der vermöge eines eigenthümlichen Zu-standes, in den er versetzt ist, sie gegen die Sonne treibt. Welcher Art dieser Zustand ist, ob eine Störung, eine Spannung, was sonst herrscht, bleibt vorläufig offen, | genug ist die Art, daß die Körper in ihm in be- stimmter Richtung sich zu bewegen streben. Der Raum wird in diesen Zustand geworfen durch die Sonne, nicht durch Fernwirkung, sondern durch Wirkung von Theilchen zu Theilchen. Und zwar bringt danach die Sonne nicht bloß denjenigen Raum in diesen Zustand, in welchem sich Planeten befinden, sondern allen Raum, und zwar nicht nur dann, wenn überhaupt Planeten vorhanden sind, sondern wenn es gar keine gäbe, so wäre die Gravitationswirkung der Sonne nicht anders als sie gegenwärtig ist. Gleichbedeutung von „anziehendem" und „angezogenem Körper" findet nicht statt, ein Körper kann anziehend sein, ohne angezogen zu werden, und umgekehrt, und wenn er auch beides vereinigt, so lassen sich doch beide Thätigkeiten recht gut begrifflich von einander trennen.

Am schönsten tritt der Unterschied beider Anschauungen also hervor, wenn wir uns nur einen gravitirenden, magnetischen oder elektrischen Körper denken; nach der | ersteren Anschauung ist durch das Wörtchen „ein" jede Wirkung nach außen ohne weiteres negirt, nach der letzteren ist diese Wirkung ebenso gut vorhanden, als gäbe es mehrere Körper; diese Wirkung besteht darin, den umgebenden Raum in eigenthümlicher Weise zu verändern. Man hat deshalb hier auch dem so veränderten Raum einen besonderen Namen gegeben, man nennt ihn ein Kraftfeld, und zwar ein Gravitations, ein elektrisches oder ein magnetisches Feld, je nachdem ein schwerer, eine elektrischer oder ein magnetischer Körper durch ihn in Bewegung gesetzt wird.

Giebt uns aber jemand zu, daß eine solche Veränderung des Raums, wie wir sie annehmen, wirklich bestehe, so werden wir uns nicht mehr mit ihm streiten, ob in diesem Raume nun auch Materie sein müsse. Besteht in einem Raum eine Veränderung, so können *wir* uns diese nicht anders denken, als das ein etwas da sei, an welchem | diese Veränderungen statthaben und welches wir Materie nennen können; weichen in diesem Punkte die Denkrichtungen eines Menschen von den unsrigen ab, so mag es sein, es ist dann aber überflüssig, einem solchen von Materie in irgend welchem Sinne zu reden.

Und nun zu unserem Plane! Zunächst verzichten wir auf alle methaphysischen Waffen. Wir wollen unserem Gegner nicht kommen mit Auseinandersetzungen über Geist und Materie, über unräumliche Einflüsse, die von räumlichen Größen abhängen und dergleichen, wir wollen ihm vielmehr die Möglichkeit seiner Anschauungsweise ohne Weiteres zugeben. Die Möglichkeit unserer eigenen Anschauungsweise dagegen werden wir prüfen. Wir müssen sie auch prüfen, denn es könnten sich mathematische und physikalische Bedenken dagegen erheben. Gegen methaphysische Bedenken werden wir sie nicht vertheidigen, wir verlangen aber als Gegenleistung, daß auch unser | Gegner sich dieser Waffen enthalte.

Wir werden aber im Stande sein, die Frage nach der Möglichkeit unserer Anschauung mit einem entschiedenen Ja zu beantworten. Wir werden danach nun beide Anschauungen als gleichberechtigt ansehen und uns nun fragen: ist unsere Anschauung vortheilhaft? Erleichtert sie uns das

Begreifen der einfachen Naturvorgänge, den Überblick über die complicirten Erscheinungen? Auch hierrauf wird die Antwort ein entschiedenes
Ja sein, und wir haben dadurch schon die volle Berechtigung erlangt, uns
dieser Anschauungsweise zu bedienen. Dann kommt die dritte Frage: Ist
die Wirkung, welche wir annehmen, wahrscheinlich? Die Antwort wird
nun verschieden ausfallen in Bezug auf die verschiedenen Kräfte: In Bezug auf die Gravitation werden wir nur sehr weniges und unbestimmtes
anführen können, in Bezug auf die elektrischen und magnetischen | aber 121
werden wir eine nicht unbeträchtliche Reihe von Argumenten aufzuweisen
haben. Insbesondere werden wir zu dem schönen Resultate kommen, daß
die Eigenschaften, welche wir dem Zwischenmittel beilegen müssen, damit es diese Kräfte übertragen [kann], auffällig übereinstimmen mit denen,
welche wir dem Lichtaether beizulegen hatten, so daß dieser ohne Weiteres auch die elektrischen und magnetischen Fernwirkungen übertragen
könne.

Die endliche Frage: Ist unsere Anschauung richtig? werfen wir nicht
auf. Im Grunde heißt diese Frage ja nichts anderes als: Ist die vorge-
brachte Wahrscheinlichkeit überwältigend groß? Und das werden wir in
dem heutigen Zustande unserer Erkenntnis selber nicht behaupten wollen.

122 Meine Herren!

Lassen Sie uns nun zur Ausführung unseres Planes schreiten. Wir geben also die Möglichkeit einer unmittelbaren Fernwirkung selbst bei complicirter Wirkungsweise zu, wollen aber die Möglichkeit unserer eigenen Anschauung prüfen. Möglichkeit ist ein etwas unbestimmtes Wort. Eine gewisse unbestimmte Möglichkeit wird niemand leugnen und auf der anderen Seite kann auch immer noch im letzten Augenblick, wenn wir schon glauben, unsere Theorie gegen alle Einwände sichergestellt zu haben, sich ein Widerspruch mit der Erfahrung und dadurch die Unmöglichkeit unserer Theorie herausstellen. Ich verstehe hier aber unter dem Nachweis der Möglichkeit die Vertheidigung unserer Theorie gegen einen fundamenta-

123 len Einwurf, der ziemlich nahe liegt, und der, wenn er | begründet wäre, unseren Hoffnungen von vorn herein den Garaus machen würde. Diesen Einwand wollen wir uns also klarmachen.

Gesetzt, wir hätten ein System von Körpern, eine Welt, wie ich sagen will, welche frei im leeren Raum schwebt, und welche mit allen Kräften in die Ferne wirkt. Diese Kräfte im äußeren Raum sind nach unserer Anschauung, auf deren Boden wir uns stellen, etwas wirklich im Raum vorhandenes, Spannungen oder Störungen oder Polarisationen oder wie wir es sonst nennen oder denken wollen. Sie können nicht wenig complicirt sein, denn wir denken nicht blos an die verhältnismäßig einfachen Wirkungen, welche die Gravitation, die ruhende Elektricität u. Magnetismus ausüben, sondern ebenso gut an die so viel verwickelteren Wirkungen der bewegten Elektricität und des bewegten Magnetismus, von denen uns vermuthlich ein Theil noch gar nicht bekannt ist. Gehen nun in unserer

124 Welt Änderungen vor sich, so | ändern sich auch die Verhältnisse des äußern Raumes und die Mannigfaltigkeit der möglichen Änderungen ist unendlich groß.

Denken wir uns nun einmal eine geschlossene Fläche, etwa eine Kugel, um unsere Welt gelegt, und achten wir auf die Käfte in dieser. Auch diese Kräfte werden sich im Allgemeinen verändern, wenn sich die wirkenden Körper bewegen, doch lehrt uns die Theorie sowohl als die Erfahrung, daß wir unendlich viele Änderungen der Körper in unserer Welt vornehmen können, bei welchen die Kräfte in dieser einen Fläche ungeändert bleiben. Es hat das auch nichts auffälliges; in einem Raum ist ja eine unendlich viel größere Mannigfaltigkeit möglich als in einer Fläche; so ist es nicht zu verwundern, wenn die Lage der wirksamen Körper in ihm noch nicht dadurch bestimmt ist, daß sie in einer bestimmten Fläche eine gewisse

125 Wirkung äußern sollen. | Aber wenn wir uns nun auf solch Veränderun-

gen in unserer Welt beschränken, welche den Zustand in unserer Fläche
ungeändert lassen, so [ist] damit noch nicht gesagt, daß damit auch im
ganzen äußeren Raum die Kräfte ungeändert bleiben müssen. Im Gegentheil, im Allgemeinen – d. h. bei beliebig gewählten Kraftwirkungen, wird
sich der Zustand im ganzen äußern Raume in Correspondenz mit dem im
innern verändern, und nur in der einen Fläche wird keine Veränderung
stattfinden, an welche wir diese Bedingung gehängt haben. Hieran nun
knüpft sich der Einwurf, der die Möglichkeit unserer Anschauungsweise
in Zweifel setzen will.

Man wird uns nämlich sagen: Wenn Deine Anschauung von der Sache
richtig ist, so ist der Zustand einer jeden geschlossenen Schicht die Ursache
für den Zustand der nächstfolgenden, wenn die Wirkung zu dem äußern
Raum nur durch die Vermittlung der innern Schicht gelangt; | da nun   126
gleiche Ursachen unter allen Umständen gleiche Resultate haben müssen,
so müßten, falls nur in einer einzigen geschlossenen Schicht die Kräfte unter verschiedenen Umständen gleich sind, sie auch für den ganzen äußern
Raum gleich sein. Du giebst zu, daß das im Allgemeinen nicht nothwendig
der Fall ist, – also ist danach unmöglich, die Kräfte sich als von Schicht
zu Schicht fortgepflanzt zu denken.

Ich weiß nicht, was uns ein Zeitgenosse Newtons, der zugleich Gegner
der directen Fernwirkung war, auf diesen Einwand geantwortet haben
würde. Vielleicht das Richtige, nämlich dieses: Daß zwar im Allgemeinen
die Erklärung von Fernkräften durch Übermittlung unmöglich sei, daß
aber doch vielleicht im Besonderen, nämlich für die thatsächlich in der
Natur vorhandenen Kräfte diese Erklärung möglich sei, indem für diese die
Voraussetzung des | Einwurfes wegfallen. Vielleicht würde sich alsdann   127
jener Zeitgenosse Newtons auch bemüht haben, seine Betrachtung für die
einzige näher bekannte Kraft, für die Schwerkraft, näher zu begründen,
doch vermuthlich bei dem damaligen Stande der Analysis vergeblich.

Heutzutage sind wir glücklicher. Die Fernkräfte der Natur sind nicht
nur experimentell besser bekannt, sondern auch ihre Theorie ist unendlich
vervollkommnet, insbesondere durch die Entwickelung und immer weitergehende Verwerthung der sog. Potentialtheorie, deren Anfänge sich bei
Laplace finden, deren Ausbildung wir vor Allem Gauss verdanken. Ich
muß auf diese Theorie nochmals zurückkommen, für jetzt kann ich mich
begnügen, das folgende Resultat derselben anzuführen. Sie sagt uns: Alle
diejenigen Kräfte, welche nach dem umgekehrten Quadrat der Entfernung
wirken, und zu welchen die sämmtlichen | bekannten Fernkräfte gehö-   128
ren, haben die ganz besondere Mathematische Eigenthümlichkeit, daß für
sie der obige Einwand seine Grundlage verliert, sie sind nämlich für den
ganzen äußern Raum eindeutig bestimmt, wenn sie für eine einzige geschlossene Fläche um die wirkenden Massen gegeben sind; nehmen wir
daher mit diesen Massen die unzählig vielen Umstellungen vor, bei wel-

chen die Kräfte in jener Fläche unverändert bleiben, so bleiben sie auch unverändert in dem ganzen äußeren Raum. Daher ist der Einwand hinfällig und unsere Erklärung möglich, wenigstens für die bekannten Fernkräfte.

Meine Herren! Es wäre thöricht, wollte ich Ihnen alle Einwände gegen unsere Theorie vortragen, welche leicht zu widerlegen sind. Aber diesen einen Einwand habe ich vorgetragen, weil ich voraussah, daß wir | mehr gewinnen würden als die bloße Behauptung unserer Position. Denn wir wollen jetzt die Vorstellungen, welche wir gewonnen, und die Aussage der Potentialtheorie, welche wir kennen gelernt haben, nicht unbenutzt liegen lassen, sondern dieselben wie erobertes Geschütz sogleich gegen unseren Gegner kehren. Lassen Sie uns um unsere Welt nicht nur eine Schicht legen, sondern unzählig viele, die Gestalt der einzelnen kann beliebig sein, aber eine soll immer die andere einhüllen und die innersten sollen schon in den Raum unserer Welt fallen.

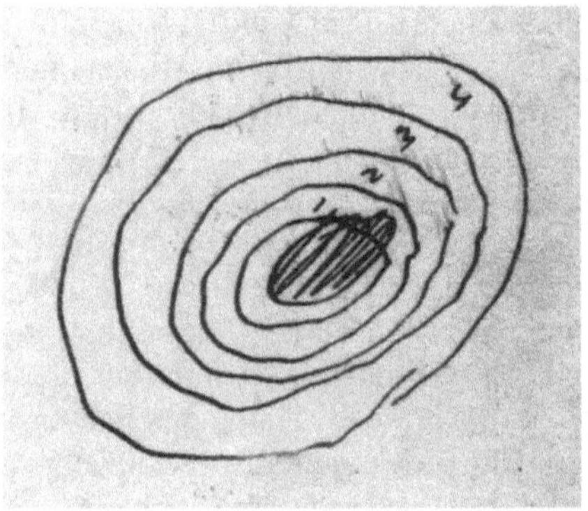

In jede Schicht setzen wir eine Schildwache, die uns melden soll, ob Veränderungen in derselben vorgehen. Nun erregen wir unsere Welt, sogleich melden die nächsten Schichten die Veränderung und im Allgemeinen werden alle Schichten bis zu den entferntesten | das Gleiche thun. Aber nicht immer, es wird auch bisweilen von den äußern Schichten die Meldung ausbleiben. Da sagt uns nun die Potentialtheorie, daß niemals die Reihe der meldenden Schichten durch eine nicht meldende kann unterbrochen werden. Ist also in einer Schicht Veränderung bemerkt worden, so ist unfehlbar in allen Schichten zwischen uns und ihr das Gleiche geschehen, und ist in irgend einer Schicht die von uns erregte Veränderung nicht mehr verspürt worden, so können wir ganz sicher sein, daß auch alle von uns weiter entfernten Schichten unberührt geblieben sind. Können wir mehr Wahrscheinlichkeit für eine Übertragung von Schicht zu Schicht vorbringen? Und glauben Sie, daß wir an einer solchen Übertragung zweifeln würden, wenn wir das mit leiblichem Auge gesehen hätten, was wir jetzt

Faksimile der Seite 129:
Eine anschauliche Erläuterung der Potentialtheorie.

131 vor unserem geistigen uns auszumalen | versucht haben? Und wenn wir
nun einem Mann, der mit den Kräften unserer Welt vollkommen vertraut
wäre, die Aufgabe stellten, er solle auf die entfernteren Schichten wirken, ohne daß die näheren etwas davon merkten, und er uns nun erklärte,
das sei unmöglich, würden wir da nicht gänzlich an der unmittelbaren
Fernwirkung irre werden?

Gemach! rufen uns die Anhänger dieser Anschauung entgegen, vergeßt
nicht, daß Ihr diese Änderungen, von denen Ihr redet, doch nur supponirt,
daß Ihr sie thatsächlich nicht gesehen habt. Sind solche Änderungen vorhanden, bestehen also die Kräfte wirklich in in dem äußern leeren Raum,
so gebe ich Euch gerne zu, daß große Wahrscheinlichkeit besteht, daß sie
von Theilchen zu Theilchen übertragen werden. Aber es ist ja gerade die
Frage, ob sie bestehen. Stellt Ihr Euch nicht von vorn herein auf Euern
132 Boden, sondern auf unseren, so wird Euer ganzes | Bild sinnlos und der Au-
genschein, welcher die Übertragung zeigen soll, wird einfach undenkbar.
Die eigentliche Aussage der Potentialtheorie über die Wirkung der Fernkräfte ist allerdings unanfechtbar, aber es ist dies eine rein geometrische
Eigenthümlichkeit, welche sämmtlichen bisher bekannten Fernkräften in-
newohnt, die von der Erklärungsweise derselben ganz unahängig ist und
also auch auf diese Erklärungsweise keinen Einfluß haben kann.

Worauf wir antworten: Gewiß, wenn sämmtliche Fernkräfte zwar un-
vermittelt, aber zugleich sämmtlich nach dem umgekehrten Quadrat der
Entfernung wirkten, so ist unsere Beschreibung von der Wirkung durch die
Schichten eine nothwendige Folge dieser Thatsache, und kann nichts gegen sie beweisen. Aber ist es nicht wunderbar, daß sämmtliche Fernkräfte
gerade dies eine Gesetz befolgen, welches erlaubt, sie sich als übertragen
133 zu denken? Daß | keine anderen Fernkräfte in der Natur uns bekannt sind?
Während doch nur eine Abstoßung nach der ersten oder dritten Potenz der
Entfernung vorzukommen brauchte, um unsere Darstellung unmöglich zu
machen. Niemals hat man die besondere Form der Anziehungs- und Ab-
stoßungskräfte für zufällig gehalten; Kant[1] und gewiß vor und nach ihm
unzählige Andere haben versucht, sie auf die eine oder andere Weise mit
der Dreiheit der Raumdimensionen in Bezug zu setzen. Wie kann man
vom Standpunkt der unmittelbaren Fernwirkung hoffen, einen solchen
Versuch durchzuführen? Wenn noch die Kräfte unabhängig wären von der
Entfernung! Und nun finden wir unsererseits: Alle mittelbar übertragenen
Kräfte müssen im Raum von 3 Dimensionen das Quadrat der Entfernung
im Nenner enthalten, alle natürlichen Fernkräfte enthalten es in dieser
Form; werden wir uns die Gelegenheit entgehen lassen, einen einfachen

---

[1] Immanuel Kant: Gedanken von der wahren Schätzung der lebendigen Kräfte..., §10, Akad.
Ausgabe S. 13/14. – Diesen Versuch aus dem Jahre 1746, die drei Dimensionen des Raumes aus
der Abnahme der Schwerkraft mit der zweiten Potenz der Entfernung zu erweisen, hat Kant in
seinen späteren Schriften nicht wieder aufgegriffen.

und verständlichen Zusammenhang zwischen | der Dreiheit der Raum-134
dimensionen und der Form der Kräfte zu erhalten, um einem anderen
methaphysischen und halbwegs mystischen nachzulaufen?

Doch erinnern wir uns unseres Schlachtplans: wir wollen zunächst nur
die Möglichkeit unserer Anschauungsweise darthun und das ist richtig
geschehen. Wir wollen den Nutzen unserer Anschaungsweise gegenüber
dem Gegner erweisen. Ich unterscheide den Nutzen in Bezug auf das
Begreifen der Erscheinungen und den in Bezug auf Beurtheilung, die
geistige Beherrschung derselben.

Zunächst also in Bezug auf das Begreifen. Hier ist nun der philosophische Geist nur allzu geneigt, allen Nutzen zu leugnen. Er sagt: In letzter
Instanz ist alle Nahwirkung so unbegreiflich wie die Fernwirkung. Bei einem letzten Unbegreiflichen müssen wir stehen bleiben, wir werden aber
das als Letztes Wählen, welches das Einfachste ist. Giebt es nun etwas 135
einfacheres als die geradlinige Anziehung zweier punktförmiger Kraft-
centren? Die Richtung der Kraft kann ich ohnehin nach dem Satz vom
Zureichenden Grunde nachweisen, und für die Abhängigkeit von der Entfernung doch allerhand Annehmbares vorbringen. Ist es nun wirklich ein
Vortheil für das Begreifen, wenn ich den Raum zwischen den beiden Kraft-
centren und allen Raum ringsum fülle mit Kräften, die sich nach krummen
Linien an einander fügen, deren Vertheilung mit der Elementargeometrie
noch gar nicht zu bestimmen ist; bringt es Nutzen, wenn ich an Stelle der
einen allerdings unbegreiflichen Kraftwirkung in die Ferne nun die zahllosen, schließlich ebenso unbegreiflichen Wirkungen aus der Nähe setze?

Was werden wir antworten? Gewiß nicht dies, daß Nahwirkung an sich
leichter verständlich sei als Fernwirkung. Aber wir werden fragen: Ist das
die Welt: Zwei Punkte und eine | Gerade? Und heißt das die Welt begreifen, 136
wenn wir diese Abstraction verdauen? Wir betrachten einen einfachen Fall,
die Anziehung vom Mond zur Erde. Da sind nicht zwei Punkte, sondern da
ist der Mond mit einer Anzahl von Atomen, deren Zahl unsere Phantasie
nicht fassen kann, da ist die Erde mit entsprechend mehr Atomen, Atom
wirkt auf Atom, und nun erhalten wir eine Zahl von Kraftwirkungen,
die das Produkt von zwei Unfaßbarkeiten ist, die Geraden, nach welchen
sie wirken, kreuzen sich nach allen Richtungen und stören sich doch
nicht. Ist das nun noch so einfach? Und ist es wirklich einfacher als
sich zu denken, die Wirkung der Erde sei längst zusammengefaßt und
einheitlich geworden, ehe sie zum Monde gelangt, der Aether trage sie
als eins hinüber und vertheile sie erst dort getreulich unter die zahllosen
Atome. Im Gegentheil das letztere erscheint einfacher.

Denken Sie sich, Sie hören von einer volkreichen Stadt, jeder Ein- 137
wohner sei mit jedem durch das Telephon verbunden. Wie ist eine solche
Zahl von Verbindungen möglich, werden Sie fragen? Aber Sie werden
sagen: Ich begreife, wenn Sie hören, es seien alle mit einer gemeinsa-

69

men Centralstelle verbunden. Oder denken Sie sich, sie hören von Ferne dem Spiele eines zahlreichen Orchesters zu, und ein befreundeter Mathematiker setzt Ihnen nun aus einander, in der Luft bestünden gleichzeitig zahllose Wellen von allen Tonhöhen, von allen Instrumenten ausgehend, von den verschiedensten Richtungen, theils directe, theils reflectirte, alle diese eilten unbekümmert um einander und ungestört durch einander ihrem Ohre zu; werden Sie nicht erstaunt fragen, wie in demselben Raume eine solche Fülle verschiedener Bewegungen möglich sei? Und wird es ihnen nicht das Verständnis erleichtern, wenn man ihnen dann erklärt, die ganze | Zerlegung sei nur eine mathematische Fiction, in Wirklichkeit bestehe für jedes Lufttheilchen doch nur eine Bewegung und nur eine Welle dringe zu jeder Zeit zu ihrem Ohr, nur die besondere Form dieser Welle sei derart, daß man sie sich zusammengesetzt *denken* könne aus unzählig vielen. Eine ganz ähnliche Erleichterung bringt auch bei der Betrachtung der Fernkräfte die Erfahrung der unzählig vielen Kräfte mit gekreuzten Richtungen durch eine einheitlich im Aether fortgerollte Kraftwelle mit sich. Nur müssen wir freilich unsere Augen von dem unseligen Phantom der zwei Punkte abwenden und sie auf die wirkliche Welt richten. Und da werden wir schnell Fälle bemerken, die viel demonstrativer sind, als der erwähnte Fall der Schwerkraft.

Denken Sie sich, ich bewege ein Glas Wasser im Zimmer hin und her. In dem Wasser sind Wasserstoffatome gekettet an Sauerstoffatome, und jedes dieser Atome ist mit gewaltigen elektrischen Kräften | ausgestattet. Bewegen wir die Atome in geordneter Weise gegen einander, so entstehen starke magnetische Wirkungen nach außen, lassen wir die Wasserstoffatome auf der einen Seite etwas hervorsehen, die Sauerstoffatome auf der anderen, so erhalten wir die heftigsten elektrischen Kräfte. Im gewöhnlichen Zustande aber bemerken wir keine Wirkung auf die äußeren Körper und zwar deshalb nicht, weil sich die Wirkung der H-Atome compensirt mit der der O-Atome, wie sich die Pole gleich starker Magnete compensiren.

Das [sic!] sich das alles so verhält, darüber kann kaum ein Zweifel sein; auch darüber sind sich die Anschauung von der Fernwirkung und der Übertragung einig, daß auch im Ruhezustand jene Wirkungen vorhanden sind, sich aber in Bezug auf die äußeren Dinge aufheben. Nun aber bemerken Sie den Unterschied! Die Lehre von der Fernwirkung läßt alle jene Einzelwirkungen der Atome auf die Außenwelt wirklich zustande kommen, | an den äußern Dingen angreifen und sich erst hier vernichten; ein bestimmter Magnetpol der Außenwelt z. B. wird durch die bewegten und geladenen Wasserstoffatome mit mehreren Tausend Kilogramm Kraft nach der einen Seite gerissen, und er würde mit der Geschwindigkeit eines Geschosses nach dieser Seite fortfliegen, wenn er nicht mit genau ebenso viel Tausend Kilogramm durch die Sauerstoffatome nach der anderen Seite gerissen würde. Und kein materielles Theilchen der Außenwelt, an dem nicht mit gleicher

Heftigkeit die Kräfte hin und her rissen, freilich vergeblich, überall heben sie sich auf, die Bewegung des Glases Wasser bringt keine Wirkung hervor.

Dagegen sagt sich die Anschauung von der Übertragung der Kraft: Allerdings heben sich die Wirkungen der einzelnen Atome auf, aber sie heben sich nicht erst auf in der Ferne, sondern jeweils in unmittelbarer Nachbarschaft der Atome. Der zwischen den Atomen befindliche Raum ist noch gespannt und | ebenso die nächste Umgebung, aber bereits in wenigen 141 Milliontel Millimetern Abstand ist die Wirkung im Raum erloschen und sie wird daher auch auf die ferner stehenden Körper nicht übermittelt. Diese bleiben also nicht deshalb in Ruhe, weil sich an ihnen gewaltige Kräfte aufheben, sondern deshalb, weil außerhalb des Wassers Kräfte überhaupt nicht vorhanden sind.

Welche Ansicht erscheint ihnen nun als die einfachere? Ich glaube, es kann kein Zweifel über die Antwort sein; wir wollen deshalb bei diesem Punkte nicht verweilen, sondern wir wollen uns fragen, wie steht es mit dem Nutzen unserer Anschauung in Bezug auf die Beurtheilung der Phänomene. Ist es leichter, von unserer Anschauung aus die Vertheilung der Kräfte zu bestimmen, ihre Wirkung zu ermessen und vorauszusagen, oder gehen wir dabei doch besser von dem geometrisch so einfachen Gesetz der Fernwirkung aus? Hier möchte sich nun vielleicht der | Astronom zu 142 unsern Gegnern schlagen und aussagen: Für mich ist das alte Newtonsche Gravitationsgesetz das einzige, welches mich in meinen Rechnungen leiten kann, ich habe stets nur 3 punktförmige Massen zu beschreiben, von denen ich selbst die Wirkung der einen stets nur als kleine Störung in Rechnung ziehe; da erlaubt mir das Gravitationsgesetz einen leichten Ansatz der Differentialgleichungen, und wenn ich auch theoretisch zugeben wollte, es sei die Schwerkraft nur die Wirkung anderer den ganzen Raum erfüllender Kräfte, praktisch und formell müßte ich doch durchaus die alte Fiction beibehalten, der Nutzen der neuen Anschauung nach dieser Richtung ist Null für mich.

Wenn der Astronom so spricht so können wir ihn nicht Lügen strafen, aber wir dürfen uns fragen, ob wir uns auch an den richtigen Beurtheiler unserer Frage gewandt haben. Der Astronom ist hier in der | That in einer 143 exceptionellen Lage. Das Phantom von den zwei Punkten, welches wir so sehr verdammten in Ansehung der allgemeinen Naturbetrachtung, hat Sinn und Bedeutung für ihn. Die Himmelskörper, deren Zahl praktisch so klein, deren Entfernungen so groß sind im Verhältnis zu ihren eigenen Durchmessern, ähneln diesem Phantom. Und wohl hat der Umstand, daß man zuerst an diesen Körpern Fernwirkungen und ihre Gesetze kennen lernte, dazu beigetragen, der Ansicht von ihrer immateriellen und nicht weiter zu erläuternden Wirkungsweise Geltung zu verschaffen.

Aber die Annehmlichkeit, welche die directe Anwendung der alten Fernkraft mit sich bringt, hört auf, sobald es sich nicht mehr um die

Anziehung von Punkten handelt. Sie hört schon für den Astronomen auf in gewissen Theilen seines Gebiets. Sie hört auf, sobald er die Bewegung 144 der Saturnringe, die Bewegung | der verschiedenen Theile der Sonne gegeneinander betrachtet, wenn er die Wirkung eines Meteorschwarmes oder die Gestalt eines Kometenschweifes zu berechnen sucht.

Sie hört gänzlich auf für den Physiker, der die irdische Schwerkraft betrachtet, der untersucht, wie sie die Meereswellen bewegt und aus dem Schaum derselben Luft und Wasser sondert, wie sie die kalte Luft an den Polen herabzieht und die warme Luft am Aequator hebt.

Und die Annehmlichkeit, die alte Anschauung anzuwenden, verwandelt sich fast [in] eine Unmöglickeit ihrer Anwendung, sobald wir die magnetischen und elektrischen Erscheinungen bemeistern wollen. Ich behaupte hier gerade zu: Kein Physiker, der diese Kräfte auf ihr Wesen hin untersucht, kein Techniker, der sie in den Maschinen uns dienstbar zu 145 machen strebt, kein Mensch überhaupt, der sie näher als | vom bloßen Hörensagen kennt, bedient sich im täglichen praktischen Umgang mit diesen Kräften mehr der alten Anschauung von den Fernkräften, er mag nun theoretisch die Überzeugung haben welche er will. Wenn er sich fragt, wie soll ich diesen Versuch, diese Maschine anordnen, so stehen vor seinem Geiste nicht mehr die alten geraden Linien von Punkt zu Punkt mit ihren Kräfteparallelogrammen, sondern vor seinen Augen stehen die krummlinigen Faradayschen Kraftlinien. Das ist genug.

Wenn meine Behauptung nur halbwegs richtig ist, so ist wohl der Nutzen unserer Anschauung außer Zweifel. Realistisch beweisen kann ich diese Behauptung nun wohl nicht. Aber ich glaube, Sie werden nicht an ihr zweifeln, wenn ich Ihnen an einigen Beispielen den Unterschied zwischen beiden Anschauungsweisen klar mache. Machen wir zunächst 146 einen uralten Versuch. Wir legen auf einen | Magneten eine Glasplatte und streuen Eisenfeilicht darüber. Die einzelnen Eisentheilchen stellen sich so, daß ihre Längsrichtung überall zusammenfällt mit der Richtung der wirkenden Kraft. Daher scheinen sie zusammenhängende Linien zu bilden. Faraday nannte diese Linien Kraftlinien, und er nahm an und wir nehmen mit ihm an, daß uns diese Kraftlinien ein deutliches Bild bieten von den Spannungen oder Polarisationen, die rings um den Magneten im Raume vorhanden sind, mögen wir nun Eisenfeilicht dort hin halten oder nicht. Wir entfernen also jetzt denselben, aber in unserem Geiste bleibt ein deutliches Bild seiner Vertheilung, wir sehen jetzt förmlich ein für allemal die Pole unseres Magneten umgeben mit diesen schön geschwungenen 147 Linien, wie mit Armen, die er hinaus reckt, um auf die Dinge | zu wirken. Und nun nähern wir ihm eine kleine Nadel von irgend einer Seite, welche Richtung wird sie einnehmen? Die Richtung der Kraftlinien natürlich, und wir sind keinen Augenblick darüber im Zweifel, welches diese ist, wir sehen sie ja im Geiste so deutlich, wie wir uns die Nadel selbst vorstellen.

72

Die alte Anschauung von der Fernwirkung darf diese Vorstellung nicht
brauchen, ohne aus ihrer Rolle zu fallen, sie muß uns sagen: Wenn du die
Richtung der Nadel bstimmen willst, so verbinde ihren Mittelpunkt mit
den beiden Polen des Magneten, trage auf der Verbindungslinie Strecken
ab, die umgekehrt dem Quadrate der Entfernung von diesen Polen pro-

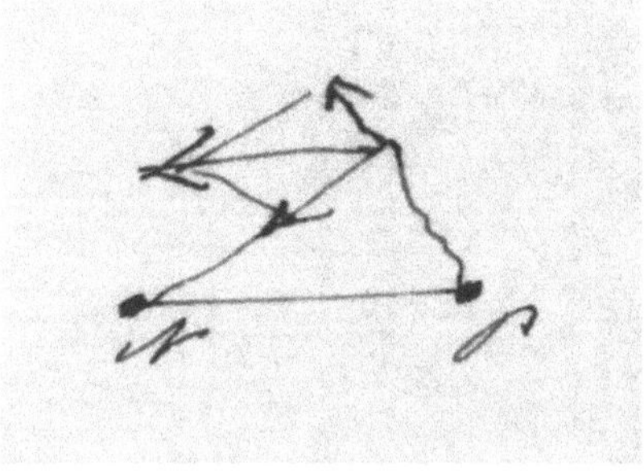

portional und nach verschiedener Seite gerichtet sind, bilde daraus ein
Parallelogramm und ziehe die Diagonale, so wirst Du die Richtung erhalten. Gewiß, aber unser Verfahren war einigermaßen kürzer.

Oder betrachten sie nochmal die | Figur xyz![2] Sie stellt die magneti- 148
schen Kraftlinien um einen elektrischen Strom dar. In diesen Kraftlinien

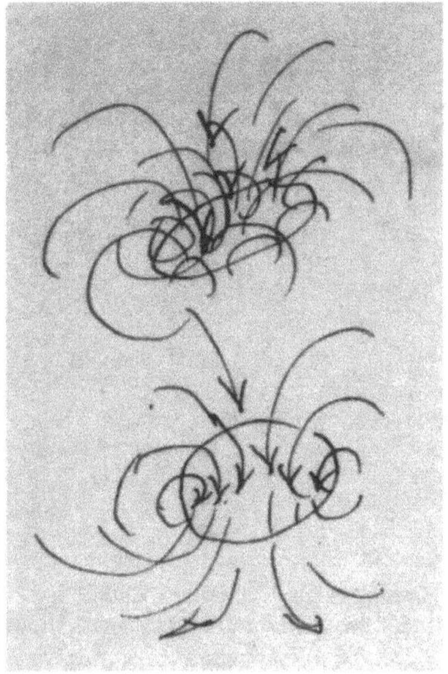

---

[2]Die Buchstaben xyz sind offensichtlich Platzhalter für die Numerierung der in dem Buch
vorgesehenen Abbildungen.

Faksimile der Seiten 147 und 148:
Gegenüberstellung von Fernwirkungs- und Nahwirkungstheorie.

Figur xyz! Sie stellt die Kraftlinien um <u>magnetischen</u>
einen elektrischen Strom dar. In diesen
Kraftlinien würde sich ein Magnetpol
um den Strom bewegen, sie sehen, der
Strom erscheint hier ihm wie ein heftiger
Wirbel, der ihn beständig im Kreise
mit sich herumzuführen strebt. Haben sie
sich dies Bild einmal eingeprägt, – Sie
Schmerzen muß es alsob vergehen – so
kann man ihnen den Magnetpol bringen
in welche Lage man will, Sie sehen
ihn fortgehen in dem magnetischen
Wirbel, wie Sie sich einen Reisen im
Wasserwirbel fortgehen denken, und
mit gleicher Sicherheit beurtheilen die der
einen und den andern Fall. Sie wird
kein Schritte mehr nach den Einfall
kommen, die Wirkung der Kräftegegen=
Wirkungen im Gleichgewicht der Wirkung der
besagten Kraftrichtungen sich zusammen=
sehen zu wollen, er müßte zugleich solche

würde sich ein Magnetpol um den Strom bewegen, Sie sehen, der Strom erscheint für ihn wie ein heftiger Wirbel, der ihn beständig im Kreise mit sich herumzuführen strebt. Haben sie Sich [sic!] dieses Bild einmal eingeprägt, Ihre Phantasie muß es etwas ergänzen – so kann man Ihnen den Magnetpol bringen in welche Lage man will, Sie sehen ihn fortgerissen in dem magnetischen Wirbel, wie Sie sich einen Nachen in einem Wasserwirbel fortgerissen denken, und mit gleicher Sicherheit beurtheilen Sie den einen und den andern Fall. Hier wird kein Physiker mehr auf den Einfall kommen, die Wirkung durch Kräfteparallelogramme im Geiste aus der Wirkung der bewegten Elektricitäten sich zusammensetzen zu wollen, 149 er müßte unzählige solche | Parallelogramme construiren, und was die einzelnen Elementarkräfte anlangt, nun, so müßte er, wenn er auch gewiegt wäre, noch schnell einen Blick ins Lehrbuch werfen, um sich nicht zu irren. Aber wenn wir auch unseren Gegnern erlauben wollen, unmittelbar die Fernwirkung der Stromelemente in Rechnung zu bringen, wenn wir uns selbst mit der rohen Andeutung nach der Ampereschen Regel begnügen wollten, selbst dann würde uns nicht so schnell und unmittelbar die Lösung vor Augen treten, wie dies geschieht durch das einmal vor die Phantasie gerückte Bild des Wirbels.

Ich will Ihnen nicht mit complicirten Fällen kommen. Wie unmittelbar ergiebt sich aus der Gestalt des Wirbels, den ein einfacher Kreisstrom erzeugt, die langgestreckte Gestalt des Wirbels, den eine Spirale erzeugt. Wie schwierig durch die Rechnung! Wie wichtig sind nicht diese Anschauungen für den Ingenieur, der alle diese complicirten Dinge überschauen, 150 beherrschen, nicht berechnen will! Und wie hastig greift er sie nicht auf und wie praktisch! Während wir uns noch streiten, ob ein magnetisches Kraftfeld eigentlich existirt oder nicht, untersucht er bereits, wie billig er dasselbe pr Cubiccentimeter liefern kann.

Glauben sie auch ja nicht, daß diese Bilder zwar der rohen Vorstellung einen gewissen Anhalt gewähren, daß wir aber doch wieder zur Zusammensetzung geradliniger Kräfte zurückkehren müßten, sobald es sich um die Bestimmung exacter Werthe handelt. Das ist nicht so, sondern die mathematische Theorie, die ja schließlich nur ein methodisch gemachtes Anschauen und Nachdenken ist, folgt hier in größerer Feinheit dem rohen Anschauen und Nachdenken, ja, sie ist demselben, wenn auch unbewußt, vorausgeeilt. Dies Gebiet wollen wir nun streifen.

151 Ich erwähnte vorher schon die Potentialtheorie. Mit dem | Namen Potential bezeichnet man eine ganz bestimmte Größe, die man sich für alle Punkte des Raumes gegeben denkt und die uns dann in einfachster Weise die Kräfte, die in diesem Raume herrschen, angiebt. Das ist der Vortheil des Potentials, daß, wenn wir diese eine Größe kennen, wir aus ihr die Kräfte, die immer erst durch 3 Größen, ihre Componenten, bestimmt sind, ableiten können. In dieser Hinsicht wurde sie von den großen Mathema-

76

tikern Lagrange und Laplace eingeführt und angewendet. Die Kräfte, die
von verschiedenen Massen ausgehen, lassen sich zusammensetzen; das
kann auch mit Hülfe des Potentials geschehen, aber viel einfacher, man
addirt nämlich einfach die Potentiale, die von den verschiedenen Massen
herrühren. Soweit steht alles in directem Zusammenhang mit der Lehre
von den Fernkräften. Aber nun fand Laplace, daß für die thatsächlich
in der Natur vorhandenen Kräfte das Potential einer sehr merkwürdigen 152
Differentialgleichung genüge und er machte schon selber umfangreichen
Gebrauch von dieser Eigenthümlichkeit. Nun heißt aber: „eine Größe
genügt einer Differentialgleichung" nichts anderes als: ihre Werthe in
unendlich benachbarten Punkten hängen von einander ab. Und wenn wir
also vom Potential sagen, es genüge einer Differentialgleichung, so heißt
das schließlich: die Kräfte in unendlich benachbarten Punkten hängen
voneinander ab, sind durch einander bestimmt. Und wenn wir nun unsere Überlegungen auf diese Differentialgleichung gründen, nun, so sind
wir eben im Grunde aus der Theorie der Fernwirkung herausgetreten, wir
betrachten eine Wirkung von Theilchen zu Theilchen.[3]

Und immer mehr ist die Theorie in dieser Richtung fortgeschritten,
immer weniger wird das Potential als Summe in Anspruch genommen,
immer mehr als Lösung jener Dif- | ferentialgleichung, und wenn wir 153
mit derselben etwa das Gleichgewicht der Elektricität auf zwei Kugeln
betrachten, so kommt diese Elektricität nur in der Aufgabe und im Endresultat vor, die Betrachtung bewegt sich vollständig in dem Raum zwischen den Kugeln, dieser wird geprüft, es wird gesucht, welche Lösungen
jener Differentialgleichung in diesem Raume möglich sind, d. h. es wird
gesucht, welche Systeme von Spannungen in diesem Raume bestehen
können. Praktisch wird kein Anhänger der Fernkräfte leugnen, daß dies
der Sinn des mathematischen Verfahrens sei, praktisch wird er auch nicht
im Mindesten unsere anschauliche Vorstellung von den Kraftlinien als
unvortheilhaft angreifen, aber er wird sagen: es sind eben Fictionen, sehr
geeignet, die Erscheinungen zu überblicken, gänzlich ungeeignet, durch
ihren Nutzen einen Entscheid über das Wesen derselben zu liefern. Geben
wir das zu, wir haben bisher für unsere Anschauung nur als für eine Fic- 154
tion gestritten, wir haben ihre Möglichkeit, ihren Nutzen dargethan.[4] Nun
wollen wir dazu schreiten, ihre Wirklichkeit wenigstens wahrscheinlich
zu machen.

---

[3]Hertz bezieht sich hier auf die Laplace-Gleichung $\Delta\varphi = 0$ bzw. die Poisson-Gleichung
$\Delta\varphi = -4\pi s$; deren allgemeine Lösung ist das Newton-Coulomb-Potential.

[4]Ausgestrichen ist der Satz: Sollen wir erinnern, daß alle unsere Vorstellungen von den
Dingen Fictionen sind, die erst aufhören es zu sein, wenn unsere Fähigkeit aufhört, sie als solche
zu erkennen?

Wir halten uns dabei an die elektrischen und magnetischen Kräfte. Die Schwerkraft muß abseits liegen, aus dem einfachen Grunde, weil wir zuwenig von ihr wissen. Das mag wunderbar erscheinen, sie ist ja die alltäglichste Kraft, die älteste, über welche die Menschen nachdenken, die erste, deren Gesetze sie ergründeten. Aber die Bedingungen, unter denen sie uns begegnet, sind stets die gleichen, wir vermögen sie zu wenig dem Experiment zu unterwerfen, ihre Bedingungen zu wenig zu variiren. Sie ist zwar groß, wenn es sich um die riesigen Massen der Himmelskörper handelt, aber verschwindend klein, sobald die Massen, welche die Menschen bewegen können, in Betracht kommen. Sie lehrt: alle Körper ziehen sich nach dem Produkt der Massen an. Nun ist doch wohl die einfachste Frage: Mit welcher Kraft zieht dann also die Masse von 1 Kilogramm die gleiche Masse an? Verschiedene Experimente haben Antwort gegeben, aber einige geben einen 1 1/2 mal so großen Werth als andere. Viele naheliegende Fragen sind nicht einmal aufgeworfen, weil man doch keine Aussicht hat, sie zu beantworten.

Die elektrischen und magnetischen Kräfte sind zwar kürzer bekannt, aber leichter zu untersuchen, wir kennen vielmehr [sic!] Beziehungen zwischen ihnen und wir wollen uns daher an sie halten. Dreierlei sind nun die Gründe, welche ich in Bezug auf diese | Kräfte dafür anzuführen habe, daß sie etwas im Raum wirklich bestehendes, von Theilchen zu Theilchen mitgetheiltes sind:

erstens die ganz besonderen nicht metaphysischen, sondern physikalischen Schwierigkeiten, auf welche bei der Darstellung dieser Kräfte die Theorie der unvermittelten Fernwirkung stößt,

zweitens der Umstand: daß, wenn diese Kräfte durch ponderable Körper hindurchwirken, sie in den letzteren ohne allen Zweifel überall in der Art bestehen, wie wir sie im leeren Raum vermuthen, so daß wir nicht nur ein greifbares Bild für den Zustand des leeren Raums erhalten, sondern überhaupt dem letzteren keine Eigenschaften beizulegen brauchen, die wir nicht an den greifbaren Körpern betrachtet haben,

drittens endlich eine wundervolle Beziehung zwischen den elektrischen Kräften und dem Licht.

Diese Beziehung erklärt sich nur dann, wenn wir übermittelte Kräfte annehmen, sie bleibt gänzlich unerklärt, wenn wir | directe Fernkräfte annehmen. Zugleich verschwinden im ersten Falle aus der Optik die Schwierigkeiten, welche sich noch in ihr finden, in letzterem Falle bleiben sie natürlich unbeeinflußt. Dieser Grund wird unsere hoffentlich durchschlagende Haupt- und Schutzwaffe gegen den Gegner sein.

Was den ersten Grund anlangt, so will ich nicht allzu ausführlich sein. In den Theorien der Elektricität und des Magnetismus giebt es zahlreiche Fernkräfte. Da sind die Anziehungen elektrischer Massen auf andere, da sind die Anziehungen von Magneten auf Magnete, da sind die Anziehungen der Stromelemente auf andere Stromelemente, da sind die elektromotorischen Wirkungen veränderlicher Ströme und Magnete, die elektromotorischen Wirkungen bewegter Ströme und bewegter Magnete, die magnetischen Wirkungen | mechanisch bewegter Elektricität. Alle diese Kräfte 158 waren zunächst als voneinander unabhängig aufgetreten und auf ihre Gesetze untersucht worden, erst allmählich lernte man den Zusammenhang zwischen ihnen kennen. Daher giebt es ebenso viele Fernkraftgesetze wie ich eben genannt habe, zum Theil sind sie sehr einfach, zum Theil nicht ganz einfach, alle haben die zweite Potenz der Entfernung in sich.

Nun, es ist der Theorie von der directen Fernwirkung niemals eingefallen, alle diese Gesetze als ebensoviele nicht weiter zurückzuführende Elementargesetze hinzustellen; thäte sie das, so verlöre sie einmal die Möglichkeit, den offenbaren Zusammenhang zwischen ihnen zu erklären, und zweitens verlöre sie ihren metaphysischen Reiz, der zuletzt ihr eigentliches Lebensprinzip ist[1], und der durch das Schema „zwei Punkte ihre Verbindungslinie" hinreichend bezeichnet und an die Innehaltung | dieses 159 Schemas gebunden ist. Es ist nun nur ein Versuch in großartigem Maaße unternommen worden, alle jene Kräfte auf eine Elementarkraft jenes Schemas zurückzuführen. Es ist der von Weber im Jahre 1846 unternommene Versuch. (Das Datum ist charakteristisch.)

Weber nimmt an, daß sich zwei elektrische Massen e und e' anziehen nach diesem Gesetze[2]

$$\text{Kraft} = \frac{e \cdot e'}{r^2} \left\{ 1 - \frac{a^2}{16} \left(\frac{\mathrm{d}r}{\mathrm{d}t} \right)^2 + \frac{a^2}{8}\, r\, \frac{\mathrm{d}^2 r}{\mathrm{d}t^2} \right\}$$

In Verbindung mit den üblichen Annahmen über Elek. Magnetismus etc. erklärt sich daraus allerdings diese Kraft in der Verbindungslinie, sie hängt nur ab von der Entfernung, der Geschwindigkeit in Richtung der Verbindungslinie und der Beschleunigung in dieser Verbindungslinie. Soweit ist also das metaphysische Bedürfnis befriedigt. Ob es sonst befriedigt ist, weiß ich nicht; diejenigen Herren, welche mit der Differentialrechnung nicht vertraut sind, darf ich wohl kaum fragen, ob das Gesetz ihnen durch

---

[1] Am Rand folgende Bemerkungen: „Letzte Existenz – der Punkt durch zwei Punkte einzig bedingt: – die verbundene Gerade."

[2] In dieser Form wurde das Gesetz von Weber 1846 in der ersten seiner Abhandlungen über „Elektrodynamische Maßbestimmungen" angegeben. Die Konstante a hat die Dimension einer reziproken Geschwindigkeit; sie wurde 1854 in Präzisionsmessungen von R. Kohlrausch und W. Weber zu $a = 4/c$ ermittelt, mit c als der Lichtgeschwindigkeit. Hertz wird den dadurch nahegelegten Zusammenhang zwischen Elektrodynamik und Optik später thematisieren.

Klarheit und durch Einfachheit einleuchtet. Genug, welches auch sein
160 metaphysischer | Werth sei, das Gesetz hat zum ersten Male alle jene zahl-
reichen Einzelgesetze zusammengefaßt, es hat dadurch die Möglichkeit
einer solchen Zusammenfassung dargethan, es hat dann durch Jahrzehnte
den Physikern als Leitstern in diesem verwickelten Gebiete gedient; auf
dies Gesetz hin hat man die Theorie neuer Erscheinungen gebaut und sie
dann im Einklang mit den Erfahrungen gefunden, die Wichtigkeit des Gesetzes für die Physik steht also über allen Zweifel fest. Aber ob wir es
verehren sollen wie eine immerwährende Lampe in unserem Tempel oder
nur, wie wir die Rüstzeuge der alten Physik, das Telescop Newtons, die
Luftpumpe Gürickes, verehren, das ist die Frage, welche den Anhänger
der Fernwirkung trennt von uns. Nun ist von gewiß competenter Seite
161 aus, von Helmholtz, dem Gesetz vorgeworfen worden, | es sei geradezu
unmöglich, denn es verletze in gewissem Sinne das Prinzip von der Erhaltung der Kraft, es führe also zu absurden Folgerungen. Weber hat sein
Gesetz in Schutz genommen, er suchte zu zeigen, das sei wenigstens nicht
unter realisirbaren Bedinguungen der Fall, worauf Helmholtz andere Fälle
aufwies, die er für realisirbar hält. Der Streit erbitterte sich durch das Hin-
einmischen von Webers Schülern, und er ist nicht entschieden worden,
indem keiner der Gegner sich für überwunden erklärt hat.

Mischen wir uns lieber nicht ein, aber lassen Sie uns immerhin aus dem
Streit unsere Consequencen ziehen: Wenn über die bloße Möglichkeit des
Weberschen Gesetzes, wie man zu sagen pflegt, die Gelehrten noch nicht
einig sind, so kann dies Gesetz unmöglich als ein sehr wahrscheinliches
hingestellt werden.

162 Und also tritt auf diesem Gebiete unsere Theorie auch gar nicht einer
unzweifelhaft möglichen, durch Einfachheit glänzenden, allgemein an-
genommenen gegnerischen Theorie gegenüber, wie dies im Gebiete der
Gravitation etwa der Fall ist, sondern einer Theorie, die selber noch in der
Herausbildung begriffen ist, über deren Details ihre Anhänger selber noch
schwanken. Und auf diesen sich noch entwickelnden und durch unsere
bisherigen Anschauungen erschütternden [sic!] Gegner wollen wir nun
die positiven Gründe wirken lassen, welche wir für unsere Anschauung
anführen wollen.

Da ist zunächst die Art, wie sich die elektrischen Wirkungen durch
Isolatoren fortpflanzen. Es handelt sich zunächst um die Constatirung
einiger Thatsachen, die fundamental sind, die in den Lehrbüchern und
163 Experimentalcollegien an erster Stelle mitgetheilt | zu werden verdienten,
und die doch durch historische Entwickelung meist in ein Nebenkapitel
oder eine kurze Anmerkung sich verbannt finden. Es ist allgemein bekannt,
daß in Bezug auf ihr Verhalten zur Elektrizität die Körper sich in Leiter
und Isolatoren scheiden. Es ist ferner allgemein und seit alter Zeit bekannt,
daß die Leiter die elektrische Kraft nicht durch sich hindurchlassen, wohl

aber die Isolatoren. Halten wir zwischen die geriebene Siegellackstange und die anzuziehenden Papierschnitzel oder das elektrische Pendel eine noch so dünne Metallplatte, so ist die Anziehung sofort zerstört, halten wir eine dünne Schwefel- oder Paraffinplatte dazwischen, so besteht sie fort.

Daher war die Meinung der Physiker bis in das erste Drittheil des Jahrhunderts, daß die Isolatoren einfach indifferent seien gegen elektrische Einflüsse, daß sie Luft, Nichts für dieselben seien, | und dies ist auch 164 heutzutage leider noch die Meinung vieler, die manche weniger wichtige Gebiete der Elektricitätslehre ganz gut kennen. Faraday erst zeigte, daß, wenn auch die Kraft den Isolator durchsetzt, sie ihn doch nicht in gleicher Weise durchsetzt wie die Luft, sondern daß sie in ihrer Größe wesentlich beeinflußt wird. Er zeigte zunächst, daß es für die Ladung, welche eine Leydener Flasche hält, absolut nicht gleichgültig ist, ob ihr Isolator aus Luft oder Glas oder Schwefel besteht, die Wirkung kann in dem einen Fall das 4fache, 6fache ja 10fache von der im anderen Fall betragen. Also handelt es sich hier nicht um Kleinigkeiten. Faraday verfolgte dann diese Versuche weiter und setzte sie mit seiner Theorie der physischen [?; nachträglich eingeschobenes, schlecht lesbares Wort] Kraftlinien in Verbindung. Aber die Zeit war dieser Theorie nicht günstig und da die bestehenden Theorien der Fernwirkungen diese Erscheinungen eher als eine Unbequem- | lichkeit empfanden, so wurden sie zwar nicht geleugnet, 165 aber doch vernachlässigt, in solchem Maaße, daß noch im Jahr 1876(?) Boltzmann eine Reihe einfacher neuer und schöner Versuche anstellen konnte.[3]

Nun, heutzutage besteht über die Thatsache, daß auch den Isolatoren positiver Einfluß zukommt, kein Zweifel mehr. Man bezeichnet sie deshalb auch, wenn man von ihrer eigenthümlichen Wirkung reden will, lieber mit einem anderen Namen, man nennt sie Dielektrica, und Isolatoren nur dann, wenn man vorzugsweise ihre negative Eigenschaft ins Auge faßt. Auch die Gesetze, nach welchen die elektrische Wirkung im dielektrischen Medium erfolgt, sind genau bekannt, hierüber sind sich, als über Thatsachen, alle Theorien einig.

Lassen Sie uns nun einen größeren Versuch anstellen, den wir zwar genau so wie ich ihn beschreiben will, | nicht ausführen können, an dessen 166 Erfolge wir jedoch keinen Zweifel haben können, da die Dinge, welche

---

[3]Boltzmann hat 1872 im Laboratorium von Helmholtz an der Berliner Universität die Dielektrizitätskonstanten von Isolatoren wie Hartgummi, Paraffin und Schwefel gemessen. Er fand eine gute Übereinstimmung zwischen diesen Konstanten und dem Quadrat des Brechungsindex, also eine Beziehung zwischen einer elektrischen und einer optischen Größe, wie sie von Maxwell formuliert worden war. 1874 hat er die gleiche Untersuchung an Gasen angestellt und diese Beziehung sehr gut bestätigt gefunden. – Hertz wird insbesondere die Versuche mit Gasen später (MsS. 209ff) ausführlich darstellen

wir vornehmen, durchaus zu den berechenbaren gehören. Denken Sie sich, wir begeben uns in ein hermetisch verschlossenes Zimmer mit einer Elektrisirmaschine, verschiedenen Elektrometern, einer Wage und sonstigen Apparaten und beginnen dort nun Versuche über die Vertheilung der elektrischen Kräfte und ihre Größe zu machen. Wir elektrisiren mit Hülfe der Maschine eine Reihe von Körpern, wir bestimmen mit Hülfe der Elektrometer die Richtung und Größe der elektrischen Kraft für jeden Punkt in dem Raume, wir denken uns dann, wenn auch nur als geometrische Fiction, mit Hülfe dieser Resultate die Kraftlinien gezogen, endlich bestimmen wir mit Hülfe der Wage die absoluten Anziehungen. Wir wollen

167 das alles gethan haben, während das Zimmer | luftleer war. Nun aber lassen wir Gas einströmen. Wir wollen nicht Luft nehmen, sondern ein leicht zu verflüssigendes Gas, etwa Benzindampf. Die Temperatur halten wir so hoch, daß es nicht flüssig wird, etwas über dem kritischen Punkt. Machen wir dann von Zeit zu Zeit wieder unsere elektrischen Versuche, so finden wir: Stets sind die Richtungen der Kraft, ist die Gestalt der Kraftlinien unverändert, nur die absolute Größe der Kraft, mit der die Körper bewegt werden, ändert sich; sie nimmt ab, je mehr die Dichte des Dampfes wächst. Wir können so den Dampf auch durch Abkühlung in flüssiges Benzin übergehen lassen, immer ist die ganze Vertheilung der Kräfte im Raum die ursprüngliche, nur die absolute Größe, welche diese Kräfte besitzen, hat sich geändert. Ersetzen wir nun das Benzin durch eine andere Flüssigkeit, etwa Therpenthinöl, – der Fall ist derselbe.

168   Also in allen dielektrischen Medien vertheilen sich die elektrischen Kräfte in gleicher Weise, nur ihre absolute Größe ist verschieden, und in allen vertheilen sie sich wie im leeren Raum, wenn auch ihre absolute Größe eine andere [ist] wie in ihm. Sehen wir also die Sache rein geometrisch an, so können wir schon den leeren Raum als eine besondere Art des Dielektricums auffassen. Blos nun merken Sie auf die Hauptsache!

    Sobald wir nicht den leeren Raum als Dielectricum benutzen, sondern eine Flüssigkeit, etwa Benzin, so können wir nun zeigen, daß die Kraftlinien nicht bloß mathematische Fictionen sind, sondern daß überall, wo Kraftlinien sich befinden, das Benzin sich in eingenthümlicher Weise verändert zeigt, und zwar in einer Weise, welche mit einer Richtung der Kraftlinien direct in Zusammenhang steht. Denken sie sich zunächst, wir

169 bringen eine kleine Luftblase | in das Innere des Benzins. Wo keine Kraftlinien sich befinden, etwa hinter einem metallischen Schutzgitter, wird die Blase durch die Capillarkräfte kugelrund gemacht werden. Aber sobald wir sie verschieben an eine Stelle, wo sich Kraftlinien befinden, wird sie sich ändern, sie wird die Gestalt eines verlängerten Rotationsellipsoids annehmen, und zwar wird die Achse desselben genau in die Richtung der Kraftlinien fallen. Bringen wir die Blase wieder gewaltsam in die Kugelgestalt, so sucht jetzt das Benzin diese Kugel wieder in die Gestalt

82

des Ellipsoids zu bringen, es übt also einen Zug aus auf dieselbe in der Richtung der Kraftlinien, und einen Druck in der dazu senkrechten Richtung, mit den gleichen Kräften werden auch die verschiedenen Theile des Benzins auf einander wirken, und es ist also kein Zweifel möglich, daß mit dem | Vorhandensein von den rein geometrischen Kraftlinien in dem Isolator auch eine physikalische Veränderung in ihm Hand in Hand geht.   170

Das können wir nun bestätigen auf eine Art, die deshalb schöner ist als die eben erwähnte, weil wir nicht nöthig haben unsere Flüssigkeit zu stören. Zu dem Ende leiten wir einen Lichtstrahl durch den zu untersuchenden Theil der Flüssigkeit. Das Licht ist ein außerordentlich feines Reagenz für die Verschiedenheiten, welche ein Körper der Richtung nach besitzt. Geht das Licht durch einen sogenannten isotropen Körper, d. h. durch einen Körper, in welchem alle Richtungen gleichberechtigt sind, so ist selbstverständlich die Richtung, in welcher er hindurchgeht, ohne Einfluß auf die Veränderungen, die er erfährt; geht er aber durch einen Körper, in dem verschiedene Richtungen sich durch irgend welche physikalischen Eigen- | schaften vor anderen auszeichnen, welche Körper man   171 als anisotrope bezeichnet und zu welchen z. B. die Krystalle gehören, so ist auch für die Veränderung, die der Strahl erfährt, seine Richtung von Einfluß, er zerfällt in zwei senkrecht zueinander polarisirte Strahlen, die sich im Allgemeinen mit verschiedener Geschwindigkeit fortpflanzen und daher leicht voneinander getrennt werden können. So kann man mittels des Lichtes leicht den Anisotropismus der Krystalle nachweisen und seine Hauptrichtungen bestimmen, also z. B. bestimmen, wie eine aus Bergkrystall geschliffene Kugel ursprünglich im Krystall gesessen hat, so kann man mittels des Lichts die Spannung in gedehnten oder gepreßten Körpern förmlich sehen, selbst da, wo man sie auf andere Weise nicht wahrnehmen kann, z. B. in den Stärkekörnern und Zellhaufen der Pflanzen.

Nun, und ähnlich, wie wir diese Spannungen | sehen, zwar indirect,   172 aber nicht weniger deutlich, so können wir nun auch die elektrischen Kraftlinien sichtbar machen. In der That prüfen wir mittels des Lichts die Flüssigkeit an irgend einer von geometrischen Kraftlinien durchsetzten Stelle, so finden wir, daß sie nicht isotrop ist, wie im natürlichen Zustande, sondern sie verhält sich wie ein einaxiger Krystall, und zwar wie ein solcher, dessen Axe in die Richtung der Kraftlinien fällt. Diese eine Richtung ist also physikalisch durch irgend etwas ausgezeichnet, während sich alle rings um dieselbe gleich verhalten. Natürlich ist ihr Einfluß auf das Licht auch nicht unabhängig von der Stärke der Kraft, oder Dichte der Kraftlinien, sondern er wächst mit diesen.

Und also können wir uns mit Hülfe des Lichtes überzeugen, ob an einem Orte elektrische Kraft vorhanden sei, wir können ihre Richtung und ihre Größe messen, ohne einen angezogenen elektrischen Körper | zu Hülfe   173 zu nehmen, wir können uns also auf das Bestimmteste überzeugen, daß ihr Vorhandensein nicht abhängt von dem Vorhandensein eines Körpers, auf den gewirkt wird, und wir haben so die Gültigkeit des einen Theils unserer Behauptung erwiesen. Daß die Kraft, wenn sie überhaupt als etwas Greifbares, Nachweisbares überall vorhanden sei, daß sie dann auch von Theilchen zu Theilchen sich übertrage, waren unsere Gegner geneigt uns zuzugeben.

Allerdings sind unsere Versuche äußerst mühsam und wir müssen complicirte Apparate verwenden, und selbst mit diesen vermögen wir die Abänderungen, die das Licht erfährt, nur dann wahrzunehmen, wenn die elektrischen Kräfte sehr hohe Werthe erlangen; im allgemeinen können wir unsere Versuche nur in der Vorstellung | ausführen. Aber daran dürfen wir uns nicht stoßen. Wir müssen uns hinwegsetzen über unsere eigene Beschränktheit, die uns vorspiegelt, das sei wichtig und bedeutungsvoll in der Natur, was wir unmittelbar mit unseren gegeben Sinnesorganen wahrzunehmen vermögen, und das sei unwichtig und fernabliegend, was nur mittels besonderer Apparate wahrgenommen werden kann. Fernabliegend ist es allerdings, aber nur fernabliegend von *uns*, nicht von den Dingen.

Nehmen Sie einmal an, die Natur hätte uns die Unterscheidung der Farben versagt, für deren feinste Nüancen das Auge so empfindlich ist, und hätte uns dafür ein Gefühl für die verschiedenen Polarisationszustände des Lichtes ertheilt. Was uns jetzt alltäglich ist, daß die Blüthe der Rose anderes Licht reflectirt als ihre Blätter, wäre alsdann das Resultat der letzten Wissenschaft gewesen, und was uns jetzt so | künstlich der Natur abgerungen erscheint, die Veränderung des Lichtes durch die elektrischen Kräfte, das wäre eine Thatsache der ersten Wahrnehmung gewesen. In ähnlicher Weise, wie wir jetzt das Aufsteigen heißer Luft aus Schornsteinen über einer erhitzten Heide erkennen durch das Zittern der durch sie hindurch gesehenen Gegenstände, in ähnlicher Weise würde uns das Vorhandensein der elektrischen Spannungen in Luft und Flüssigkeiten bemerkbar geworden sein um unsere Apparate in den Laboratorien oder vom Gewitter in der Natur. Hätten wir erst einige Übung erlangt in der Deutung der complicirten Erscheinungen, die sich uns darbieten würden, so würden wir nicht nur Veränderung überhaupt, also Vorhandensein der Kräfte überhaupt bemerken, sondern wir würden auch ihre Richtung und Vertheilung erkennen.

Wo wir z. B. jetzt nur zwei elektrische Punkte sehen, die | sich geradlinig anziehen, da würden wir alsdann um sie herum vom einen zum andern laufend, das ganze System krummliniger Kraftlinien erkennen, welches wir jetzt mühsam berechnen. Und da würde wohl ein Philosoph vergebens zu uns sagen: es sei viel einfacher, die Wirkung der Körper auf eine geradlinige Kraft zurückzuführen als auf ein ganzes System krummliniger Kräfte. Lieber Freund, würde man ihm sagen: die krummlinigen Kräfte siehst Du ja und kannst an ihrem Vorhandensein nicht zweifeln, es handelt sich also nicht darum, ob es einfach ist, *statt* ihrer eine unsichtbare geradlinige Kraft einzuführen, sondern ob es einfach ist, *neben* ihnen noch obendrein eine solche Kraft anzunehmen.

Wir haben nun von den elektrischen Kräften gesprochen, aber wir hätten in Bezug auf die magnetischen ganz ähnliches anführen können. Auch durch den Einfluß magnetischer Kräfte | treten in Flüssigkeiten Drucke 177 auf, ganz neuerdings hat erst Quincke gezeigt, daß diese magnetischen Drucke in Flüssigkeiten zwischen den Polen eines Elektromagneten so stark werden können, daß sie einer Flüssigkeitssäule von mehr als Meterlänge das Gleichgewicht halten. Ebenso erfährt auch das Licht in einem magnetischen Medium sehr merkwürdige Veränderungen. Sie sind ganz anderer Natur als diejenigen, welche die elektrischen Kräfte hervorbringen, und sie sind viel länger bekannt. Als Faraday sie 1845 entdeckte, veröffentlichte er sie unter dem verwunderlichen Titel: Aufhellung der magnetischen Kraftlinien, erweisend, daß er die Thatsache weniger um ihrerselbst willen schätzte, als weil sie ihm ein Beweis für die physikalische Existenz der Kräfte im Raum erschien.[4]

Fassen wir also dahin unsere Resultate zusammen: Die magnetischen 178 und elektrischen Kräfte wirken im allgemeinen auch durch den mit ponderabeler Materie erfüllten Raum hindurch, und sie offenbaren hier ihre Anwesenheit nach Richtung und Größe nicht nur durch die Wirkung auf elektrische und magnetische Massen, sondern durch einen veränderten Zustand der ponderabelen Materie, der sich auf verschiedene Weise sichtbar und fühlbar machen läßt. Insbesondere rufen sie in der ponderabeln Materie ein System von Druckkräften hervor, welches ganz wohl geeignet erscheint zu erklären, warum sich andere Körper in diesem Raum in | bestimmte Richtungen einstellen und in dieser Richtung sich fortbe- 179 wegen. In verschiedenen ponderabeln Substanzen ist die Vertheilung der Kräfte genau die gleiche, und sie ist gleich derjenigen, welche im sog. leeren Raum stattfindet. (Elektrische u. magnetische Körper werden sich in den ponderabeln Mitteln und im leeren Raum auf gleiche Weise bewegen, wenn sie sich nur während eines Augenblicks auf gleiche Weise bewegen.)

Es liegt die Vermuthung nahe, daß auch der letztere sich nur verhält wie eine der übrigen Substanzen, daß auch in ihm jenes System veränderter Zustände und dadurch hervorgerufener Druckkräfte sich vorfinde; direkt dies nachzuweisen ist mit den Mitteln, welche wir bei den übrigen Substanzen anwenden, nicht möglich. Was sagen unsere Gegner zu unserer Auffassung? Sie werden nicht leugnen können, daß wir viel gewonnen haben. Es ist etwas, wenn wir sehen, daß ein System an Veränderungen,

---

[4]M. Faraday: Experimental researches, Ser. 19; 1846. Es handelt sich bei dieser Entdeckung Faradays um die Drehung der Polarisationsebene des Lichts beim Durchgang durch einen durchsichtigen Körper, der sich in einem starken Magnetfeld befindet.

wie wir es für den leeren Raum nur supponiren, in greifbarer Materie mutatis mutandis | thatsächlich besteht. Aber daß damit unsere Anschauung schon durchschlagend den Sieg errungen habe, werden sie leugnen; sie werden zeigen, daß man die Thatsachen auch vollständig erklärt, wenn man annimmt, jene veränderten Zustände der ponderabeln Materie seien nur die Folge der Einwirkung der Fernkräfte auf gewisse Elektricitätsmengen, welche in den Theilchen der ponderabeln Materie enthalten sind. Hören wir ihren Ausführungen zu, so werden wir bekennen müssen, sie haben Recht, Durchschlagendes haben wir nicht erreicht.

Lassen Sie uns deshalb nicht länger verweilen und abwägen, wie viel und wie wenig es sei, sondern lassen Sie uns unsere letzte und Reservetruppe ins Gefecht führen. Es ist die elektrodynamische Theorie des Lichts.

Was ist das für eine Theorie? Es ist diejenige Theorie des Lichts, nach welcher dasselbe | nicht besteht in wellenförmig sich ausbreitenden elasti- 181 schen Verschiebungen der durchstrahlten Medien, sondern in wellenförmig sich ausbreitenden elektrischen Polarisationen derselben, eben derjenigen Zustände, welche wir vor kurzem kennen gelernt haben; sie steht also nicht etwa im Gegensatz zur Undulationstheorie, sondern sie ist eine weitere Ausbildung derselben. Das Licht durchdringt den leeren Raum wie die ponderabele Materie; gelingt es also, diese Anschauung von seiner Natur wahrscheinlich zu machen, so haben wir gewonnenes Spiel, es müssen alsdann jene Zustände auch im leeren Raum bestehen, und sie müssen sich von Theilchen zu Theilchen ausbreiten.

Zunächst etwas zur Geschichte unserer Theorie! Am 10 Febr. 1858 theilte der berühmte Mathematiker Bernhard Riemann der Gesellschaft der Wissenschaften zu Göttingen eine Bemerkung mit, welche, wie er selbst sagt, „die Theorie der Elektricität und des Magnetismus mit der des Lichts und der strahlenden Wärme in nahen Zusammenhang bringt. Ich habe gefunden", fährt er fort, „daß die elektrodynamischen Wirkungen 182 galvanischer Ströme sich erklären lassen, wenn man annimmt, daß die Wirkung einer Elektrischen Masse nicht momentan geschieht, sondern sich mit einer constanten (der Lichtgeschwindigkeit innerhalb der Grenzen der Beobachtungsfehler gleichen) Geschwindigkeit zwischen ihnen fortpflanzt. Die Differentialgleichung für die Fortpflanzung der elektrischen Kraft wird bei dieser Annahme dieselbe, wie die für die Fortpflanzung des Lichts und der strahlenden Wärme."[1]

Was auf diese so klare und bestimmte Einleitung folgt ist wenig und dunkel. Es ist so dunkel, daß es sich kaum entscheiden läßt, ob die Dunkelheit in der Sache oder im Ausdruck liegt. Doch ist es wahrscheinlich, daß das erstere statthatte, Riemann selbst hat es gefühlt und kurze Zeit später sein Manuscript zurückgezogen. Seine Bemerkung wurde | damals 183 nicht veröffentlicht.

Dies war das erste Auftauchen der elektrodynamischen Lichttheorie. Es war kurz und wie eine Vision gewesen. Wie ein Reisender in unbekannten Ländern plötzlich durch eine besonders klare Luft ein neues prächtiges Schneegebirge dicht vor sich hingerückt erblickt und freudig seine Entdeckung ins Tagebuch einträgt, dann aber, wenn die folgenden

---

[1] B. Riemann: Ein Beitrag zur Elektrodynamik. Diese zu Lebzeiten Riemanns nicht veröffentliche Arbeit erschien 1876 in Ges. Mathematische Werke, Nachträge, S. 49–54, hier S. 49. – Riemann entfaltete im wesentlichen die Konzeption der retardierten Potentiale.

Tage nichts mehr zeigen, er das Gesehene für einen Fiebertraum hält und traurig seine Bemerkung ausstreicht, so hatte auch Riemann zuerst eine wunderbare Übereinstimmung gesehen zwischen zwei Zahlen, deren eine der Elektricitätstheorie, deren andere der Lichttheorie entlehnt war, aber unfähig, für diesen Zusammenhang eine klare Deutung zu finden, hatte er sich entschlossen, ihn einstweilen auf sich beruhen zu lassen.

Aber andere Forscher streiften schon in demselben Gebiete und waren
184 glücklicher. Am 27 October | 1864 reichte der englische Physiker Clerk Maxwell bei der Royal Society eine Arbeit ein, welche in den Philos. Transactions für 1865 veröffentlicht ist, und den Titel trägt „Dynamische Theorie des elektromagnetischen Feldes"[2]. Hiernun tritt die neue Theorie zum zweiten Male auf, aber unendlich viel klarer gedacht und vollständiger entwickelt, als in der Riemannschen Notiz. Hatte jener das ferne Gebirge kaum gesehen, so war Maxwell schon an seinen Fuß vorgedrungen und hatte uns eine recht vollkommene Beschreibung seiner Hauptspitzen und deren Eigenthümlichkeiten mitgebracht; wohlgemerkt, er hatte das gesehen, ohne zu wissen und ohne wissen zu können, daß vor ihm ein Anderer auf gleichem Boden gewandelt war. So wird denn auch mit Recht Maxwell
185 als der Schöpfer der neuen Theorie | [gerühmt] und dieselbe bleibt mit seinem Namen verbunden.

Doch war es noch einem Dritten, dem Dänen L. Lorenz vergönnt, unabhängig von einem Führer zu ihr vorzudringen. Mehr in der Richtung Riemanns als in der Maxwells schreitend, aber unbekannt mit den Resultaten beider, hatte auch er gefunden, daß man sich elektrische Schwingungen im Aether als bestehend vorstellen könne, und daß, wenn sie bestehen, sie sich nach den Gesetzen des Lichts ausbreiten mußten. Der Zeit nach allerdings stand er hinter seinen Vorgängern zurück, seine Arbeit ist erst 1867 veröffentlicht.[3] Wer später in dieses Gebiet kam, kam in den Fußstapfen dieser, das Gebiet war entdeckt. Aber zunächst lag es brach.

Wie eine Krankheit, so hat auch jede neue Anschauung von einiger Bedeutung ihre Incubationszeit, während welcher sie in den Geistern brü-
186 tet, ohne doch in ihren | Wirkungen sichtbar zu werden. Bei der in Rede stehenden Theorie dauerte sie bis an unsere Tage heran. Die Theorie war den Physikern nicht allen, dem großen Publicum gar nicht bekannt; wer sie kannte, erwog sie, erwähnte sie, aber meist wie ein Curiosum, ein Paradoxon; wo es ernsthaft galt, einen Versuch zu deuten, da hielt man sich

---

[2]J.C.Maxwell: A Dynamical Theory of the Electromagnetic Field. Philosophical Transactions, Bd. 150 S. 459ff. Nachdruck in Maxwells Scientific Papers, Bd. 1, S. 526ff.

[3]L. Lorenz: Über die Identität der Schwingungen des Lichts mit dem elektrischen Strom. Ann. Phys., Bd. 131, S. 243–263; 1867. Zuvor veröffentlicht in: Oversigt over det K. Danske Videnskap Selk. Forhandlig, Nr. 1, 1867. Erste Ansätze zu einer elektromagnetischen Lichttheorie hatte Lorenz schon früher publiziert: Über die Theorie des Lichts. Ann. Phys., Bd. 118, S. 111–145; 1863.

an die alten elastischen Theorien und diese wurden von der Speculation weiter und weiter ausgebaut, als gäbe es keine andere.

In den letzten Jahren änderte sich das Alles. Die experimentellen Gründe für die Wahrscheinlichkeit der neuen Theorie haben sich gehäuft, Versuche sind auf Grundlage der Theorie hin angestellt worden und sind geglückt, die complicirten Anwendungen der Theorie werden der Rechnung zugänglich gemacht, an die Stelle des Zweifels, | ja selbst der gebotenen Vorsicht tritt eine frohe Zuversicht, die vielleicht trügerisch, jedenfalls aber die Mutter der Entdeckungen ist. Wenn nicht alles täuscht, so wird für die kommenden Jahrzehnte die hier in Rede stehende Theorie die herrschende sein, um es entweder für immer zu bleiben oder später einer anderen Platz zu machen. Jedenfalls lohnt es sich wohl, die Grundvorstellung dieser Theorie kennen zu lernen, selbst wenn dies mit einiger Mühe verbunden ist. Die Mühe liegt aber nur darin, daß uns die elektrischen Verschiebungen u. Wellen nicht wie die elastischen Wellen aus tausend täglichen Erfahrungen geläufig sind, vielmehr von deren Existenz wir meist keine Ahnung haben. Gehen wir also behuthsam und schrittweise vorwärts.

Zuerst rufen wir uns einmal recht deutlich die Vorstellung wach, was denn eigentlich dielektrische Polarisation | eines Mediums sei. Es ist derjenige Zustand von Zwang oder Spannung, in welchen ein isolirender Körper versetzt wird, wenn wir elektrische Käfte durch ihn hindurch wirken lassen, wie die alte Theorie sagt, oder wenn wir ihn zum Überträger elektrischer Kräfte machen, wie wir sagen. Ein Stück Glas oder Schwefel zwischen die Pole einer Influenzmaschine gebracht befindet sich in diesem Zustande. Der Zustand äußert sich, wie wir sehen, durch Drucke und auf andere Weise, er ist für jeden Punkt gekennzeichnet durch seine Größe, und durch seine Richtung. Das genügt, um ihn mathematisch zu definiren und in Rechnung zu nehmen. Aber es genügt nicht, um ihn anschaulich vor uns zu setzen. Wenn wir das wollen, müssen wir unseren ausweichenden Beschreibungen noch etwas positives hinzufügen, aber | was, darüber sind wir noch im Unklaren.

Sagen wir z. B., unser dielektrisches Medium bestehe aus Molekülen und seine Polarisation bestehe darin, daß alle diese Moleküle mit bestimmter Geschwindigkeit um eine Axe von bestimmter Richtung sich drehen, so haben wir eine klare Vorstellung gewonnen, aber wahrscheinlich eine falsche. Sagen wir wiederum, das Medium bestehe aus Molekülen, jedes Molekül habe einen positiven u. einen negativen elektrischen Pol, die Polarisirung des Mediums bestehe nun in der gleichseitigen Richtung aller seiner Moleküle, so haben wir wiederum eine klare Vorstellung gewonnen, aber eine in vieler Hinsicht sehr mißliche. Bleiben wir immerhin bei dieser als bei einer Hülfsvorstellung stehen. Den Unterschied zwischen dem polarisirten Medium und dem Medium im Ruhezustande denken wir

187

188

189

uns wie den zwischen einem magnetischen und einem unmagnetischen
190 Stück Eisen; wie wir den Magnetismus | des Eisens umkehren können, so
können wir auch die Polarisation unseres dielektr. Mediums umkehren;
wie wir eine Eisenkugel nach jeder Richtung hin magnetisiren können,
so können wir auch die Theile unseres Mediums nach jeder Richtung hin
dielektrisch polarisiren. Sei z. B. AB eine Stange von Paraffin oder eine

Röhre voll Benzin, verbinden wir nun die Platten A und B mit den Polen
einer Influenzmaschine oder Batterie, so polarisiren wir dadurch den Stab
AB, wir stellen alle seine Moleküle parallel der Richtung AB; kehren
wir die Pole um, so kehrt sich die Polarisation des Stabes um, er verhält
sich ganz ähnlich einem Stab weichen Eisens zwischen den Polen eines
Elektromagneten.

Wir machen nun den zweiten Schritt, indem wir aussagen: Die Entste-
hung einer dielektr. Polarisation, das Verschwinden einer solchen, kurzum
191 jede Veränderung derselben | stellt einen elektrischen Strom vor und übt
alle Wirkungen eines solchen aus. Nicht etwa, daß auch umgekehrt jeder
elektrische Strom sich als eine veränderliche dielektrische Polarisation
darstellen ließe. Die Ströme, die ihnen am bekanntesten sind, sind diejenigen, welche wir durch Batterien in Metalldrähten erzeugen. Diese fließen
nun beständig in einer Richtung, ohne daß irgendwo eine dielektrische
Polarisation vorhanden wäre, die beständig abnähme oder anwüchse. Die
Wirkungen, welche diese Ströme ausüben, sind sehr kräftig, wir werden
sie daher mit Vortheil verwenden, um die Gesetze dieser Wirkungen zu
studiren, aber wir können sie nicht zur Vergleichung benutzen, wenn wir
uns klar machen wollen, wieso eine veränderliche Polarisation einen Strom
darstelle. Hierzu können uns aber die Ströme dienen, welche wir erhalten, wenn wir eine Leydener Flasche, oder überhaupt verschiedenartig
192 elektrisirte | Körper entladen.

90

Faksimile der Seite 190:
Die Polarisation eines stabförmigen Isolators.

An den kräftigen Entladungen der Leydener Flaschen können wir uns noch überzeugen, daß derartige kurz andauernde Ströme ganz dieselbe Wirkung haben wie die constanten Ströme der Batterie, sie wirken auf die Magnetnadel, zersetzen chem. Verbindungen etc. Bei dem schwachen Funken, der zwischen einer geriebenen Siegellackstange und unserem Finger im Dunkeln sichtbar wird, vermögen wir diese Wirkungen nicht mehr nachzuweisen, aber die Analogie, die in allen vergleichbaren Eigenschaften zwischen diesem Funken und jenen kräftigen Entladungen besteht, läßt nicht den mindesten Zweifel aufkommen, daß auch dieser schwache Funke einen kurz andauernden elektrischen Strom vorstellt. Und als Ströme solcher Art und Größe haben wir uns das Nachlassen oder Ansteigen dielektrischer Spannungen zu denken.

193   In der That, nach unserer Anschauung ist ja die Entladung | gar nichts anderes als die Vernichtung der elektrischen Spannung zwischen Siegellackstange und Finger, d. h. das Verschwinden der Polarisation, die vor der Entladung in der Luft thatsächlich bestand. Diese Spannungen werden plötzlich und gewaltsam vernichtet, etwa wie die Spannung einer Kette aufhört im Augenblick, wo eins ihrer Glieder bricht, und bei dieser gewaltsamen Änderung treten noch eine Reihe von Nebenerscheinungen auf, z. B. die Lichterscheinung des Funken, – einerlei, nicht auf dieses Licht oder den auftretenden Ozongeruch oder sonst etwas kommt es an, als allein auf dies: Daß vorhin ein System von Polarisationen vorhanden war und nachher nicht mehr; ihr Verschwinden hat im ganzen äußern Raum diejenigen Wirkungen hervorgerufen, die wir eben als Wirkungen des elektrischen Stromes bezeichnen. Lassen Sie uns also unser Prinzip als solches anerkennen, und uns lieber an

194 dem | schon vorhin gebrauchten Beispiel klar machen, wie wir es meinen.

    Denken wir uns wieder unsern Paraffinstab zwischen den beiden Platten. Im Augenblick, wo wir die Platten mit den Polen der Batterie verbinden, polarisirt sich der Stab, und wir sagen, das sei gleichbedeutend mit einem elektrischen Strom. Wir meinen damit, daß eine in der Nähe des Stabes befindliche Magnetnadel in diesem Augenblick einen kurzen Stoß erhält, der sie treibt, sich senkrecht zur Richtung des Stabes zu stellen, daß ein von elektrischem Strom durchflossener Draht einen Stoß erhält, der ihn treibt, sich der Stange zu nähern oder sich zu entfernen, je nach seiner Richtung. Wir meinen auch, daß, wenn wir nicht einen, sondern zwei Stäbe neben einander im gleichen Sinne polarisiren, daß sie sich dann anziehen werden, wie zwei gleichgerichtete Ströme; sie werden sich abstoßen wie

195 | zwei entgegengesetzt gerichtete Ströme, wenn wir sie gleichzeitig im entgegengesetzten Sinne polarisiren. Alle diese Wirkungen sind freilich unter ausführbaren Bedingungen so schwach, daß wir sie direct nicht wahrnehmen können, aber nach einer Reihe völlig sicher scheinender Schlüsse

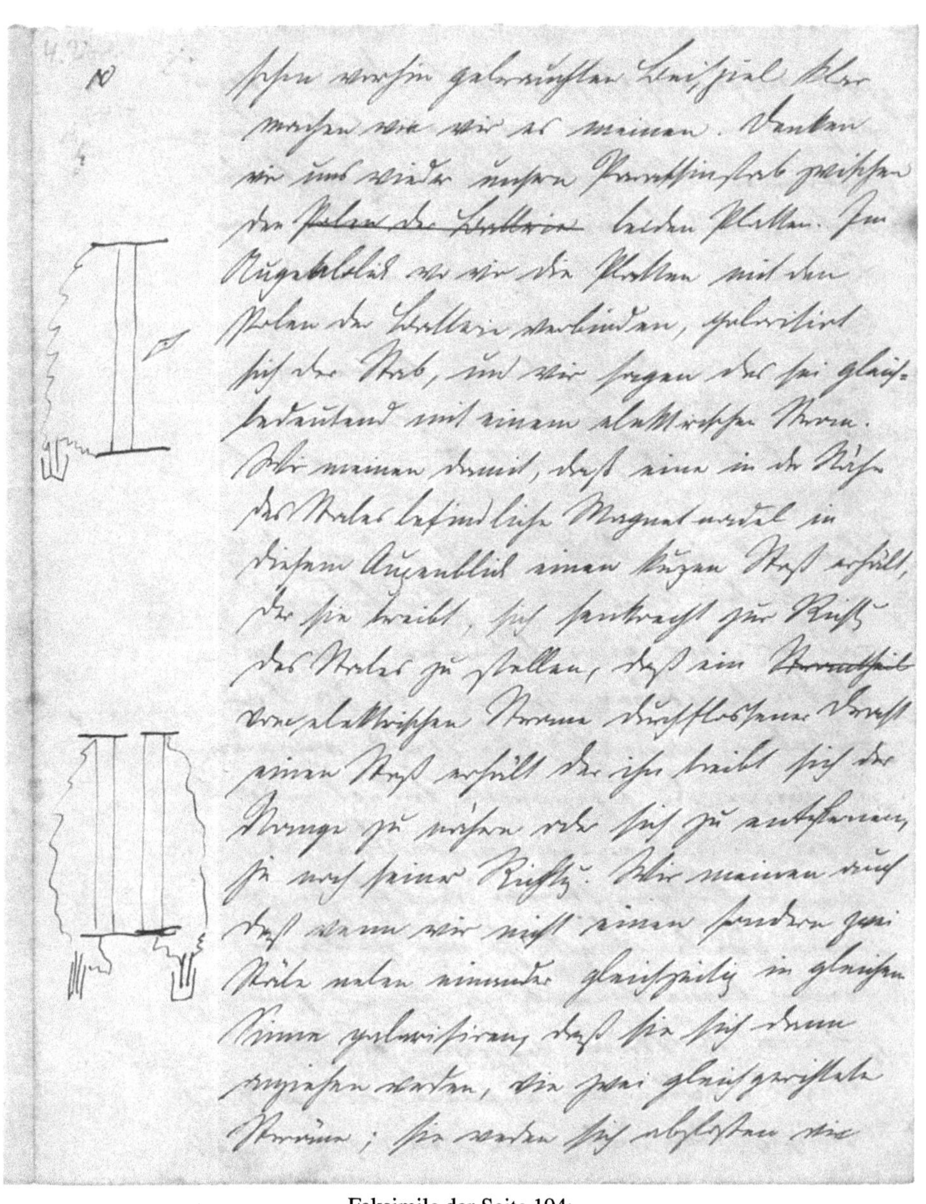

Faksimile der Seite 194:
Polarisationsströme in einem und in zwei stabförmigen Isolatoren.

können wir nicht nur ihr Vorhandensein, sondern auch ihre absolute Größe
mit Genauigkeit bestimmen.

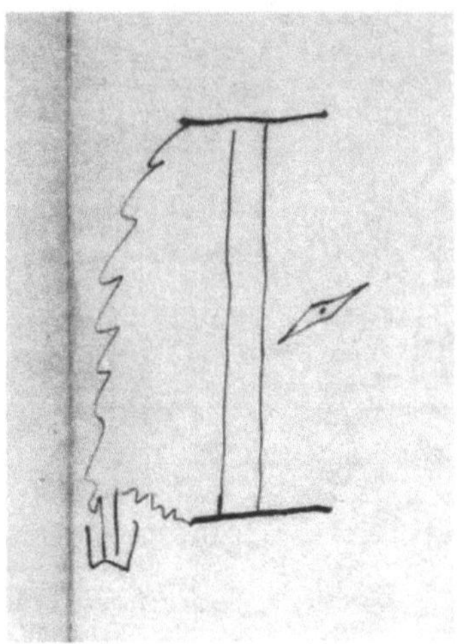

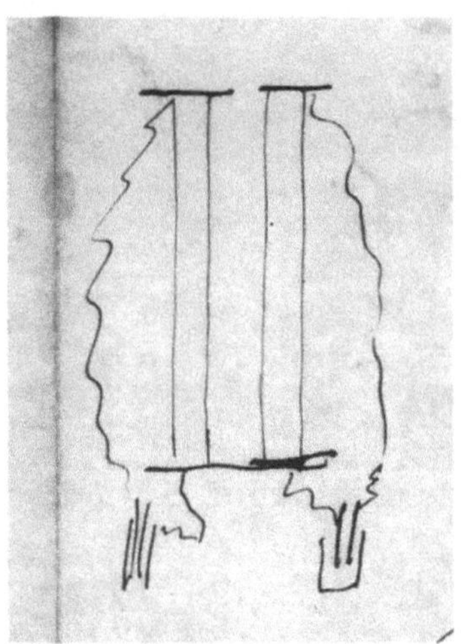

Nun noch einen dritten Schritt und wir sind am Ziele. Was wir zu thun
suchen, ist, daß wir uns einer besonderen Wirkung elektrischer Ströme
erinnern, die sie dann ausüben, wenn sie ihre Stärke verändern, ich meine
die sogenannte Inductionswirkung. Legen wir dicht um einen Draht, der
vom elektrischen Strom durchflossen wird, einen zweiten Draht, so wird in
diesem zweiten keine Einwirkung zu spüren sein, solange der Strom ruhig

und gleichförmig fließt; halten wir den Strom aber plötzlich auf, etwa indem wir den ersten Draht | durchschneiden, so wird nun in dem zweiten ein 196

Strom auftreten, der in derselben Richtung fließt wie der unterbrochene. Es ist, als ob der erste Strom eine gewisse Trägheit besäße, die sich nicht nur in seinem eigentlichen Bette äußert, sondern auch in den benachbarten; halten wir die Elektricität gewaltsam auf, so strebt sie doch weiter zu strömen, und der entstehende Druck äußert sich auch in den benachbarten Leitern und setzt hier die Elektricität in Bewegung. Der bekannte Rühmkorfsche [sic!] Inductionsapparat wird Ihnen geläufig sein; hier wird der in der inneren Spirale circulirende Strom plötzlich unterbrochen, die Elektricität aber schießt weiter und verursacht nicht nur an der Unterbrechung einen gewaltsam die Luft durchbrechenden Funken, sondern reißt auch die Elektricität der äußern Spirale mit; durch die zahlreichen Windungen dieser | addirt sich die Wirkung und es entstehen nun die heftigen Span- 197 nungen, die unsere Körper erschüttern, lange Funken geben, und zu deren Erzeugung wir gerade unseren Apparat benutzen wollen. Seine Wirkung ist ganz ähnlich derjenigen des hydraulischen Widders[4], bei welchem der Druck, den das plötzliche Anhalten eines fließenden Wasserstromes erzeugt, benutzt wird, um einen Theil des Wassers auf eine beträchtliche Druckhöhe zu heben.

Nun wollen wir diese Inductionswirkung oder scheinbare Trägheit elektrischer Ströme an einem besonderen Fall erläutern, der uns weiter führen soll. Denken Sie sich zwei Metallkugeln durch einen geraden

---

[4]Der „hydraulische Widder" wurde häufig zur Wasserversorgung von Häusern in der Nähe von Flüssen oder Bächen verwendet. Die kinetische Energie des in einem Rohr strömenden Wassers wurde bei plötzlicher Absperrung des Rohrs genutzt, um das Wasser ohne weitere von außen zugeführte Energie auf einige Meter anzuheben. Heute wird der hydraulische Widder nur noch im Gebirge bei einsam stehenden Häusern oder Hütten in der Nähe von Gebirgsbächen eingesetzt.

Faksimile der Seiten 196 und 197:
Der Hertz'sche Dipol im Gedankenexperiment.

Kupferdraht verbunden, denken Sie sich dieselben zunächst verschiedenartig geladen und nun die Entladung durch den Draht erfolgend. Was wir

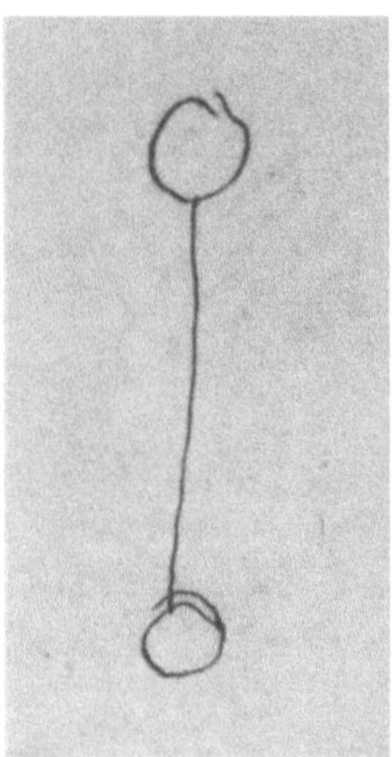

bemerken, ist etwa das Zucken einer benachbarten Magnetnadel, eines
benachbarten Elektroscops; diese Wirkung dauert noch lange nicht den
198 tausendsten | Theil einer Secunde an, dann ist die Entladung vollendet.
Aber in diesem kurzen Zeitraum ist vieles vorgegangen, von welchem der
unkundige Beschauer keine Ahnung hat.

Zunächst nämlich vereinigen sich die getrennten Elektricitäten durch
den Draht und bilden einen Strom. Aber dieser Strom übt eine inducirende
Kraft auf seine eigene Bahn aus, oder er besitzt eine Art von Trägheit, was
beides nur eine verschiedene Beschreibung von derselben Sache ist. Zu
Folge diesen hört er nicht auf, wenn die Kugeln sich entladen haben,
sondern strömt weiter und ladet nun die Kugeln in entgegengesetztem
Sinne. War also die obere Kugel anfangs positiv, so wird sie jetzt negativ.
Wie aber der Strom die Elektricität in den Kugeln mehr und mehr anhäuft,
erlischt seine Kraft, schließlich hört er ganz auf und nun finden sich die
199 Kugeln entgegengesetzt geladen wie vorher, und nun erfolgt | das Spiel
in umgekehrter Ordnung, natürlich nur, um sich dann wieder in der ersten
zu wiederholen und so fort. So zittert der Strom im Drahte hin und her,
seine Oscillationen werden aber allmählich schwächer und hören ganz
auf. Einige Tausend derselben mögen immerhin erfolgen, jede einzelne
aber dauert nur einen Bruchtheil von dem Millionten Theil einer Secunde,
und so hat der Strom seine tausend Botengänge abgemacht, lange ehe der
stumpfsinnige Mensch die erste Kunde seines Daseins erhält.

Vielleicht fragen Sie, woher wir das wissen? Nun, so schnelle Vibra-
tionen, wie sie hier eintreten, können wir nicht mehr messen. Aber wir
können Sie sehr verlangsamen, wenn wir statt eines geraden Drahtes eine

lange Spirale zwischen die Kugeln einschalten; dann können wir bewirken, daß jede Oscillation schon etwa ein Zehntausendstel einer Secunde beträgt, und mittels sehr | feiner Apparate und sehr scharfsinniger Methoden können wir dann dem schnellen Strome folgen, und ihn abtasten in den verschiedenen Stadien. Dies hat man in der That gethan und so sicher, wie man überhaupt aus Sichtbarem auf Unsichtbares schließen kann, so sicher können wir dann auch auf die schnelleren Schwingungen der Elektricität in dem geradlinigen Leiter schließen.[5]

Doch halten wir uns nicht länger auf als nöthig ist, sondern stellen wir jetzt eine große Zahl unserer Leiter in eine Reihe neben einander und setzen wir die äußerste unserer elektrischen Stimmgabeln in ihre Oscillationen. Sogleich erregt sie auch die benachbarte, wie eine Stimmgabel

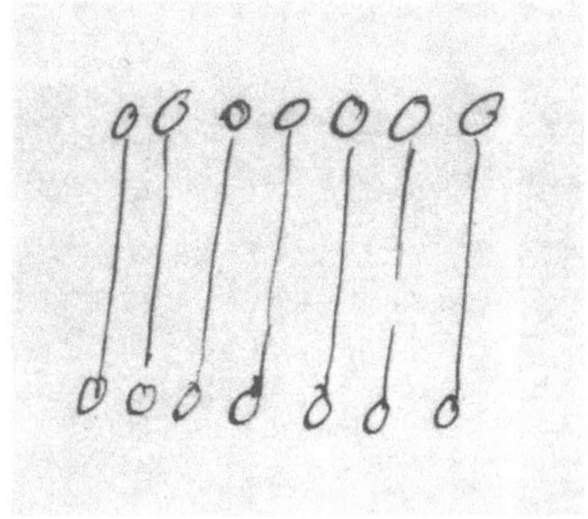

die benachbarte durch Resonanz erregt. Nur wollen wir bemerken, daß hier die Bedingungen für die Erregung ungleich günstiger sind als bei Stimmgabeln. Denn die Inductionskraft, die der Strom ausübt, wirkt im benachbarten zweiten Leiter fast mit gleicher Größe als im ersten, daher wird auch schnell die Größe der Schwingung im | zweiten Leiter der im ersten fast gleich werden; durch den zweiten wird wieder der dritte kräftig angeregt, und so wird die im ersten Leiter erregte Bewegung sich auf die ganze Kette ausbreiten.

Freilich wird doch in jedem folgenden Leiter die Schwingung etwas schwächer werden. Das liegt daran, daß die Metalle dem Strom einen gewissen Widerstand entgegenstellen, daß daher in jedem Leiter etwas von

---

[5]Obwohl die aufschlußreichsten Experimente zum Nachweis elektrischer Schwingungen in Kiel von Berend Wilhelm Feddersen durchgeführt worden waren, geht Heinrich Hertz nicht näher darauf ein. Cf. B.W. Feddersen: Beiträge zur Kenntnis des elektrischen Funkens. Diss. Univ. Kiel. Ann. Phys., Bd. 103, S. 69–88, 1858, sowie eine Reihe sich daran anschließender Arbeiten aus den Jahren 1859 bis 1862.

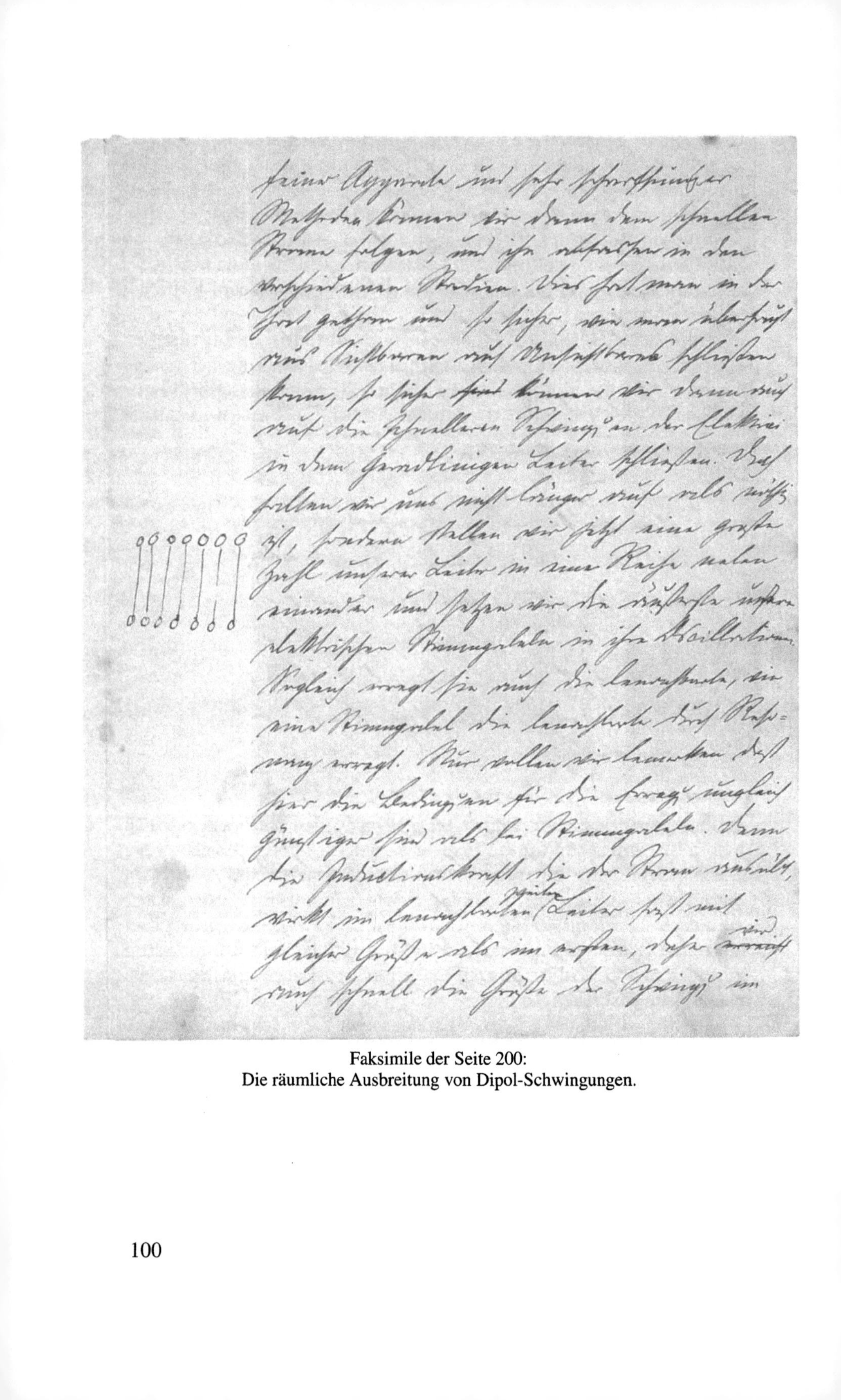

Faksimile der Seite 200:
Die räumliche Ausbreitung von Dipol-Schwingungen.

der ihm mitgetheilten Energie im Wärme umgesetzt wird. Wir können davon absehen; wir können berechnen, was eintreten würde, wenn dieser Widerstand unendlich klein wäre. Nun wohl, wir finden, daß alsdann schließlich die ganze unendliche Reihe in Mitschwingung versetzt würde, die elektrische Schwingung eines jeden einzelnen Leiters wird gleiche Größe und gleiche Dauer mit der ersten haben. Aber jeder folgende Leiter ist hinter dem vorangehenden zurück. So tritt dann jede einzelne Schwingung, die wir im ersten erregen, | in jedem folgenden ein wenig später 202 ein, sie pflanzt sich wie eine Welle, – als eine elektrische Welle können wir sagen – durch die ganze Reihe fort. Die Geschwindigkeit der Fortpflanzung aber ist eine ungeheuer große, wie die Fortpflanzungsgeschwindigkeit aller elektrischen Wellen. Für die Wellen, welche in den telegraphischen Kabeln fortschreiten, finden Sie häufig in den Lehrbüchern die Zahl 60 000 Meilen/pr.Secunde angegeben. Nun, das bezieht sich nur auf einen ganz speziellen Fall, im Allgemeinen ist sie sehr verschieden nach den Umständen, und speciell der uns vorliegende Fall ist ja ein ganz anderer, aber immerhin von ähnlicher Größenordnung wird auch hier die Fortpflanzungsgeschwindigkeit sein, einige Tausend Meilen in der Secunde können sich wohl ergeben.

Daß sich nun die Sache so verhält, wie wir sie hier beschrieben haben, und daß wir im Nothfall trotz ihrer Größe die Fort- | pflanzungsgeschwin- 203 digkeit angeben können unterliegt gar keinem Zweifel. Eben deshalb bin ich etwas länger auf diesem noch ganz sicheren Gebiete verweilt, obwohl Sie sich wundern mögen, was das eigentlich zur Sache soll. Nun, das wird sich gleich zeigen, denn wir haben jetzt die Hügel erstiegen, die uns die Aussicht auf die neue Theorie eröffnen sollen.

In der That, um zu ihr zu gelangen, haben wir nur nöthig, die Resultate unserer Überlegungen zu vereinigen. Wir setzen an die Stelle der parallelen

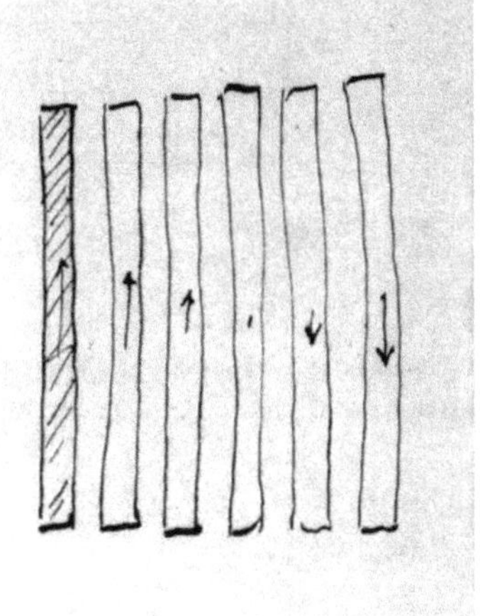

Faksimile der Seiten 203 und 204:
Die Ausbreitung von Transversalwellen in einem Isolator.

Leiter in unserem letzten Versuch eine Reihe von polarisirten Stäben etwa
von Paraffin, oder eine Reihe von Röhren voll Benzin oder einem anderen
flüssigen Isolator. Wir beginnen nun die erste derselben abwechselnd in
dem einen oder anderen Sinne zu polarisiren, die abwechselnde Polarisation bildet einen abwechselnden Strom, so gleich wird daher die zweite
mitgerissen, durch diese die dritte und so fort; genau wie soeben die Leiter
kommen auch hier die dielektrischen Stäbe in Oscillationen und jede einzelne Schwingung, die wir im ersten Stabe erregten, pflanzt sich als Welle
mit ungeheurer Geschwindigkeit durch die ganze Reihe fort. Es ändert
sich nun nichts wesentliches, wenn wir die Stäbe oder Röhren unendlich
lang machen und so breit, daß sie sich gegenseitig berühren und in einander fließen. Wir erhalten so ein unendlich ausgedehntes gleichförmiges

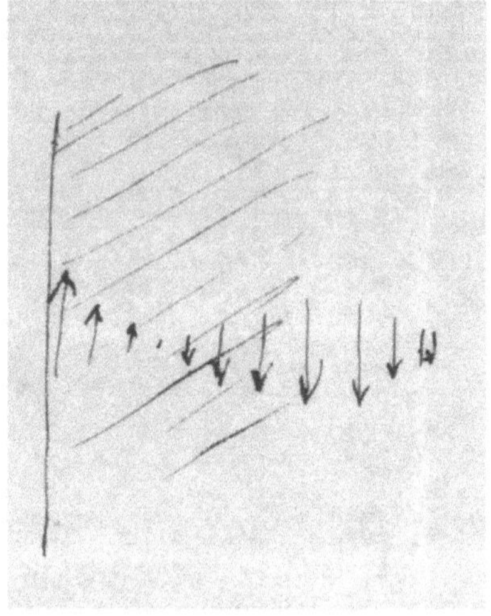

Medium, an dessen Grenze wir dielektrische Schwingungen erregen, sie
pflanzen sich wellenförmig in das innere fort.

Wir bemerken nun zunächst, daß diese Wellen Transversalwellen sind,
gleichgültig, ob das Medium fest oder flüssig ist. Hierdurch werden wir
aufmerksam, denn in der Optik fragten wir uns gerade, wie sind Transversalwellen in einer Flüssigkeit möglich. Wir fragen deshalb, wie schnell
pflanzen sich denn solche Wellen fort? Hier lautet nun die Antwort der
Elektrodynamik: Die Geschwindigkeit | ist verschieden in verschiedenen
Medien, im leeren Raum – wenn hier meine Vorstellung überhaupt gerechtfertigt ist – beträgt sie sehr nahe von 42 000 Meilen in der Secunde.[6]
Das ist aber die Geschwindigkeit der Lichtwellen.

---

[6]Es handelt sich wie immer in diesem Text um Preußische Meilen, die 7,14 Kilometern
entprechen.

104

Und nun sehen Sie, wie die Sache liegt. Auf der einen Seite steht die Elektrodynamik und sagt: Nach meiner Vorstellung müßten im leeren Raum elektrische Transversalwellen sich ausbreiten können mit der ungeheuren Geschwindigkeit von 42 000 Meilen, schade, daß ich keine solchen Wellen kenne, sonst würden sie die Richtigkeit meiner Vorstellung beweisen und auch an sich recht merkwürdige Dinge sein; und auf der anderen Seite steht die Optik und sagt: Ich habe hier Transversalwellen, die sich mit 42 000 Meilen Geschwindigkeit ausbreiten, schade, daß ich mir weder recht eine Vorstellung machen kann, weder von dem Zustandekommen der Transversalwellen, noch von dem Zustandekommen ihrer Geschwindigkeit.

Werden wir nicht beiden zu Liebe handeln, wenn wir sie zueinander 206 führen und zu ihnen reden, zur Elektrodynamik: Nimm Du immerhin die Wellen der Optik für die, welche Du suchst, da sie sich mit der gleichen Geschwindigkeit und nach den gleichen Gesetzen ausbreiten, betrachte die Existenz dieser Wellen als einen Beweis für die Richtigkeit deiner Vorstellungen, und zur Optik: Entlehne Du die Vorstellung über das Wesen der Wellen, deren Ausbreitung du untersuchst, lieber der Elektrodynamik als der Elasticitätstheorie, so wirst Du über Deine Schwierigkeiten fortkommen, die Eigenschaften Deines Aethers werden nicht mehr in abschreckendem Gegensatz zu denen der sichtbaren Körper stehen. Auf diese Weise wird beiden geholfen sein. Freilich ist unser Schluß etwas unsicher, wird Einer sagen. Es könne wohl auch in [der] Natur wohl zufällig einmal eine Übereinstimmung in Zahlen auftreten. Nun gerade in | diesem Fall 207 ist das nicht wahrscheinlich.

Die eine Geschwindigkeit von 42 000 Meilen, welche die Optik kennt, ist abgeleitet, ehe man eine Ahnung von elektromagnetischen Kräften hatte, aus der Beobachtung der Jupitertrabanten, aus einer kleinen Hin- und Herbewegung, welche die Fixsterne scheinbar ausführen; später hat man sie bestätigt, indem man Lichtstrahlen durch rotirende Zahnräder und gegen rotirende Spiegel hetzte; die andere Geschwindigkeit, welche die Elektrodynamik kennt, hätte man im Dunkeln, ohne eine Ahnung des Lichts bestimmen können; man folgert sie aus der Bewegung, in welche ein Magnet durch die Entladung Leydener Flaschen geräth, durch die Wirkung, welche bewegte Metalldrähte auf ihn ausüben und dergleichen Versuchen. Und aus diesen so heterogenen Quellen fließen nun zwei Geschwindigkeiten, die | nicht etwa neben vielen anderen als gleichberechtigt dastehen, 208 sondern beide sind einzig in ihrer Art; die eine bezeichnet die Ausbreitung optischer, die andere die Ausbreitung elektrischer Erzitterungen im Aether. Und wenn nun diese beiden fundamentalen Größen der Natur sich als gleich erweisen, so ist es fast unmöglich, dieses für Zufall zu halten.

Aber wir haben ja noch Mittel, unsere Vermuthung zu prüfen. Die Elektrodynamik sagte uns schon, daß die Geschwindigkeit elektrischer

Wellen verschieden sich ergiebt in den verschiedenen Körpern. Und die Geschwindigkeit des Lichts ist ebenfalls verschieden in ihnen; wir wissen, daß das Verhältnis zwischen diesen Geschwindigkeiten durch die Brechungsexponenten gegeben ist. Finden wir nun auch in andern Körpern als im leeren Raum die beiden in Frage stehenden Geschwindigkeiten übereinstimmend?

209 Hier ist nun z. B. ein Versuch von Boltzmann zu erwähnen. Er brachte in den luftleeren Raum zwei sich gegenüberstehende ebene Platten, lud sie elektrisch und maß ihre Anziehung. Es wurden dann nach einander in den Raum eine Reihe verschiedener Gase eingelassen. Die Anziehung war in den verschiedenen Fällen etwas verschieden, sie wurden aufnotirt. Die erhaltenen Zahlen wurden dann in die Retorte der mathematischen Theorie gethan, ein wenig digerirt und überdestillirt und so entstand ein neues System von Zahlen; das sollten nun nach der Theorie die Brechungsexponenten der Gase für das Licht sein. Mit der Wirklichkeit verglichen erwiesen sie sich in der That als solche.

Boltzmann war übrigens nicht der erste, der diese Berechnung von Brechungsexponenten aus rein elektrischen Beziehungen ausführte; Maxwell hat schon in seiner ersten Abhandlung die betreffende Beziehung für die wenigen Substanzen geprüft, für welche ihm Daten vorlagen, für

210 Schwefel, Paraffin u. einige mehr. Später | hat man dann möglichst viele Substanzen untersucht, immer fand sich angenäherte Übereinstimmung zwischen der Geschwindigkeit der optischen Wellen und der elektrischen Wellen in ihnen. Genaue Übereinstimmung kann sich gar nicht finden. Denn wenn auch der Ausdruck „Geschwindigkeit des Lichts" eine ganz scharfe Bedeutung hat für den leeren Raum, so ist er doch innerhalb gewisser Grenzen unbestimmt für die ponderabeln Körper, da ja in diesen sich Licht mit verschiedener Farbe mit verschiedener Geschwindigkeit fortpflanzt. Den Grund hierfür kennen wir, er liegt in der molekularen Struktur der ponderabeln Körper, aber so lange wir die besonderen Folgen dieser Struktur nur in die Berechnung der optischen Geschwindigkeit, nicht in die der elektrischen einführen, können wir natürlich nur angenäherte Übereinstimmung erwarten, und diese besteht.

211 Die vollständige | Theorie ist in dieser Richtung noch nicht ausgebaut worden. Nach dieser Seite also sowohl als nach mancher anderen wird die junge Theorie noch ihre Probe zu bestehen haben, und es kann sein, daß sie sich durch manche Schwierigkeit wird hindurchzukämpfen haben und das sie sich in manchem Punkte als unvollständig erweist. Daß sie [sich] geradezu als falsch erweisen sollte, ist nach Allem, was wir bisher wissen, mit nichten zu vermuthen, bisher hat sie durch jeden Versuch, sie anzuwenden, an Wahrscheinlichkeit gewonnen, und dem Gesagten ließe sich noch manches hinzufügen. Doch wollen wir darauf nicht eingehen, die Gründe, welche wir angeführt haben, sind die

wichtigsten, sie sind wenige, aber gewichtige und sie können uns genügen.[7]

Wir nehmen also | an, daß das Licht in dielektrischen Schwingungen   212
des Aethers bestehe; damit ist auch die Frage, die wir in Bezug auf die
elektrischen Kräfte aufwarfen, entschieden. Denn nur mit der einen der
kämpfenden Ansichten läßt sich diese Theorie des Lichts vereinigen, sie
verliert Grund und Boden, sobald wir die elektrischen Kräfte als den Raum
überspringende Fernkräfte ansehen.

Und nun blicken wir zurück auf den Weg, den wir genommen haben und wiederholen uns das, was wir vom Aether wissen. Wir sahen,
daß wir ihn uns als eine Materie zu denken haben, die den ganzen Raum
erfüllt. Seine Theile sind verschiebbar gegen einander wie die Theile
einer vollkommenen incompressibeln Flüssigkeit. Abgesehen von ihrer
Bewegung vermögen diese Theile ihren Zustand nach | drei Richtungen   213
zu ändern; sie sind fähig, eine erste Änderung aufzunehmen, die wir als
Gravitationserscheinung bezeichnen können, eine zweite, die als elektrische, eine dritte, die als magnetische Störung zu bezeichnen ist. Der
Zustand eines bestimmten Theilchens hängt in jeder dieser Richtungen ab
von den Zuständen der benachbarten Theilchen, nach einfachen Gesetzen,
von denen uns die wichtigsten bekannt sind. Ihnen zufolge breitet sich
jede Änderung in den elektrischen und magnetischen Zuständen mit einer Geschwindigkeit von 300 000 Kilometern/pr.Sec. aus. Eine bestimmte
Klasse solcher sich ausbreitender Veränderungen ist das Licht und die
strahlende Wärme, eine andere Klasse wird vielleicht von den Kathodenstrahlen dargestellt. Die Zustandsänderungen, die wir genannt haben, sind
mit dem Auftreten von Druckkräften verbunden, welche im Innern | des   214
Aethers sich aufheben, dort aber, wo derselbe an die ponderabeln Körper
stößt, in Wirkung kommen und nun diese Körper so in Bewegung setzen,
daß sie sich unter dem Einfluß von Fernkräften zu bewegen scheinen.

Dies ist etwa dasjenige, was wir vom Aether wissen. Es ist viel weniger als wir vom Aether zu wissen wünschen. Denn eine ganze Reihe
von Fragen drängt sich uns unmittelbar auf. Wie müssen die Theile des
Aethers beschaffen sein, um solche Zustände in sich aufzunehmen? Muß
der Aether molekular zusammengesetzt sein oder können wir uns die
verschiedenen Zustände auch in einem homogenen Aether denken? Wie
erklären wir die Gesetze, nach welchen die Zustände verschiedener Theile

---

[7] Am unteren Rand der MsS. 211 und auf dem oberen Rand der folgenden Seite finden sich
zwei in Klammern gefaßte Einschübe: (Immerhin eine gewaltige Kluft zwischen den beiden
Enden. Wir vereinigen sie nur durch eine Hypothese. Können wir keine Brücke bauen? Warum
das schwierig und was von der Zukunft zu hoffen) (Wie kommen elektrische Ströme zustande
in einer leuchtenden Flamme, in der doch gar nichts elektrisches. Wird sich später vollständig
aufklären)

von einander abhängen? Welches ist die Dichte des Aethers? Besitzt er vielleicht überhaupt keine Trägheit?

215   Dann weiter etwa: | Ist er unendlich wie der Raum unserer Vorstellung oder hat er seine physikalischen Grenzen, an den [sic!] Licht und Gravitation umkehren.

Diese und weitergehende Fragen sind nun wohl recht tief und schön, aber wir können nichts sicheres auf sie antworten. Trotzdem war es meine Absicht auch auf sie einzugehen. Aber freilich hätte ich Ihnen nichts sicheres darüber sagen können, nicht: so und so ist es, sondern so und so hat dieser und jener sich die Sache vorgestellt. Und da die Zeit schon etwas vorgerückt ist, so will ich dies Capitel als von zweifelhaftem Werthe für Sie fortlassen etc.

[Auf einem folgenden Blatt notierte Heinrich Hertz noch jene Fragen, die er in der Vorlesung nicht mehr behandeln konnte.]

216   (Dies ist was wir wissen, und das Wichtigste von dem was wir nicht wissen.

Erste Frage. Trägheit des Aethers und Bewegung desselben. Hat er Trägheit? hat er Schwere?

Zweite Frage: Ist er atomistisch zusammengesetzt: Schwierigkeit wenn wir ja sagen. wenn wir nein sagen.

Dritte. Welches kann die Natur der verschiedenartigen Zustände sein. Maxwells Versuch in Bezug auf die elektrischen Kräfte. Bjerknes Versuch in Bezug auf alle.

(Mosotti) Schwierigkeiten dieser. Riemanns Vorstellung. Durchblickende Analogie mit hydrodynamischen Problemen. Darf uns nicht zuweit locken. Zahlreiche Versuche die Schwerkraft weiter zu erklären. Gravitation und Masse.

Endliche oder unendliche Ausdehnung des Aethers. Schluß).

II. Die ponderable Materie

II.1: Allgemeine Eigenschaften der Materie;
apriorische und empirische Elemente; Materie als Zeichen.

Verlassen wir nunmehr den freien Aether und wenden wir uns derjenigen 217
Materie zu, welche wir als die greifbare, ponderable, sichtbare Materie
bezeichnen. Das Gefühl, welches wir dabei empfinden, ist das eines Menschen, welcher von dem unsicheren Meere dem sicheren Lande zusteuert.
Denn trotz aller Überlegung haben wir nicht die gleiche Überzeugung von
der Existenz des Aethers wie von der Existens der direct sinnlich wahrnehmbaren Materie. Und doch, worin liegt schließlich der Unterschied?
Was macht, daß wir selbst die dünnste Luft noch als greifbar bezeichnen
und sie in Gegensatz stellen zu dem ungreifbaren Aether? Einfach dieses,
daß wir einen von der Luft, von der ponderabeln Materie überhaupt freien
Raum herzustellen vermögen, während wir in keinem Raume von dem 218
Aether auch nur den kleinsten nachweisbaren Bruchtheil entfernen können. An dem Tage, an welchem uns dies gelänge, an welchem wir lernten,
den Aether auszupumpen, zu verdünnen und wieder einströmen zu lassen,
an dem Tage würde er für uns greifbar werden wie die übrige Materie,
und jeder Gegensatz zwischen ihr und ihm würde verschwinden. Aber es
scheint, als ob die Natur uns die Mittel zur Ausführung auf immer ver-
sagte, und als ob ein gewisser Gegensatz zwischen dem Aether und der
übrigen Materie in der Natur selbst und nicht nur in unserer Unkenntnis
seinen Grund habe.

Die greifbare Materie ist spärlich genug im Raume vertheilt. Nehmen
wir an, daß die mittlere Entfernung der | Fixsterne ungefähr ein Lichtjahr 219
sei, – wahrscheinlich ist sie größer und die Entfernung von der Sonne zum
nächsten Fixstern beträgt schon mehrere Lichtjahre, – und nehmen wir an,
daß unsere Sonne etwa die mittlere Größe der Fixsterne repräsentire, so
finden wir, daß der leere Raum zwischen den Fixsternen etwa das 100 Tril-
lionenfache desjenigen Raumes ist, welcher von der ponderabeln Materie
der Fixsterne erfüllt wird. Wenn wir also in den Weltraum ein Wesen bräch-
ten, welches durch das Gefühl den Aether von der ponderabeln Materie
zu unterscheiden vermöchte und es aufforderten, zu suchen, ob außer dem
Aether noch etwas anderes im Weltraum vorhanden sei, so würde es nach
langem Suchen wahrscheinlich erklären, daß sich nichts anderes auffinden
ließe. Und wenn wir ihm dann zeigten, | daß es sich irre, daß doch hier und 220
da sich Anhäufungen anderer Materie fänden, so würde es uns wahrscheinlich antworten, diese Spuren von etwas Anderem seien so verschwindend
gering, daß sie in Bezug auf das Weltganze wohl sicher ohne Belang seien,
und bei Betrachtung des Letzteren bei Seite gelassen werden könnten.

109

Hierin wäre es uns allerdings erlaubt zu widersprechen. Denn wenn wir nicht in der bloßen Existenz des Aethers, sondern in den Veränderungen, die in ihm vorgehen, sein eigentliches Leben und das Betrachtenswerthe in ihm erblicken, so ist die ponderable Materie trotz ihrer geringen Menge keineswegs von geringer Bedeutung im Weltganzen. Denn sie ist alsdann gewissermaßen der Sauerteig, welcher die ganze Masse durchsäuert; geht 221 doch von ihr alle Bewegung und alle Spannung im Aether | aus. Ohne sie wäre er ruhend und todt, durch sie ist er [in] beständiger Bewegung und Veränderung, und keine Bewegung und Veränderung ist in ihm, die nicht ihr Centrum in ponderabler Materie hätte. So dürfen wir wohl ihre Wichtigkeit für das Weltganze nicht schätzen nach dem geringen Raum, den sie einnimmt.

Aber verlassen wir lieber diesen absoluten Standpunkt der Werthschätzung, den wir doch nicht auszufüllen vermögen, und stellen wir uns auf unseren kleinen menschlichen Aussichtspunkt. Da kann nun freilich die Frage, ob die Betrachtung der ponderabeln Materie von Wichtigkeit sei, nicht mehr aufgeworfen werden. Im Gegentheil, was eben noch unendlich klein war, ist jetzt unendlich groß geworden, und was sich eben unserer Betrachtung entziehen wollte wegen seiner Unbedeutendheit, das entzieht 222 sich ihr | jetzt wegen seiner überwältigenden Mannigfaltigkeit. Wir mögen allerdings wohl glauben, daß uns die ponderable Materie, die wir seit Jahrhunderten mit immer sich mehrenden Mitteln bearbeiten, einigermaßen bekannt sei, und daß wir ihre Natur und ihr Verhalten unter den verschiedenen Umständen in der Hauptsache kennen. Aber täuschen wir uns hierin auch nicht?

Zwei Faktoren, die für das Verhalten der ponderabeln Materie von äußerster Wichtigkeit sind, sind Druck und Temperatur. Wir wenden auch unser Augenmerk darauf, daß wir in unseren Laboratorien das Verhalten der Materie bei verschiedenen Drucken und Temperaturen bestimmen. Wir prüfen etwa zwischen $-20°$ und $+300°$ Cls und zwischen 0 und 100 Atmosphären Druck. Diese Verhältnisse erscheinen uns als die natürlichen, 223 ausnahmsweise wenden wir dann auch unnatürlich hohe Temperaturen und Drucke an und wir gehen bis zu etwa 2000–2500° Cls und zu 1000– 2000 Atmosphären. Aber dies kann nur ausnahmsweise geschehen, und wo es geschieht, da denken wir, wir kennten nun das Verhalten der Materie unter allen Verhältnissen. Und doch brauchen wir nur eine deutsche Meile in das Erdinnere hinabzusteigen, um in Gegenden zu gelangen, welche durchaus unter einem Drucke von ungefähr 2000 Atmosphären stehen. Die Theile des Erdinneren, welche dem Mittelpunkte näher liegen, stehen unter höherem Drucke, d. h. noch nicht der hundertste Theil der Erdmasse befindet sich unter solchen Drucken, die wir zunächst als natürliche bezeichnen, die wir [in] unseren Laboratorien nachahmen und deren 224 Wirkung auf die | Materie wir prüfen können; mehr als 99 Hundertstel be-

110

findet sich in einem Zustande, welcher sich unserer Kenntnis einstweilen völlig entzieht.

Fassen wir nicht nur unsere Erdkugel, sondern das ganze Sonnensystem ins Auge, so wird das Mißverhältnis zwischen den Mengen des Erschlossenen und der des Unerschlossenen noch weit größer. Denn weitaus der größte Theil seiner Masse befindet sich zusammengehäuft in der Sonne selbst, und dieser ganze Theil steht unter dem Einfluß einer Temperatur, die wahrscheinlich alles übersteigt, was wir in unseren Laboratorien zu erzeugen vermögen, und bis auf einen verschwindenen Bruchtheil steht die Masse gleichzeitig unter dem Einfluß eines Drucks, der nur nach Tausenden und Millionen von Atmosphären zu rechnen ist. Und wenn | wir 225 stolz sind darauf, daß uns das Spectroscop die Anwesenheit von Eisen und von andern bekannten Körpern in der Sonne enthüllt, zeigt uns nicht dasselbe Spectroscop auch, daß ein großer Theil der Sonne und ein größerer Theil der übrigen Fixsterne aus Stoffen besteht, die uns überhaupt hier auf der Erde noch unbekannt sind. Können wir da nun noch sagen, die ponderable Materie sei uns in ihren hauptsächlichen Erscheinungen näher bekannt?

Alles, was wir von der ponderabeln Materie wissen, zeigt deutlich, daß unsere Kenntnis von der Erdoberfläche mit den dort zugänglichen Mitteln erworben wurde; auf diese | speciellen und eng umgrenzten Bedingungen 226 bezieht sich das, was wir von der Materie näheres wissen, während sie gerade unter den Bedingungen, unter welchen sie im Weltraum in ihrer größten Menge auftritt, [sich] unserer Forschung völlig entzieht. Was wir also wissen, mag noch so ausreichend erscheinen vom Standpunkt der praktischen Anwendung aus, es erscheint dürftig und unzulänglich, sobald wir über die Materie selbst und ihre Stellung im Weltraum speculiren wollen.

Doch braucht uns dieser Gedanke nicht abzuschrecken, auf solche Speculationen überhaupt einzugehen, nur warnen soll er uns, das wir nicht zu schnell glauben, ans Ende gekommen zu sein, und trösten kann er uns, wenn wir einstweilen noch zu keiner abgerundeten und erschöpfenden Darstellung gelangen.

Die uns ungeheure Materie erscheint uns in | unendlicher Mannig- 227 faltigkeit. Fragen wir nun zunächst nach dem gemeinsamen in dieser Mannigfaltigkeit, nach denjenigen Eigenschaften, welche aller Materie zukommen und welche wesentlich sind, um irgend ein gedachtes Ding als Materie bezeichnen zu lassen. Wir sind nicht die ersten, welche diese Frage aufwerfen, auch finden wir schon Antworten genug auf dieselbe vor. In den meisten physikalischen Lehrbüchern findet sich im Anfang eine kürzere Zusammenstellung der sogenannten allgemeinen Eigenschaften der Materie. Zum Theil sind dieselben reine Erfahrungsthatsachen, zum Theil scheinen sie einen mehr metaphysischen Anstrich zu tragen. Das letztere gilt besonders von den folgenden vier Eigenschaften, nämlich der Ausdehung, der Beweglichkeit, der Unduchdringlichkeit und der Unzer-228 störbarkeit. Diese Eigenschaften klingen einfach und verständlich | genug, man wird sie bei keinem bekannten Körper vermissen, und wenn eine von ihnen bei einem Dinge fehlt, so werden wir dasselbe nicht mehr als Materie bezeichnen. Aber sehen wir genauer zu, so sehen wir, daß man sich doch bei den genannten Worten viel verschiedenes denken kann und daß man sich auch viel verschiedenes und zum Theil widersprechendes dabei gedacht hat.

Da ist zunächst die Ausdehnung. Alle Körper sind ausgedehnt, sind räumlich. Sie müssen so sein, um Objecte unserer sinnlichen Wahrnehmung zu bilden. Sie unterscheiden sich durch ihre Räumlichkeit von geistigen Wesen. Die Räumlichkeit ist nothwendig; wir begreifen zum Beispiel die Energie nicht als etwas materielles, obwohl sie unzerstörbar ist, weil wir ihr räumliche Ausdehung nicht beilegen. Aber wenn auch die Körperwelt räumlich ausgedehnt ist, ist es darum die Materie selbst ebenfalls? Eine Theorie von der Constitution derselben, welche im vorigen Jahrhun-229 dert durch | den Jesuiten Boscowich [sic!] ausgearbeitet wurde, welche von Faraday und vielen anderen gebilligt und getheilt wird, sagt aus, die Materie bestehe aus Atomen, welche Centralkräfte nach Außen ausüben. Die Atome selbst seien auch gar nichts weiter als aber die Centren dieser Centralkräfte, nämlich unausgedehnte Punkte, auf welche die Kräfte hinzielten und deren Wesen eben nur darin bestände, Zielpunkte dieser immateriellen Kräfte zu sein. Sie sehen, nach dieser Auffassung, deren Zulässigkeit wir nicht bestreiten können, besitzen die Theilchen der Materie wohl einen Ort im Raume, aber keine Ausdehung daselbst. Ein Körper, der aus vielen solchen Theilchen besteht, besitzt als ganzes betrachtet Ausdehnung, aber die Materie in ihm füllt immer noch nicht den mindesten Raum. Wir können also der Materie wohl räumliche Beziehungen zuschreiben, müssen aber dahingestellt sein lassen, ob die Ausdehnung oder Raumerfüllung ihr in ihrem Wesen zukommt oder nur die Folge ihrer 230 räumlichen Beziehungen ist.

Zweitens haben wir genannt die Beweglichkeit der Materie. Manche Philosophen haben gerade diese Eigenschaft als hervorragend wichtig betrachtet. Kant in einem Versuch, die metaphysischen Grundlagen der Naturlehre einwurfsfrei darzustellen, definiert geradezu, die Materie ist das Bewegliche im Raum.[1] Natürlich liegt in diesen wenigen Worten noch kein Zauber, der sie zu etwas sehr tiefsinnigem machte, sondern der Sinn kann erst in der längeren sich daran sich knüpfenden Discussion liegen. Aber so viel geht aus ihnen hervor, daß Kant gerade auf die vorliegende Eigenschaft das Hauptgewicht legt. Man hat ihm erwidert, daß die Beweglichkeit eine

---

[1]cf. Kant: Methaphysische Anfangsgründe der Naturwissenschaft. Akad. Ausgabe S. 1/2.

112

sehr unwesentliche Eigenschaft sei, denn einmal käme sie auch Dingen zu, die nicht materiell sind, nämlich allen rein geometrischen Abstractionen, und zweitens würden wir eine Masse, etwa einen Centralkörper, darum 231 nicht weniger als materiell bezeichnen, weil wir etwa wüßten, daß er zu ewiger und nothwendiger Unbeweglichkeit verbannt wäre. Aber nicht nur, ob die Beweglichkeit wesentlich sei, ist zweifelhaft, es kann sogar, wie es scheint, in den Köpfen kluger Menschen der Gedanke Raum finden, daß sie unmöglich sei. Sie wissen, daß die philosophische Schule der Eleaten sich vermaß, mathematisch zu zeigen, daß jede wirkliche Bewegung und Veränderung unmöglich sein müsse, und nur durch eine Täuschung uns vorgespiegelt werden könne.

Und wenn wir weiter die Meinungen der Philosophen über die Bewegung und Beweglichkeit der Materie verfolgen, so finden wir nahezu jede mögliche Ansicht vertreten. Der eine sagte, Bewegung ist überhaupt nicht möglich, jede Veränderung ist Schein. Der zweite sagte, gewiß ist Bewegung möglich, ich | sehe ja, daß sich die Materie bewegt, aber selbst- 232 verständlich kann sich die materia bruta nicht durch sich selbst bewegen, es muß ein geistiges Agens sein, welches unaufhörlich schiebt, sonst tritt sofort Stillstand ein. Nein, sagt der Dritte, die Bewegung ist der Materie ebenso natürlich wie die Ruhe; es gehört ebenso gut ein Agens dazu, sie zur Ruhe zu bringen, wie sie in Bewegung zu setzen, dies sehe ich nicht nur aus der Natur, sondern es scheint mir auch aus dem Wesen der Materie selbst nothwendig hervorzugehen. Der vierte endlich sagt: Nicht nur kann die Materie sich bewegen und bewegt sich, sondern sie muß in unaufhörlicher Bewegung sein, in der Bewegung besteht ihr Wesen und ihre Existenz.

Was sollen wir nun schließlich von der Beweglichkeit der Materie denken? Wir können eingermaßen zweifelhaft werden, nicht daran, daß die Materie beweglich ist, aber daran, daß hiermit etwas klares und bedeutsames gesagt sei.

Zu dritt nannten wir die Undurchdringlichkeit als Eigenschaft der 233 Materie. Sicherlich ist diese Eigenschaft nicht aus der Erfahrung abstrahirt. Denn wie oft sehen wir nicht Körper sich durchdringen. Wasser und Schwefelsäure durchdringen sich beim Mischen gegenseitig, das sich auflösende Salz durchdringt das Wasser, zusammenkrystallisirende Salze bieten uns neben chemischen Vorgängen ein Beispiel sich durchdringender fester Körper, und 1 Volum Ammoniakgas durchdringt ohne Weiteres 1 Volum Wasser, so daß das Volum des Gemisches kaum größer ist als das jedes einzelnen Bestandtheiles. Wollten wir also die Durchdringlichkeit der Materie beweisen, so wären uns Versuche genug zur Hand.

Aber wir haben anderswoher Gründe, die Materie für undurchdringlich zu erklären, welche uns nöthigen, für jene einfachen Thatsachen Hülfshypothesen zu erfinden, so daß sie nicht die Durchdringlichkeit be-

234 weisen, sondern trotz der Undurchdringlichkeit bestehen können. Auch ist der Ursprung dieser Gründe leicht genug zu finden. Die Undurchdringlichkeit soll die materiellen Körper unterscheiden von und abgrenzen gegen die rein geometrischen Körper, sie soll den erfüllten Raum abgrenzen gegen den leeren. Wodurch unterscheidet sich eine mit materia erfüllte gedachte Kugel von einer geometrisch gedachten Kugel? Einen Unterschied müssen wir haben und doch erscheint jede Wirkung nach außen, die wir anführen können, als etwas zufälliges oder nur auf eine besondere Materie bezügliches. Nach langem Absuchen entschließt sich der Geist, das Erfülltsein der Bestandtheile des einen Raums schon an und für sich zu einer Eigenschaft zu stempeln, den leeren Raum sich zu denken als fähig, diese Eigenschaft noch anzunehmen, den erfüllten Raum aber natürlich

235 als unfähig dazu, und nach dieser | negativen Wirkung nennt er dann die Eigenschaft Undurchdringlichkeit. Er trägt sie also mehr in die Dinge hinein als das er sie aus ihnen herausholte.[2]

Dagegen ist nun auch nichts zu sagen, wenn nur das, was wir in die Dinge hineinlegen, klar und bestimmt ist und nicht in Widerspruch steht mit etwas, was in den Dingen an sich vorhanden ist. Aber wie sehr entbehrt der Begriff der Undurchdringlichkeit der Klarheit! Zu welchen Beweisen hat er sich nicht müssen benutzen und ad hoc zurechtstutzen lassen! Und im Nothfall sehen wir, daß man ihn auch einfach beiseite werfen kann und wo es passend scheint, die Materie für durchdringlich erklären! Ich

236 erwähnte | schon die Theorie von Boscovich [sic!]. Vorhin nannte ich das punktförmige Centrum das Kraftsystem des Atoms und sagte, das Atom sei ausdehungslos. Nun haben viele andere Physiker oder Philosophen die Theorie auch so aufgestellt, daß sie sagten: Zwar das Centrum des Kraftsystems ist ausdehungslos, aber auch nicht dieses ist als das Atom zu bezeichnen, sondern vielmehr das ganze unendlich ausgedehnte Kraftsystem, dieses untheilbare und unzerstörbare Ganze nenne ich das Atom. Antwortete man ihnen dann: Demnach müßten ja aber in jedem Punkte des Raums zahllose Atome gleichzeitig vorhanden sein und sich durchdringen, so sagten sie keineswegs: Also ist dieser Gedanke unsinnig, sondern einfach: Ja, nach unserer Anschauung ist die Materie wechselseitig durchdringlich.

Sie sehen, das metaphysische Bedürfnis nach der Undurchdringlich-

237 keit der Materie hat sich auch nicht völlig eindeutig ausge- | sprochen. Denken wir mehr über diese Eigenschaft nach, so kommen wir nur immer wieder auf unsern Ausgangspunkt zurück, wir sind überzeugt von der Undurchdringlichkeit der Materie, aber worin diese Eigenschaft so recht eigentlich bestehe, darüber sind wir nachher noch unklarer als vorher.

---

[2]Folgende Passage wurde durchgestrichen: Um so mehr dürften wir nun also wohl erwarten, daß Einstimmigkeit und Klarheit besteht in Bezug auf diese Eigenschaft. Und doch findet nichts weniger statt als dies. Von der Klarheit gar nicht erst zu reden, es ...

Und nun zur Eigenschaft der Unzerstörbarkeit und Unerschaffenheit der Materie – Constanz d.M. Auch diese ist sicherlich nicht aus der Erfahrung abstrahirt. Denn das Dogma von der Unzerstörbarkeit der Materie ist sehr alt, und der Gebrauch der Waage, welche uns Aufschluß über den Verbleib der Materie giebt, sehr jung. Erfahrungen, welche für Vernichtung von Materie sprechen, waren stets vor Augen der Menschen. Das Wasser verschwand aus den Gefäßen, das Licht verschwand im [nicht lesbares Wort] und so weiter. Und doch hob man nicht nach diesen Erscheinungen das | Dogma auf, sondern man erklärte die Erscheinungen 238 nach dem Dogma und sagte: das Wasser ist luftartig geworden, die Materie der Kerze hat sich in Licht und Wärmestoff verwandelt. Und als man erfuhr, daß Wärme, welche man für einen Stoff hielt, erzeugt und vernichtet werden könne, sagte man nicht, also ist einige Materie zerstörbar, sondern man sagte: Also ist die Wärme keine Materie und wir haben uns geirrt.

Danach ist unser Satz mehr oder weniger unabhängig von der Erfahrung und wir sind gesonnen, ihn selbst gegen die Erfahrung zu vertheidigen. Welches ist nun die Wurzel desselben? Welches ist der Grund, auf welchem unsere Überzeugung ruht? Lukrez sagt: Wenn Etwas aus Nichts werden könnte, so könnte auch Alles aus Allem werden. In der That trifft er damit ganz gut das Gefühl, welches wir empfinden, sobald wir versuchen, an der Constanz der Materie zu zweifeln. Die Gesetzmäßigkeit in | der 239 Natur, deren Form wir suchen, deren Existenz wir aber voraussetzen, ist unmöglich, sobald wir annehmen, daß aus Nichts, also ohne zureichenden Grund, irgendetwas entstehen könnte, und andererseits müßte die Welt allmählich aufhören zu sein, wenn zwar nichts entstehen könnte, wohl aber hier und da die Dinge zum Nichts zurückkehrten.

Wir sind überzeugt durch den täglichen Augenschein, daß in der Welt alles mögliche entsteht und vergeht, aber unser Verstand ist nicht zu überzeugen, daß dieses Vergängliche, welches bald ist und bald nicht ist, schon an und für sich etwas wahrhaft Seiendes sei, er sucht hinter diesen Veränderungen etwas unveränderliches. Wir sehen, daß im Raum zwischen uns und der Sonne Veränderungen vor sich gehen, die wir Lichtbe- | wegungen 240 nennen. Warum begnügen wir uns nicht damit, die Existenz dieser Veränderungen zu behaupten? Warum zogen wir den Schluß, es müsse eine Materie, der Aether, vorhanden sein, an welcher jene Veränderungen vor sich gehen? Darum, weil jene Änderungen auch fehlen, auch vergehen können, wir aber Alles Vergängliche nur aufzufassen vermögen als Erscheinung von einem anderen Unvergänglichen und Unzerstörbaren. Alle solchen Überlegungen können uns die Unzerstörbarkeit der Materie nicht klarer machen als sie es uns von Anfang an ist, aber sie können uns klarer machen, daß diese Unzerstörbarkeit eine Forderung unseres Geistes ist und daß sie nicht aus der Erfahrung gewonnen wird.

Freilich kann man nun fragen: genügt denn auch das, was wir in der Natur als Materie als unzerstörbar betrachten, unserer Forderung? Haben wir denn den ruhenden Pol, den | wir suchen, den wir fordern, gefunden, oder befinden wir uns noch auf der Suche? Und da muß es uns dann allerdings eine große Befriedigung gewähren, wenn wir sehen, wie mit wachsender Ausbildung der Wissenschaft auch immer genauer Rechenschaft abgelegt wird vom Verbleib des kleinsten Theilchens der ponderablen Materie, wenn wir sehen, daß wir nicht nur etwas suchen, dessen Menge unveränderlich sei, sondern daß wir auch ein solches Etwas erkannt haben.[3]

Unsere Überzeugung von der Unzerstörbarkeit der Materie aber geht weiter als die Genauigkeit der Waage und sie ist älter als diese, kann also auch nicht erst durch sie gewonnen sein. Ist nun diese Überzeugung unerschütterlich feststehend? Ist es undenkbar, daß sie je ernsthaft angezweifelt werden könne? Die Geschichte scheint das Gegentheil zu beweisen. Vor einigen Jahren machte Herr Schützenberger in Paris, ein Chemiker von bedeutendem Rufe, der chemischen Gesell- | schaft die Mitteilung, er habe bei möglichst exakter Analyse gewisser Kohlenwasserstoffe das Gewicht der zerlegten Bestandtheile größer gefunden als das Gewicht des ursprünglichen zerlegten Körpers. Es war um ungefähr dieselbe Zeit, als eine Betrachtung des Engländers Carnelley in der Physik großes Aufsehen erregte, nämlich es sei ihm gelungen, heißes Eis herzustellen. Beider Behauptungen schlugen nun ersten und allgemein zugegebenen Prinzipien der Chemie und Physik direct ins Gesicht.

Bei solchen Gelegenheiten ist es nun von großem philosophischen Interesse, die Meinungen der Gelehrten, welche sich äußern, zu sammeln; man sieht dann, wie kaum eine Stütze der Wissenschaft so fest ist, daß nicht ein verhältnismäßig leichter Wind sie zu erschüttern vermöchte. Was die Betrachtung Carnelleys anlangt, so hat sie sich als ein Irrthum erwiesen, und die Zweifel, welche bei dieser Gelegenheit an den Grundlagen der Wärmetheorie laut wurden, sind über- | flüssig geworden. Was die Beobachtung Schützenbergers anlangt, so hat sie ebenfalls eine Erklärung zugelassen, die zwar auf neue und merkwürdige Thatsachen hinweist, indessen doch nicht auf Vermehrung des Gewichts der Materie hinausläuft.

Aber wie die Thatsache zuerst bekannt wurde, da hörte man ernsthaft Erklärungsversuche discutiren wie diesen: ob es nicht möglich sei, daß ein Theil der Energie sich in Materie verwandelt habe. Man nahm also nicht an, daß die Materie aus Nichts erschaffen worden sei, aber doch, daß sie sich neu gebildet habe; man hielt fest an der Constanz, aber man fragte, ob schon die Materie und die Energie das Constante seien, wie man annimmt,

---

[3]Am Rand quer geschrieben: (Prinzip von der Erhaltung der Kraft. Man war lange davon überzeugt, wußte aber nicht, was etwa als Kraft zu messen sei). Ferner: Lavoisier und die Unzerstörbarkeit.

116

oder ob wir nicht weiter gehen müßten über diese hinaus zu einem dritten, dessen Erscheinungsformen erst jene beiden seien. Hier wird sehr schön klar, wie unser Dogma aus apriorischen und empirischen Theilen gemischt ist; | apriorisch ist die Forderung der Constanz von Etwas, empirisch ist die Behauptung, daß gerade das Gewicht, die Masse, die Menge der greifbaren Dinge das Constante sei.

Fassen wir nicht blos die Meinungen der Physiker, sondern die der Menschen überhaupt ins Auge, so sehen wir, daß die Überzeugung von der Constanz der Materie ihnen sogar sehr fern liegt. Fast jede religiöse Wundererzählung, fast jede abergläubische Gespenstergeschichte involvirt die Erschaffung von Materie aus Nichts und hat gerade darin häufig ihren Reiz. Auch wurde die naturwissenschaftliche Behauptung von der Constanz der Materie gern nicht unabhängig von dieser volksthümlichen Anschauungsweise aufgestellt, sondern in bewußtem Gegensatze dazu. Lukrez behauptet nicht blos nihil e nihilo gigni, sondern sein Satz ist

nihil e nihilo gigni divinituo unquam,

und der divinitus steht hier durchaus nicht zur Vervollständigung des Verses.

Wir haben nun diejenigen Eigenschaften der Materie betrachtet, welche wir als die allgemeinen und Wesentlichen derselben bezeichnen. Was ist unser Resultat? Offenbar ein sehr wenig befriedigendes, wir sehen, daß wir kaum Aussicht haben, uns über die Bedeutung und Tragweite dieser Eigenschaften völlig klar zu werden. Dieselben sind zusammengesetzt aus Resultaten unserer Beobachtung und aus Forderungen unseres Verstandes, sie entsprechen daher nur zum Theil den Eigenschaften der Dinge, zum Theil vielmehr den Eigenschaften unseres Geistes. Über die Bedeutung keiner dieser Eigenschaften besteht Übereinstimmung zwischen den Nachdenkenden, in vielen Punkten finden wir geradezu widersprechende Behauptungen.

Ist es nun zu hoffen, daß auf so unsicherer Grundlage ein befriedigendes Gebäude sich werde aufbauen lassen? Dürfen wir erwarten, die complicirten Beziehungen der Materie zu enträthseln, solange uns ihre elemen- | tarsten Eigenschaften noch unklar sind? Der Erfolg der Physik scheint uns in diesem Punkte sicher zu stellen. Aber können wir auch verstehen, wie dies möglich ist, wie uns die Betrachtung der Materie nützlich sein kann, eines Dinges, dessen allereinfachste Eigenschaften wir nicht anzugeben vermögen? Gewiß können wir das verstehen. Ich glaube ich kann mich am ehesten deutlich machen, wenn ich einen etwas längeren Vergleich benutze.

Ich vergleiche die Materie mit einem Papiergeld, welches unser Verstand ausgiebt, um seine Beziehungen zu den Dingen zu regeln. Das Papiergeld ist ein Zeichen für etwas anderes und gerade in diesem, daß es ein Zeichen ist, liegt sein Werth und seine Bedeutung. Seine eigene Beschaffenheit ist gleichgültig; ob es diesen oder jenen Stich enthält, in rother oder blauer Farbe gedruckt, groß oder klein ist, darauf kommt es nicht an. Ähnlich ist der Begriff der Materie ein Zeichen für etwas anderes, 247 und die eigenen Merkmale, die der Verstand | diesem Begriff aufgeprägt hat, sind mehr oder weniger gleichgültig für die Dienste, die er uns leisten soll. Ganz gleichgültig sind diese Eigenschaften nicht, und so ist es auch für den Staat nicht ohne Interesse, daß sein Papiergeld dauerhaft und schwer nachzuahmen sei. Aber das Wesentliche liegt in beiden Fällen in der Bedeutung.

Das Wesentliche am Papiergeld ist dies, daß ich es erhalte für eigene Arbeit und jederzeit dafür wiedererhalten kann die Arbeit anderer. Und das Wesentliche am Begriff der Materie ist dies, daß der Verstand ihn mir giebt als Grundlage meiner Empfindungen. Das Papiergeld circulirt täglich durch Tausende, welche sich nie klar gemacht haben, daß es nur ein Zeichen ist, sondern es als etwas an sich begehrenswerthes ansehen; so erscheint uns auch die Materie, welche wir uns vorstellen und wie wir 248 sie uns vorstellen, mit allen ihren allgemeinen Eigenschaften als | etwas außerhalb unserer an sich bestehendes, nicht mehr als ein Zeichen für etwas, was wir an sich nicht fassen und vorstellen können.

Man kann auch eine ganze Wissenschaft aufbauen von der Erwerbung und nützlichen Ausgabe von Papiergeld, und dieser Wissenschaft wird es gewiß nicht zum Vorwurf gereichen, wenn sie das Papiergeld an sich als etwas gegebenes hinnimmt. Mit ihr möchte ich die Physik und Chemie in ihren praktischen Beziehungen vergleichen, sie können sich durchaus über jede Discussion des Begriffs der Materie hinwegsetzen. Eine andere Wissenschaft kann schon näher auf das Wesen des Papiergeldes einge-hen, sie kann dessen Verhältnisse zum Metallgeld und die Gesetze seiner Circulation betrachten, es wäre dies die Theorie des Papiergeldes – aber immer kann auch diese Theorie das Papiergeld nur als Zeichen betrachten, und von seiner Form gänzlich absehen; ich möchte diese Wissenschaft mit 249 den mehr theoretischen Theilen der Physik u. Chemie, | etwa gerade mit der Lehre von der Constitution der Materie vergleichen. Aber eine dritte Wissenschaft endlich wird sich mit dem Papiergeld an sich zu beschäftigen haben, mit der Fabrikation des Papieres und der Herstellung des Stiches. Mit dieser Wissenschaft vergleiche ich den Theil der Philosophie, dessen Aufgabe es ist, in die Werkstatt unseres Verstandes hinabzusteigen, zu untersuchen, wie er dazu kommt, derartige Begriffe zu bilden, wie er dazu kommt, dem von der Erfahrung genommenen Rohmaterial so viel von seinem eigenen hinzuzusetzen. Und die auch zu prüfen hat, wie wir den Begriff auszubilden haben, damit er seine Dienste am passendsten leiste.

Wie man das Papiergeld ganz verschieden beurtheilen wird, je nach-dem [man] es ansieht als das, was es bedeutet oder als das, was es ist, so

118

wird man über den Begriff Materie und seine Eigenschaften | verschieden 250
urtheilen je nach dem eigenen Standpunkt. Dem Kaufmann ist jeder Schein
erfreulich, den er einnimmt, ob nun eine hübsche Figur sich darauf befindet
oder eine häßliche, während gleichzeitig vielleicht ein Kupferstecher ent-
rüstet ist über den schlechten Stich, das gewöhnliche Papier; in ähnlicher
Weise ist der Physiker völlig zufrieden mit seiner roh und unklar definirten
Materie, während der Philosoph sich als gänzlich unbefriedigt von derselben erklärt. Wollte der Philosoph wegen dieser unsicheren Definition alles
verwerfen, was der Physiker aussagt über die Materie, so befände er sich
in der Lage eines Mannes, der keine Bezahlung annehmen will, weil ihn
die Prägung des Geldes zu unschön dünkt; andererseits ist der Physiker,
welcher die Bemühungen des Philosophen um die Materie verlacht, in der
Lage desjenigen, der den Nutzen einer gut geprägten Münze leugnet. | Am 251
schlimmsten ist freilich in beiden Fällen derjenige daran, der nicht unterscheidet zwischen dem, was die Gegenstände bedeuten und dem was sie
sind. In dem einen Falle könnte ein solcher auf den Einfall kommen, das
Papiergeld in den Schmelztiegel zu thun, weil er gehört hat, Geld lasse sich
in silberne Löffel umgießen. Im andern Fall kommt er auf den Einfall, aus
den von unserm Geiste dem Begriff Materie beigegebenen Eigenschaften
der Ausdehung, Beweglichkeit etc das Universum construiren zu wollen.
Nicht wenige Philosophen haben sich eines so lächerlichen Mißgriffes
schuldig gemacht.

Doch genug jetzt hiervon, unserer langen Rede kurzer Sinn ist ja
schließlich dieser, daß die Erörterung dieser ersten allgemeinen Eigenschaften der Materie mehr in eine Wissenschaft des menschlichen Geistes
als in die Wissenschaft der Natur, mehr in die | Philosophie als in die 252
Physik gehört. Gehen wir deshalb weiter zu denjenigen allgemeinen Eigenschaften, welche nicht mehr die Beziehung der Materie auf den Geist,
sondern die Beziehungen derselben auf sich selbst darstellen.

Zuerst haben wir da zu nennen die allgemeine Trägheit. Man könnte noch zweifelhaft sein, ob diese nicht nur noch zu den mehr metaphysischen Eigenschaften gehört. Daß in ihr auch apriorische Elemente ruhen, vermuthe ich daraus, daß man die Trägheit häufig geradezu als nothwendige Eigenschaft der Materie aufgestellt hat, ohne welche dieselbe gar nicht denkbar sei, daß man sich im allgemeinen nicht entschließen kann, sich z. B. den Aether als Materie zu denken, ohne ihm Trägheit beizulegen, auch daraus, daß, wenn wir uns einen Trägheit entbehrenden Körper auch vorstellen
253 wollen, wir doch mit | demselben in unserer heutigen Physik nichts anzufangen wissen, jede Kraftwirkung, der wir ihn aussetzen, würde immer zu unbestimmten, oder zu unsinnigen Folgerungen führen.

Andererseits, daß doch die Trägheit der Hauptsache nach eine reine Erfahrung bedeutet, schließe ich daraus, daß man bis zu Galileis Zeiten nicht nur keine deutliche Vorstellung sich von der Trägheit gemacht hatte, sondern daß man geradezu Thatsachen für richtig hielt, die dem Gesetze der Trägheit direct widersprechen. So meinte Aristoteles, für die himmlischen Körper sei die Kreisbewegung die natürliche. Ferner daraus, daß man zwar von jedem Dinge, welches man als Materie anerkennen soll, wohl Trägheit verlangt, sich aber unter Umständen auch schon mit einer
254 verschwindenden Trägheit zufrieden erklärt. So sahen wir, daß | der Aether ein Mittel ist, welches gewaltige Kräfte auszuüben im Stande ist, trotzdem ist man befriedigt, wenn man seine Trägheit so gering annimmt, daß 1 Volum Aether nur den Billionten Theil der Trägheit von 1 Volum Wasser hat.

Offenbar kann die Annahme einer so geringen Trägheit nicht erforderlich sein, um die mächtigen Wirkungen des Aethers erklärlich erscheinen zu lassen, sondern sie hat den Zweck, die Bewegungen des Aethers unter die allgemeinen Gesetze der Bewegung zu bringen, denen er entfliehen würde, wenn wir ihm diese letzte Spur raubten.[1] Es scheint daher, daß man die Trägheit als nothwendige Eigenschaft der Materie fordert, weil man die allgemeinsten mechanischen Gesetze als etwas unabhängig davon feststehendes ansieht, und weil allerdings diese Gesetze auf keinen
255 Körper ohne | Trägheit sich anwenden lassen. Da aber diese Gesetze selbst doch nur als Erfahrungsthatsachen, wenn auch als die allgemeinsten, aufgestellt werden können, so müssen wir auch die Trägheit der Materie als eine solche Eigenschaft anerkennen, die wir zwar in der täglichen Erfahrung schon an allen Körpern finden, die wir aber auch uns von der Materie an sich fortdenken können, und die ihr also nicht nothwendig zugehört.

---

[1] Notiz am Rand: (Beziehung zum Prinzip der Erhaltung der Kraft)

(Die Trägheit können wir bezeichnen als eine innere oder absolute Eigenschaft derselben, insofern.... Meßbare Eigenschaft. Wie gemessen)

Die nächste Eigenschaft, die wir zu erwähnen haben, ist die Schwere der Materie. Wenn wir sagen, alle ponderable Materie sei schwer, so sagen wir allerdings eine Tautologie, aber dies ist nicht der Fall, | wenn wir sagen, alle greifbare, träge Materie sei auch schwer. Die Thatsache selbst ist unzweifelhaft reine Erfahrung. Nichts fällt uns leichter als uns einen trägen, greifbaren Körper vorzustellen, mit allen Bewegungen, die er ausführt, der etwa mit einem Stück Eisen in allen Beziehungen übereinstimmte, mit Ausnahme dieser, daß er nicht von der Erde angezogen würde. Das Phlogiston hat man sich als einen Körper gedacht, der von der Erde abgestoßen würde, wir selbst denken uns den Aether als einen Körper, der der Gravitation nicht unterliegt. Und selbst der beste Beweis hierfür etc, daß die Gravitation der ponderabeln Materie genau nach dem Gesetze erfolgt, welches man gewöhnlich annimmt und als das Newtonsche Gravitationsgesetz bezeichnet, kann nicht als absolut sicher bezeichnet werden. Man hat gemeint, | die Gravitation zwischen den Gestirnen könne auch wohl nach dem Weberschen Gesetze erfolgen und dieses sei das Grundgesetz der Natur; man hat die Frage der experimentellen Behandlung empfohlen: ob denn die Kraft, welche auf den in Bewegung befindlichen fallenden Körper stattfindet, in der That genau so groß sei, wie die auf die ruhenden; man hat Zweifel aufgeworfen, ob in der That die Gravitation durch große Massen hindurch genau denselben Werth habe, als durch den freien Raum; endlich zweifelt man, ob nicht in kleinen Abständen das Gesetz der Wirkung ein anderes sei. Hiernach kann wohl niemand behaupten wollen, wir hätten irgend einen Grund, eine Anziehung nach dem bestimmten Newtonschen Gesetz vorauszusetzen oder zu fordern; ebensowenig dürfen wir daher die Anziehung an und für sich für etwas anderes ansehen als für eine reine | Erfahrungsthatsache.

Sehr wunderbar ist der Zusammenhang, welcher zwischen der Gravitation der Materie und ihrer Trägheit besteht. Wir sehen nämlich, daß irgend zwei Mengen von Materie, welche gleiche Trägheit besitzen, auch gleiche Gravitationswirkung ausüben, einerlei, welches der Stoff ist, aus dem sie bestehen. Dies zeigt sich darin, daß eine Bleikugel gerade so schnell fällt wie eine Glaskugel oder die Kugel aus irgend einem anderen Stoffe, darin, daß Pendel aus verschiedenen Stoffen bei gleicher Länge gleichen Gang zeigen; den gewichtigsten und genauesten Beweis giebt uns das dritte Keplersche Gesetz. Es giebt uns gewissermaßen einen Pendelversuch, bei welchem die Himmelskörper als Pendelkugeln verwandt sind.

Wer sich nur oberflächlich mit Physik beschäftigt hat, vermag kaum die Masse der Materie oder die in exakten Maaßen ausgedrückte | Trägheit derselben auseinanderzuhalten von dem Gewichte derselben, ihm erscheint daher die Proportionalität zwischen dieser Trägheit und der Gravitation

121

gegen die Erde nicht als etwas besonders Merkwürdiges. Auch in den Lehrbüchern wird es gewöhnlich als etwas naheliegendes und nicht besonders hervorzuhebendes hingestellt, daß die Schwere, das Gewicht eines Körpers seiner Masse proportional ist, unabhängig von dem Stoffe, aus welchem er besteht. Und doch haben wir hier in Wahrheit zwei Eigenschaften, zwei Haupteigenschaften der Materie vor uns, die völlig unabhängig voneinander gedacht werden können und die sich durch die Erfahrung und nur durch diese als völlig gleich erweisen. Diese Übereinstimmung ist also vielmehr als ein wunderbares Räthsel zu bezeichnen, sie bedarf einer Erklärung; wir dürfen vermuthen, daß auch eine einfache und 260 verständliche Erklärung möglich ist, und daß uns diese Erklärung einen weitgehenden Einblick in die Constitution der Materie gestatten wird.

Eine Erklärung liefert uns zum Beispiel die Annahme: Es gebe im Grunde nur eine einzige Art von Materie, alles, was wir als Verschiedene Materie bezeichnen, inclusive die Elemente, sei nur [eine] besondere Form dieser einen Materie. Doch wird diese Annahme durch fast nichts gestützt als durch das, was wir eben jetzt mit ihr erklären wollen; so dürfen wir sie nicht als hinreichende und wahre Erklärung hinnehmen, sondern wir lassen besser die Frage als offene bestehen. Doch wollen wir darüber klar sein, daß die Proportionalität zwischen Masse und Trägheit ebenso sehr einer Erklärung bedarf, und ebensowenig als bedeutungslos hingestellt werden darf, wie die Gleichheit der Geschwindigkeit elektrischer und optischer Wellen.

261 Gehen wir weiter in der Reihe der allgemeinen Eigenschaften, so führt man uns die Ausdehnbarkeit und Compressibilität vor. Das Volum, welches eine bestimmte Menge von Materie füllt, ist nicht constant, es kann größer werden oder kleiner sein unter verschiedenen Umständen. Daß das für alle Körper zutrifft, darüber sind wir jetzt klar, ebenso klar aber auch darüber, daß es nicht nothwendig zutreffen muß. Man hat lange die Flüssigkeiten für incompressibel gehalten, wir halten noch jetzt den Aether für incompressibel und unser Verstand hat gegen diese Vorstellung nichts einzuwenden. Die Inconstanz des Volums der Materie ist stets als ein großer Beweis ihrer Atomistischen Struktur betrachtet worden. Es müssen, sagte man, zwischen den Theilen der Materie leere Räume vorhanden sein, 262 die sich vergrö- | ßern oder verkleinern, denn die Materie an und für sich ist keiner Volumveränderung fähig; vermöge ihrer Undurchdringlichkeit wird die Materie, die einen gegebenen Raum einmal füllt, jede weitere Materie von dem Raum fernhalten; eine größere Dichte in demselben ist also unmöglich.

Ich glaube, daß wir eine solche Schlußfolgerung bei Seite werfen müssen. Aus der Undurchdringlichkeit läßt sich in keiner Weise auf Incompressibilität schließen. Der Schluß, mittels dessen wir dies thaten, ist einfach nicht richtig. Behaupten wir allerdings schlechthin: die Materie an

122

sich muß incompressibel sein, so können wir wohl zeigen, daß die Compressibeln Körper leeren Raum enthalten müssen, aber woher wir unsere Weisheit genommen haben, darüber werden wir uns schwerlich legitimiren können. Wahr ist, daß bei Annahme der atomistischen Anschauungsweise wir eine klare[re] Vorstellung | von der Compressibilität eines Körpers 263 haben, als wenn [wir] dieselbe in der dynamischen Anschauung einfach als Thatsache hinstellen.[2]

Weiter weist man uns die Porosität der Körper als als allgemeine Eigenschaften derselben auf. Alle ponderable Materie soll erfüllt sein mit kleinen Öffnungen, sogenannten Poren. Das Holz, die Gesteine werden als Beispiele aufgeführt; da es aber viele Körper giebt, bei welchen die Annahme von Poren eher unwahrscheinlich ist, so wird ein Versuch der alten Akademiker in Florenz angeführt, welche im Jahre 1666 durch hohen Druck Wasser durch Goldblech gepreßt haben sollen. Nun, ihr Goldblech muß wohl Risse gehabt, oder durch den Druck bekommen haben, denn im allgemeinen sind die Metalle in kaltem Zustande für Flüssigkeiten und Gase undurchlässig; luftleere Räume | können wir erzeugen und erhal- 264 ten auch in Metallgefäßen, und comprimirte Kohlensäure entweicht uns nicht aus unseren Bomben, solange sich nicht irgendwo eine Undichtigkeit befindet.

Schärfer hat man sich für das Glas überzeugt, daß es Gasen den Durchgang völlig verweigert. Quincke – Pogg. 160[3] – hat Wasserstoff und Kohlensäure unter Drucken von 25–126 Atmosphären in Glasröhren eingeschmolzen, er ließ diese Glasröhren viele Jahre lang liegen; alsdann fand er schließlich ihr Gewicht bei schärfster Prüfung unverändert, nicht die kleinste Menge des Gases hatte die Glaswand durchdrungen. Ähnliche Versuche hat Hagen angestellt, der auf einem elektrischen Wege noch geringere Spuren diffundirten Gases aufzufinden hoffte, als uns durch die Waage angezeigt werden kann. Einen sehr schönen Beweis scheinen mir die Einschlüsse flüssiger Kohlensäure in Krystallen, z. B. im Bergkrystall, für die | gänzliche Undurchdringlichkeit der letzteren zu liefern. Hier 265 haben wir eine Flüssigkeit und ein Gas unter hohen Drücken eingeschlossen während Zeiträumen, die nach Hunderttausenden von Jahren rechnen, ohne daß das Gas hätte entweichen können. Verstehen wir also unter Poren Öffnungen, welche im Stande sind, Gase und Flüssigkeiten durchzulassen, so dürfen wir die Porosität einfach aus der Liste der allgemeinen Eigenschaften streichen und sie für eine physikalische Fabel erklären.

Aber wie kam man dazu, sie als allgemeine Eigenschaft der Körper aufzustellen? Offenbar auf folgendem Umwege: Die Materie ist undurch-

---

[2]Frage am Rand: (Kann man auf beliebig kleines Volum comprimiren, die Erdkugel auf die Größe einer Haselnuß?)

[3]Georg Quincke: Über Diffusion und die Frage, ob Glas für Gase undurchdringlich ist. Ann. Phys. Bd. 160, 1877.

dringlich, sagte man. Aber die Körper durchdringen sich, z. B. Wasser und Alkohol. Also können diese Körper nicht völlig aus Materie beste-
266 hen; selbst Körper, die so dicht scheinen | wie Wasser, enthalten leere Räume, Poren; wenn aber selbst Wasser und Luft Poren besitzen, so dürften dies wohl alle Körper thun. Dann ging man mit einem kurzen Schritt zur Betrachtung der Atomistischen Theorie über. Da wir aus andern Gründen gleichfalls die atomistische Theorie acceptiren, kommen wir ebenfalls zur Annahme leerer Räume zwischen den kleinsten Theilchen des Wassers [und] der Luft. Aber es entspricht unserm Sprachgebrauche nicht, daß wir diese Räume als Poren bezeichnen, und die Schlußfolgerung, durch welche das richtige Resultat erlangt worden ist, werden wir rundweg verwerfen. Sehen wir nicht, daß durch Schütteln von Wasser und Oel eine milchartige Flüssigkeit entsteht, in welcher nicht mehr das bloße Auge, wohl aber das Mikroscop sehr wohl noch Oel und Wasser unterscheidet. Hier hat nun offenbar das Oel sich durchs Wasser verbreitet, und doch wird
267 niemand sagen wollen, es sei in | die Poren des Wassers eingedrungen, niemand wird behaupten wollen, die Räume, welche jetzt Oel enthalten, seien vorher leer gewesen. Genau so kann man sich in der dynamischen Theorie die Durchdringung sich mischender Flüssigkeiten denken, der gegebene Beweis für die allgemeine Porosität und weiter für die atomistische Constitution der Materie ist einfach als falsch anzusehen.

Ich nehme hier Gelegenheit, auf die Fehlerhaftigkeit eines anderen Beweises hinzuweisen, den man häufig angeführt hat für das Vorhandensein leerer Räume zwischen der Materie und damit für die atomistische Theorie. Man sagt, Wenn die Materie den Raum continuirlich füllte, so wäre die Bewegung der Körper unmöglich. Denn jeder bewegte Körper muß aus dem Raum, in welchen er gelangt, die dort vorhandene Materie
268 verdrängen; | wohin aber soll diese nun wiederum entweichen, wenn nirgends ein leerer Raum ist etc, etc. Offenbar ist diese Betrachtung nichts als ein mathematischer Schnitzer. Wir können eine Eisenkugel durch Wasser bewegen, sie verdrängt auch das Wasser vor sich. Aber dieses entschlüpft nicht in seine eigenen Poren, sondern es entweicht seitwärts und verdrängt das seitliche Wasser, dieses entweicht nach rückwärts und verdrängt das dort sich befindliche Wasser, dieses entweicht aber einfach in den leeren Raum, den die Eisenkugel hinter sich frei macht, und nun ist alles in Ordnung und kein Grund mehr vorhanden, aus der Bewegung der Eisenkugel auf leere Räume im Wasser zu schließen.

Es ist wahr, eine Materie, welche aus kleinen Theilen besteht mit leeren Räumen dazwischen wird eine allgemeinere Bewegung zulassen als eine
269 continuirlich den | Raum erfüllende. Bei der ersteren ist jedes Theilchen für sich jeder beliebigen Bewegung fähig. Bei der letzteren erfordert die Bewegung irgend eines Theilchens eine Bewegung sämmtlicher Übrigen. Bei ersterer wird jede beliebige Bewegung aller Theilchen möglich sein,

bei letzterer werden nur ganz bestimmte Systeme von Bewegungen sich ausführen lassen. Aber immer wird noch die Zahl solcher möglicher Bewegungssysteme unendlich groß sein, und die atomistische Constitution kann aus Undurchdringlichkeit und Beweglichkeit nur auf Schleichwegen abgeleitet werden, durch Falschmünzerei werden wir sagen, wenn wir uns noch in dem früher benutzten Bilde bewegen.

Fassen wir nun als letzte allgemeine Eigenschaft die Theilbarkeit ins Auge. Es bedarf der näheren Bestimmung, was wir unter diesem Namen verstehen wollen. Zunächst ist sicherlich unter Theilung die physikalisch 270 ausführbare, | nicht die mathematisch denkbare verstanden. Wenn wir sagen, ein Stück Eisen sei theilbar, so meinen wir, daß wir es zerschneiden können und den einen Theil nach rechts, den andern nach links tragen, nicht, daß wir uns eine Ebene durch das Stück gelegt denken können, welche es in eine rechte und eine linke Hälfte theilt. Wenn wir also etwa von kleinen Kugelförmigen Atomen als von Untheilbaren Dingen reden, so meinen wir damit, daß die in Rede stehende Kugel in allen Zeiten nicht in zwei räumlich geschiedene Halbkugeln zerlegt worden ist, und daß in der Welt die Mittel nicht vorhanden sind, eine solche Zerlegung zu bewerkstelligen; aber natürlich wollen wir nicht behaupten, daß man die Kugel nicht durch alle möglichen Meridianebenen und Aequatorialschnitte sich zerlegt denken könne. Aus dieser Verwechselung sieht man bisweilen 271 Laien Anstoß an der | Vorstellung von untheilbaren Dingen nehmen.

Sodann, wenn man sagt, die Materie besitze Untheilbarkeit, so will man meist mehr sagen als dies, daß sie überhaupt theilbar sei; man will sagen, sie sei in sehr hohem Grade theilbar, weit über die Grenzen hinaus, die wir mit unsern unvollkommenen Instrumenten erreichen können. Beispiele von hoher Theilbarkeit werden ja gewöhnlich der Aussage hinzugefügt. Es wird daran erinnert, daß man Metalle zu so dünnen Platten aushämmern könne oder durch chemischen Niederschlag in so dünne Schichten bringen könne, daß sie für das Licht durchlässig werden, die Lyoneser Tressen werden angeführt, in welchen die Goldschicht, die den Silberdraht umgiebt, nur einen äußerst kleinen Durchmesser [sic! Gemeint ist offensichtlich: eine äußerst kleine Dicke] hat. Als weiteres Beispiel ist der 272 Moschus üblich, von dem ein | fast unwägbarer Bruchtheil genügt, einen großen Raum mit Geruch zu erfüllen. Neuerdings sind verschiedene Anilinfarbstoffe angezogen worden, die so intensiv färben, daß kleine Mengen von ihnen großen Flüssigkeitsmassen ihre Farbe mittheilen. So führt A.W. Hofmann an, schon 1 Milligramm Rosanilin[1] genügt, um 100 Kilogramm Wasser zu färben. Da man in jedem Cubikmillimeter der Flüssigkeit noch die Färbung wahrnehmen kann, so müssen noch in jedem Cubikmillimeter derselben Theile von Rosanilin sein, und es müssen noch viele Theile darin sein, da uns der Cubikmillimeter gleichmäßig gefärbt erscheint. Nehmen wir an, es seien nur 100 Theile darin, so ist doch schon das ursprüngliche Milligramm, eine Menge, die nicht mehr Raum enthält als der Kopf einer Fliege, zerfallen in 10 000 Millionen Theile.

---

[1] Rosanilin ist eine ältere Bezeichnung für Fuchsin.

126

Ähnliche Beispiele lassen sich viele anführen; sie zeigen, daß die Materie fähig ist, in sehr, sehr kleine Theile sich zu zer- | spalten. Aber 273 den Menschengeist hat nun von jeher die Frage gequält: Kann die Materie sich auch in unendlich viele Theile zerspalten? Ist nur die Grobheit unserer Mittel und unsere Unfähigkeit, die letzten Theile wahrzunehmen, Schuld, daß wir bei gewissen Grenzen stehen bleiben müssen, oder ist es an und für sich unmöglich, die Materie weiter als bis zu gewissen Theilen zu zerschneiden, die ihrer Natur nach untheilbar, Atome sind?

Wie kommen die Menschen zu einer solchen Frage? Alles, was sie durch die vielen Jahrhunderte wußten, war dies, daß wir keine Grenze der Theilbarkeit finden; welcher denkbare Grund konnte sie veranlassen, trotzdem, trotz des klaren Ausspruchs der Erfahrung, eine solche Grenze anzunehmen und zu vermuthen? Schlossen sie etwa aus Ausdehnbarkeit, Beweglichkeit etc? Formell ja, aber in Wirklichkeit wohl kaum, alle diese Beweise waren erschlichen, sie | konnten dem schmeicheln, der 274 vom Resultat von vorn herein überzeugt war, sie konnten keinen Gegner überführen. Da nun die Menschen in Ermangelung guter Beweise selbst schlechte für gut annehmen, woher kam das Bedürfnis nach solchen Beweisen überhaupt, welches war der Grund, der sie wünschen ließ, die Existenz untheilbarer letzter Theile der Materie zu beweisen? Offenbar auch hier das metaphysische Bedürfnis nach dem Unveränderlichen, nach dem ruhenden Pol in der Erscheinungen Flucht.

Wir suchen dieses Ruhende, von der Zeit unabhängige überall, aber indem wir es suchen, müssen wir seine Existenz voraussetzen, ihre Annahme ist die Bedingung unseres Suchens. Eine Materie, die Form und Farbe und alle Eigenschaften ins Unendliche zu ändern vermag, kann nicht als Grundlage zur Erkenntnis von Gesetzmäßigkeiten dienen, nur eine | unveränderliche Materie vermag dies; so kamen wir schon oben zur 275 Annahme der Unzerstörbarkeit, aber diese alleine genügt nicht. Aber wenn auf der einen Seite der Verstand uns so seine Dienste nur unter der Bedingung anbietet, daß wir ihm etwas Unveränderliches darbieten, so steht auf der anderen Seite die Erfahrung, die nur von ewigem Wechsel und ewigem Flusse zu erzählen weiß. Beiden Bedürfnissen nun wird die atomistische Theorie gerecht, sie sagt zur Erfahrung: Ich erkenne den Wechsel an, und zum Verstande: aber ich erkenne ihn nur an als wechselnde Stellung unveränderlicher Theile. Soll aber diese Aussage sich nicht in Nichts verflüchtigen, soll nicht einfach der Verstand durch dieselbe betrogen werden, so kann hier nicht von unendlich kleinen, unfaßbaren, unabgrenzbaren Theilen die Rede sein, | sondern nur von endlichen beschreibbaren, und so 276 kommen wir dann auch zur Verwerthung der unbegrenzten Theilbarkeit.

Soweit geht die apriorische Seite der Sache, nun zur empirischen. Sie sehen wohl, auf diese Weise ist die Annahme von Atomen nichts weiter als ein Wunsch unseres Verstandes. Aber ist die Natur verpflichtet, so zu sein wie unser Verstand sie wünscht? Ist die Aussage: nur auf diese Weise ist die Sache begreiflich, schon gleichbedeutend mit der Aussage: in dieser Weise verhält sich die Sache? In Bezug auf die Theilbarkeit der Materie und ihre Zusammensetzung aus unveränderlichen Theilen sind wir in der Glücklichen Lage zu behaupten, daß dieselbe den Wünschen unseres Verstandes entspricht; wir haben seit hundert Jahren ein langes System von Beweisen gesammelt für die Existenz der Atome, und die Betrachtung | dieser Beweise und was wir von ihnen erfahren, wird von jetzt an unsere Hauptaufgabe sein.

Zunächst wollen wir die wenigen Beweise mustern, welche wir dafür haben, daß die Materie nicht ins Unendliche theilbar sei, und welche uns einen Aufschluß geben über den Punkt, bei welchem die weitere Theilbarkeit aufhört. Versuchen wir, Metallblättchen immer weiter auszuhämmern, so kommen wir schnell zu Grenzen, aber offenbar ist die Rohheit unseres Verfahrens und nicht die Natur der Metalle dasjenige, was diese Grenze bestimmt. Dünnere Metallschichten können wir erhalten durch chemischen Niederschlag; Quincke hat solche darstellen können, deren Dicke auf 1/50 000 Millimeter zu schätzen war, und doch durch ihre Capillarwirkung sich noch als continuirliche Schicht zu erkennen gaben. Dünnere Schichten, von denen dies nachzuweisen war, konnte er nicht erhalten, aber dürfen wir schließen, daß solche Schichten | an sich unmöglich seien? Nein, denn wir haben keinen Grund anzunehmen, daß sich das niedergeschlagene Silber von vornherein als gleichförmige Schicht absetzen muß, es könnte sein, daß es sich in kleinen Krystallen niederschlägt, die erst allmählich zu einer gleichförmigen Schicht zusammenwachsen.

Besser daran sind wir bei den Überzügen, welche der elektrische Strom erzeugt. Betrachten wir daher einmal näher den folgenden Versuch. Wir tauchen in ein Glas mit angesäuertem Wasser zwei Platinplatten, so daß dieselben sich nicht berühren. Wir nennen diesen Apparat ein Voltameter.[2] Verbinden wir die beiden Platinplatten mit einem Galvanometer, so ist, wenn nur die Platinplatten gut gleich sind, kein Strom vorhanden. Schalten wir nun noch ein Daniellsches Element[3] in den Stromkreis ein, so tritt natürlich sofort Strom auf, aber derselbe verlischt auch sehr schnell, | nach einer halben oder ganzen Minute ist das Galvanometer wieder zur Ruhe gekommen. Wie kommt das? Wir kennen die Ursache sehr gut und haben sie nach allen Richtungen geprüft, so daß kein Zweifel an der Richtigkeit unserer Erklärung aufkommen kann. Indem der Strom das Wasser des Voltameters durchsetzt, zerlegt er es in seine Bestandtheile und führt den

---

[2]Der Name „Voltameter" des von Hertz beschriebenen Apparats rührt daher, daß die Gewichtsbestimmung der Zersetzungsprodukte des Wassers zur Messung der Stromstärke benutzt wurde.

[3]Ein Daniellsches Element besteht aus Kupfer, Zink und Schwefelsäure; seine Spannung beträgt ca. 1,1 Volt.

128

Wasserstoff nach der einen Seite, den Sauerstoff nach der andern. Diese bekleiden nun die Platinbleche mit einem dünnen Überzug. Und die Platinbleche, welche vorher sich gleich verhielten, verhalten sich jetzt ungleich; wenn wir das Element ausschalten und die Enden der Platinbleche jetzt mit dem Galvanometer verbinden, so erfolgt ein Strom. Wir sagen daher, die Platten seien jetzt polarisirt. Offenbar aber muß die Kraft der Polarisation genau so groß sein, wie die des Elementes, da sie sich ja gerade | aufheben.   280

Können wir nun auch eine schwächere Polarisation erzeugen? Gewiß, wir müssen nur ein Element verwenden, welches schwächer ist als ein Daniellsches. Dann wird ebenfalls der Strom verschwinden, aber es wird die Zersetzung von weniger Wasser dazu nöthig sein. Die Überzüge mit Wasserstoff und Sauerstoff werden dünner sein und die Kraft der Polarisation schwächer. Können wir aber durch dickere Überzüge uns stärkere Polarisation erzeugen? Gewiß, wir müssen nur ein stärkeres Element anwenden. Aber doch geht das nur bis zu einer gewissen Grenze. Einem Element, welches 1 1/2 mal so stark ist wie ein Daniellsches, vermag die Polarisation noch das Gleichgewicht zu halten, einem andern, welches 2 mal so stark ist, nicht mehr. Wie erklären wir uns das? Auf folgende Weise. Der Wasserstoff und Sauerstoff, welcher Anfangs nur spärlich auf dem Platinblech vertheilt war, bedeckt dasselbe schließlich mit einer überall zusammenhängenden Schicht. Dann haben | wir in unserem Voltameter   281 im Grunde ein Element, welches aus einer Wasserstoffplatte, einer Sauerstoffplatte und dem dazwischenliegenden Wasser besteht. Ob nun diese Platten dicker werden ist gleichgültig für die elektromotorische Kraft des Elements; sobald überhaupt erst einmal gleichförmige Schichten gebildet sind, ist der erreichbare Maximalwerth der Polarisation vorhanden.

Es ist aber erstaunlich, wie wenig Wasser dazu gehört, um so die Platinbleche mit H und O vollständig zu bekleiden. Ein Milligramm Wasser reicht aus, um 30 000 Quadratcm Platinoberfläche zur Hälfte mit Wasserstoff, zur Hälfte mit Sauerstoff zu bekleiden, oder 1 Cubikcm Wasser reicht aus für 30 Millionen Quadratcm oder für ein Quadrat mit 80 Metern Seite [sic!]. Für die kleinen Platinbleche, welche wir in unseren Versuchen verwenden, sind daher die zersetzten Wassermengen unwägbar klein; auch hat man thatsächlich die genannten | Zahlen nicht durch directe Wägung   282 gefunden, sondern man hat sie berechnet aus der Intensität der Ströme, welche die Polarisation bervorrufen.

Ziehen wir nun die folgenden beiden Schlüsse aus unseren Versuchen: Erstens: Wenn wir 1 Cubikcentimeter Wasser durch parallele horizontale Schichten in 30 Millionen Schnitte theilen und die einzelnen Schnitte nebeneinanderlegen, so erhalten wir eine überall zusammenhängende gleichförmige Schicht. Die Dicke derselben beträgt den dritten Theil von 1 Milliontel Millimeter, dicker als diese Größen können also die kleinsten Theile des Wassers nicht sein.

Zweitens. Wir dürfen vermuthen, daß sie auch nicht viel kleiner sein können. Denn benutzen wir unser Gramm Wasser, um eine größere Fläche als 30 Millionen Quadratcm zu belegen, so erhalten wir eine Polarisation der Fläche, die wir als unvollständige | bezeichnen, und wir müssen sie uns so vorstellen, daß die Wasserstoff- und Sauerstoffschicht hier das Metall noch nicht vollständig bekleidet. Es ist also eine Schicht von weniger als ein 3 Milliontel Millimeter Dicke auf diesem Wege nicht mehr herzustellen.

Nun kann allerdings Einer sagen: Wenn sie auf diesem Wege sich nicht mehr herstellen läßt, so braucht das doch nicht für jeden Weg zu gelten, vielleicht liegt das wie beim Aushämmern an der Unvollkommenheit des Weges. Dem gegenüber behaupte ich: der eingeschlagene Weg ist der vollkommenste, den man sich denken kann. Denn es liegt in der Erscheinung selbst die Garantie, daß [sich] die ausgeschiedenen Gase so gleichmäßig wie möglich vertheilen. In der That denken wir uns, an der einen Stelle sei das Metall ganz von Gas bedeckt, an der andern liege | es noch blos; sogleich wird dann ein Strom erweckt, der das Gas von der ersteren Platte abhebt und so lange der letzteren zuführt, bis sich die Polarisation, d. h. die Belegung mit Gas auch hier gleichmäßig vertheilt hat. Wir können uns für Platten von meßbarer Größe leicht von der Richtigkeit dieses Ergebnisses der Theorie überzeugen, wir dürfen also wohl glauben, daß es auch Geltung hat für die verschwindend kleinen Theile der Platte, und daß also der Vorgang gewissermaßen in sich selbst einen Regulator besitzt, der nicht erlaubt, daß andere als ganz gleichmäßige Schichten niedergeschlagen werden.

Und so ist denn unser Ergebnis dieses: Auf einem Wege, der der allervollkommenste ist, lassen sich noch Gasschichten herstellen, die 1/3 Milliontel Millimeter Dicke haben, aber dünnere lassen sich nicht herstellen. | Daraus können wir mit einiger Sicherheit vermuthen, daß das Wasser sich nicht weiter zerlegen lasse, als bis in Theile deren Größe etwa ein drittel Milliontel Millimeter ist. Die Sicherheit dieses Schlusses ist keine sehr große, aber wir werden sie sogleich bestätigen durch andere und bessere Überlegungen.

Knüpfen wir zunächst an den soeben gemachten Versuch an. Denken Sie sich, wir nehmen unser Voltameter, nachdem wir die Platten vollständig polarisirt haben. Verbinden wir es jetzt mit den Polen eines Galvanometers, so zeigt uns das letztere sofort einen Strom an. Unser Voltameter ist also jetzt ein richtiges galvanisches Element geworden; wie wir schon vorhin erwähnten, im Grunde nichts anderes als als das Element Wasserstoff – Wasser – Sauerstoff. | Aber unser Element ist ein sehr unvollkommenes, denn kaum hat das Galvanometer seinen Ausschlag vollendet, kaum sind 1/2 oder 1 Minute verstrichen, so hat der Strom schon aufgehört; die Platinplatten sind wieder in ihren früheren indifferenten Zustand zurückgekehrt, sie haben sich depolarisirt, wie man zu sagen pflegt. Woher kommt das? Es kommt daher, daß der Wasserstoff und der Sauerstoff den Strom nicht liefern können, ohne daß sie dabei sich mit einander vereinigen, und da nun nur eine so äußerst kleine Menge von ihnen in getrenntem Zustande vorhanden ist, so ist es kein Wunder, wenn dieser geringe Vorrath schnell erschöpft ist und der Strom versiegt. Auch unsere anderen Elemente geben ja nicht den Strom aus nichts, immer muß irgend ein chemischer Vorgang vorhanden sein, der ihn unterhält, gewöhnlich | ist es die Auflösung von 287 Zink in Säure, aber es kann auch die Vereinigung von Wasserstoff und Sauerstoff die treibende Kraft geben, wie in unserm Versuch.

Betrachten wir denselben nun einmal vom Standpunkte des Prinzips von der Erhaltung der Kraft aus. Ehe wir die Pole unserer Platten verbanden, hatten wir Wasserstoff und Sauerstoff getrennt, nachher hatten wir sie vereinigt. Nun wird bei der Vereinigung von einer bestimmten Menge Wasserstoff mit der entsprechenden Menge Sauerstoff zu Wasser stets Arbeit frei, und zwar unter allen und jeden Umständen die gleiche Menge. Entweder wir vereinigen sie durch Verbrennung, dann tritt die Arbeit direct in Form von Wärme auf, und die hohe Temperatur, welche die Wasserstoffflamme kennzeichnet, bedeutet uns, daß gerade bei der Vereinigung von Wasserstoff und Sauerstoff relativ sehr viel Energie frei wird. Oder wir können sie auf elektrischem Wege zur Vereinigung brin-288 gen, wie in unserm vorigen Versuche. Dann tritt die Arbeit zunächst in Form der elektrischen Spannung auf, sie setzt sich aber sofort in andere Formen um; ein Theil, und zwar der größte Theil, wird zur Erwärmung der Leitung verwandt, ein anderer Theil dient dazu, die Galvanometernadel in Schwung zu bringen, und complicirte Umsetzungen können stattfinden, wenn wir noch mehrere und complicirtere Apparate in den Stromkreis aufnehmen. Aber das Prinzip von der Erhaltung der Kraft sagt uns auch: Die Summe aller dieser mehr oder weniger complicirten Arbeiten muß genau so groß sein, wie die Arbeit, welche wir erhalten, wenn wir die für die Stromerzeugung verbrauchten Wasserstoff- und Sauerstoffmengen durch einfache Verbrennung mit einander | vereinigt hätten, sie kann nicht 289 um eine Spur größer oder kleiner sein.

Können wir das durch das Experiment bestätigen? Ja, und nicht nur man *kann* es bestätigen, sondern man hat es bestätigt; gerade die ersten Versuche, die Joule anstellte, um das mechanische Wärmeäquivalent zu bestimmen und an welchen er seine Vorstellung von der Äquivalenz von Arbeit und Wärme heranbildete, betrafen die Frage: Ist die Wärmemenge, die ich aus irgend einer Arbeit erhalten kann, die gleiche, ob ich nun direct die Arbeit in Wärme umwandele, oder ob ich sie erst in den elektrischen Strom umsetze und durch diesen dann erst die Wärme gewinne? Und sein Resultat war dies, ja, sie ist die gleiche. Wir finden also diesen Schluß aus dem Prinzip von der Erhaltung der Kraft durch | die Erfahrung bestätigt, 290 und so werden wir nun auch Zutrauen haben zu einem andern Schluß, den wir auf das gleiche Prinzip jetzt gründen wollen.

Wir können nämlich noch auf einem dritten Wege die Arbeit, die in unserm getrennten Wasserstoff und Sauerstoff vorhanden ist, wiedergewinnen und auf einem dritten Wege dabei beide zur Vereinigung bringen. Wir wollen so verfahren: Wir heben die polarisirten Platinplatten aus der Flüssigkeit heraus und lassen sie trocknen. Die Wasserstoff- und Sauerstoffschichten gehen dabei nicht fort, sie haften durch elektrische Anziehung fest am Platin; wenn wir die trocken gewordenen Platten wieder in die Flüssigkeit eintauchen, so finden wir sie immer noch polarisirt. Wir wollen sie uns nun aber trocken und vollkommen eben denken. Sie haben etwas elektrische Spannung gegen einander, eben deshalb | erzeugen sie ja den elektrischen Strom, wenn wir sie in die Flüssigkeit eingetaucht verbinden.

Aber wenn wir sie nun verbinden, ohne daß sie in die Flüssigkeit eingetaucht sind, so wird die Spannung nicht minder vorhanden sein, sie wird sich äußern als eine schwache Anziehung, welche die Platten einander zu nähern strebt. Diese Anziehung ist verschwindend klein, wenn sie in einiger Entfernung von einander sind, mit der Hand vermöchten wir nichts wahrzunehmen. Aber wenn wir die ebenen Flächen der Platten nun einander nähern, so wächst die Anziehung mit abnehmender Entfernung. Sind die Flächen in 1 Millimeter Abstand gekommen, so können wir mit feinen Apparaten schon die Anziehung nachweisen; sind die Platten in einen Abstand von 1/1000 Millimeter gekommen, so | hat sie zugenommen in dem Verhältnis, in welchem das Quadrat des Abstands abgenommen hat, sie ist daher jetzt schon dem Gefühl äußerst merklich, und wenn wir die Platten bis auf 1 Milliontel Millimeter sich genähert haben, so wird die in Rede stehende Kraft einen gewaltigen Werth erreicht haben.[4]

Nun gut, diese Anziehung können wir benutzen, um Arbeit aus den Platten zu gewinnen, wir brauchen ja nur die eine Platte an der Kolbenstange einer Dampfmaschine anzubringen, sie wird dann die Kurbel der Dampfmaschine drehen und | so Arbeit liefern. Sie wird diese Kurbel vielleicht nur durch eine sehr kleine Strecke drehen, und wenn unsere Vorstellung, wie wir sie dargestellt haben, richtig ist, so wird die geleistete Arbeit um so größer werden je näher sich die Platten kommen, und sie wird zu ungeheuren Werthen, zu unendlichen Werthen, wenn wir die Platten sich schließlich bis zur Berührung nähern lassen.

Nun bemerken Sie, daß das absurd ist. Die ganze Arbeit, die wir erhalten, hat doch ihren Ursprung darin, daß wir Wasserstoff und Sauerstoff

---

[4]Folgende abgebrochene Passage wurde wieder ausgestrichen: Sie werden einwenden, daß das unausführbare Versuche seien, daß wir nicht zwei Platten so eben herstellen und so gleichmäßig bewegen können, ohne sich bereits in mehreren Punkten zu berühren. Zugegeben, aber denken können wir uns

getrennt haben; das Endresultat wird auch hier dies sein, daß sie sich berühren und die Arbeit, welche wir erhalten, ist diejenige, welche Wasserstoff und Sauerstoff hergeben, um zu dieser Berührung zu gelangen. Nun sagten wir aber, diese Arbeit hat unter | allen Umständen den gleichen 294 endlichen Werth; hier aber wollen wir plötzlich eine Methode gefunden haben, die uns erlaubt, unendliche Arbeitsmengen aus dem getrennten Wasserstoff und Sauerstoff zu produciren. Wäre das richtig, so hätten wir ja vom theoretischen Standpunkte aus das gewünschte Perpetuum mobile fix und fertig. Wir brauchten nur mit geringer Arbeit ein Gramm Wasser zu zersetzen; indem wir die damit polarisirten Platten sich nähern ließen, erhielten wir unbegrenzt Arbeit wieder. Und wenn wir auch die Annäherung auf unendlich kleine Entfernungen vermeiden wollen, wir können doch eine große Menge von Arbeit und bei Wiederholung des Verfahrens beliebig große Mengen von Arbeit aus ihnen erhalten.

Aber das ist offenbar alles unmöglich, es ist unmöglich, aus der Annäherung der polarisirten Platten mehr | Arbeit zu gewinnen, als bei der 295 Vereinigung der auf ihnen getrennten Gase gewonnen werden kann. Wo aber sollen wir den Fehler unserer Überlegung vermuthen? Offenbar ist dies der letzte Ausweg: Wir sagen, es ist unsinnig zu denken, daß wir den Wasserstoff und den Sauerstoff beliebig nahe bringen können, wir können sie nur so nahe einander bringen, wie sie im Wasser selbst einander nahe sind; haben wir unsere Platten erst so nahe gebracht, so haben wir eben überhaupt nicht mehr eine Platte mit Wasserstoff und eine mit Sauerstoff, sondern wir haben einfach zwei Platten mit Wasser dazwischen, die Anziehung der Platten hat dann aufgehört und also läßt sich weitere Arbeit nicht gewinnen. Nun finden wir aber, daß wir die Platten bis auf ungefähr die Hälfte eines Milliontel Millimeter nähern müssen, um gerade diejenige Arbeit zu erhalten, | welche die Gase bei ihrer Vereinigung zu Wasser 296 hergeben.

Und also ist unser Schluß dieser: Es ist unsinnig annehmen zu wollen, daß man H und O auf eine Entfernung kleiner als 1/2 Milliontel Millimeter einander annähern könne, ohne daß sie in den Zustand gerathen, welchen sie in Wasser besitzen, ohne daß sie sich vorher zu Wasser vereinigt hätten. Und da nun im kleinsten Theile Wasser immer noch Wasserstoff und Sauerstoff vorhanden sind, beide aber von einander die genannte kleine Entfernung haben, so müssen auch die kleinsten Theile des Wassers, die man noch als Wasser bezeichnen kann, mindestens größer als 1/2 Milliontel Millimeter sein. Und also ist das Wasser wohl in hohem Maaße theilbar, aber nicht ins Unendliche; theilen wir es in Theile, die kleiner sind als | 1/2 Milliontel Millimeter, so bestehen diese Theile, ob sie nun 297 möglich sind oder nicht, doch jedenfalls nicht mehr aus Wasser.

Wie Ihnen dieser Schluß auch so auf den ersten Blick erscheinen möge, ich kann Sie versichern, daß er sich bei näherem Nachdenken als völlig scharf erweist. Er lehrt uns nicht, daß das Wasser aus unveränderlichen Atomen besteht, aber er lehrt uns, daß das Wasser nicht unendlich theilbar ist, ohne aufzuhören Wasser zu sein. Ohne Zweifel liegt dieser Einwand Ihnen nahe, daß die Versuche, welche wir uns vorgestellt haben, in Wirklichkeit ganz unausführbar sind. Es ist unmöglich Platten herzustellen, die so eben sind und so sicher bewegt werden, daß man sie auf einander gleichmäßig auf 1/1000 Millimeter, geschweige denn auf ein Milliontel Millimeter nähern könnte.

298 Einerlei, solche | Vorrichtungen sind doch denkbar, und das Prinzip von der Erhaltung der Kraft muß ebenso Anwendung finden auf solche denkbaren Maschinen wie auf die wirklichen. Denn gesetzt, es fände eine Abweichung von ihm statt, so könnten wir sie zwar nicht in der Weise ausnutzen, wie ich es vorhin dargestellt habe, und welche uns die einfachste und wirksamste war, aber in unzähligen Maschinen würde die Abweichung von der Krafterhaltung in größerem oder kleinerem Maßstabe sich geltend machen und es wäre nur die Aufgabe, aber die lösliche Aufgabe der Technik, diese kleine Abweichung auszuwerthen. Wie Archimedes sagte: Gebt mir einen festen Stützpunkt und ich hebe die Welt aus den Angeln, so kann der Physiker jetzt sagen: Gebt mir die geringste Abweichung vom Prinzip von der Erhaltung der Kraft, in der entlegensten Naturkraft, in der unausführbarsten Gedankenmaschine, und ich werde Euch für nichts

299 Kräfte | liefern, so gewaltige und so viel als sich Eure Phantasie nur ausmalen kann.

 Was an unserm Resultat insbesondere noch unsere Zuversicht wecken kann, ist dies, daß es stimmt mit dem Resultat der vorangegangenen Überlegung. Denn beide knüpften zwar an denselben Versuch an, aber waren gänzlich von einander unabhängig und beide ergaben uns, daß die kleinsten Theile des Wassers eine Größe von 1/2–1/3 Milliontel Millimeter haben müssen, daß sie weder viel kleiner noch viel größer sein können.

 Suchen wir nun andere Überlegungen auf, die unser Resultat stützen können. Der berühmte englische Physiker Sir William Thomson hat schon vor langen Jahren zwei solcher Überlegungen angegeben; sein Gedankengang ist identisch mit demjenigen, den wir in der letzten Überlegung

300 angewandt haben, aber er bezieht sich, | wenigstens in der ersten Überlegung, auf eine andere Naturkraft. Gehen wir auf diese Überlegung ein. Nehmen wir ein Cubikmillimeter, also ein Milligramm Wasser von Null Grad. Führen wir diesem Wärme zu, bis es 100 Grad erreicht hat. Führen wir ihm dann weiter Wärme zu, bis es beim Atmosphärendruck verdampft ist; in Summa müssen wir ihm dabei so viel Wärme zuführen wie nöthig ist, um 600 Milligramm Wasser um 1 Grad zu erwärmen. Bringen wir nun den gebildeten Dampf in den leeren Raum, so wird er sich ausdehnen, ohne weitere Wärme zu beanspruchen, er wird sich mehr und mehr ausdehnen und schließlich wird sich das ursprüngliche Milligramm Wasser

in unmeßbarer Feinheit durch den unermeßlichen Raum zerstreut haben. Dies also war das Resultat der Arbeit, die wir in Gestalt von Wärme dem Wasser zuführten: sie wurde verbraucht, um den Zusammen- | hang zwi- 301
schen den Wassertheilchen zu lockern, diese auseinander zu reißen und sie durch den unendlichen Raum zu zerstreuen. Sammeln wir unsere zerstreuten Theilchen wieder und lassen sie sich zu Wasser verdichten, so erhalten wir die ursprüngliche Arbeit wieder.

Und das Prinzip von der Erhaltung der Kraft sagt uns nun: Auf welche Weise wir auch immer das Milligramm Wasser auseinanderreißen und durch den unendlichen Raum zerstreuen, für jede dieser Weisen muß die genau die [sic!] gleiche Menge von Arbeit erforderlich sein. Denn wäre etwa für eine Methode weniger oder mehr Arbeit nöthig, so könnten wir ja nach dieser das Wasser in den Raum zerstreuen und es durch einfache Condensation wieder zu Wasser werden lassen; es wäre dann in den alten Zustand zurückgekehrt, aber gleichzeitig wäre | Arbeit gewonnen oder 302 verloren, was unmöglich ist. Also sagen wir: Auf welche Weise wir auch immer ein Milligramm Wasser in seine letzten Theilchen zersplittern und in den unendlichen Raum zerstreuen, immer ist zu dieser Zersplitterung die gleiche Arbeit nöthig, diese ist $= 0.6$ GrammCalorien oder gleich der Arbeit, die 1 Gramm besitzt, wenn es $424/0.6 = 254$ mtr herabsinkt, oder gleich der Arbeit, die 1 Kilogramm besitzt, wenn es 1/4 mtr herabsinkt.

Nun wenden wir aber die folgende Methode an, um das Milligramm Wasser zu zerstreuen. Wir setzen ihm, um es etwas zähflüssiger zu machen, ein wenig Seife bei und blasen es dann zu einer Seifenblase auf. Dazu ist Arbeit erforderlich, im Innern einer Seifenblase herrscht immer ein etwas größerer Druck als im äußern Raum. Wir brauchen nur an das Rohr, mit welchem wir die Blase bilden, ein kleines | Manometer zu befestigen, 303 um uns davon zu überzeugen. Seinen Grund hat dieser Überdruck in der capillaren Spannung der Blase. Aber einerlei, worin er seinen Grund hat, jedenfalls müssen wir, um die Blase zu weiten, die Luft mit Gewalt in dieselbe hineinpressen; dabei wird der Kolben der Pumpe, resp. unsere Brustmuskeln, Arbeit leisten müssen. Diese Arbeit wird wachsen, je mehr wir die Blase erweitern. Für jede gegebene Größe der Blase können wir die Arbeit berechnen. Hat die Blase einen Durchmesser von ungefähr 1/2 Meter erreicht, so nähert sich die erforderliche Arbeit dem Werthe von 1/4 Kilogrammmeter. Die Oberfläche der Blase beträgt dann noch nur eine Million Quadratmillimeter, ihre Dicke ist daher ungefähr ein Milliontel mm. Denken wir uns, daß wir die Blase noch weiter aufblasen könnten, so | würden wir jenen Arbeitswerth überschreiten und schließlich würden 304 wir zu unendlichen Arbeitswerthen gelangen. Aber wir sehen, daß das unmöglich ist.

Haben wir erst einmal die Arbeit von 1 Kilogrammmeter auf das Wasser zu seiner Zersplitterung verwandt, so ist es so weit zersplittert,

135

wie es überhaupt werden kann, die weitere Zerstreuung kann Arbeit nicht erfordern. Und so sehen wir: Wenn wir ein Milligramm Wasser zerlegen in eine Schicht, deren Dicke etwas kleiner als Milliontel Millimeter ist, so ist es so vollständig zerlegt, wie es überhaupt werden kann, oder anders ausgedrückt: Es muß unmöglich sein, [daß] das Wasser auf irgend eine Weise in kleinere Theilchen zerfällt werden kann als solche, die etwas kleiner als ein Milliontel Millimeter sind.

305 Auch dieser Schluß ist scharf, auch er sagt, ich wiederhole das, noch nichts | von der Natur dieser kleinsten Theile, aber er sagt, daß sie die kleinsten Theile sind, die noch die Eigenschaft des Wassers haben; können wir sie weiter zerfällen, gut; aber sicher haben wir kein Wasser mehr vor uns, sondern etwas, was andere Eigenschaften besitzt. Sie sehen auch, daß der Grenzwerth, den wir aus dieser Überlegung erhalten, sehr gut stimmt mit den füheren. 1/3 Milliontel mm, 1/2 Milliontel Mill[imeter], etwas kleiner als 1 Milliontel Millimeter, das sind wohl alles verschiedene Angaben, aber sie sind sich doch so ähnlich, daß wir einstweilen, bei der unvollkommenen Vorstellung, die wir von den kleinsten Theilen haben, sehr wohl mit ihnen zufrieden sein können.

306 Die Thomsonsche Überlegung zeigte uns zweierlei; erstens lehrte sie uns, das überhaupt das Wasser nicht könne ins | Unbegrenzte theilbar sein, zweitens gab sie uns einen Grenzwerth für die zulässige Größe der letzten kleinen Theile. Was den zweiten Theil anlangt, so können wir die Überlegung nicht auf viele Stoffe ausdehnen, weil uns die numerischen Daten fehlen. Aber den ersten Theil der Überlegung können wir auf alle Stoffe ohne Weiteres übertragen. Jeden Körper, jedes Stück Metall, selbst jeden organischen Körper kann ich durch die Anwendung von Wärme schmelzen, verdampfen oder auch chemisch zersetzen und so verdampfen; ich kann ihn dadurch schließlich durch den unendlichen Raum zerstreuen. Immer wird hierzu eine bestimmte Wärmemenge, eine bestimmte Arbeit oder auch nur eine begrenzte Arbeit gehören.

307 Andererseits kann ich ihn auf einfach mechanischem Wege durch Zerschneiden und Zerreißen in immer kleinere Theile lösen. Auch | zum letzteren Verfahren wird Arbeit gehören und zwar je mehr Arbeit, je kleiner ich die Theile mache. Es ist wahr, bei den Verfahren, die wir meist anwenden, beim Zertheilen und dergleichen, wird die meiste Arbeit in der Reibung verloren gehen. Aber immer werden sich solche Zertheilungsvorrichtungen finden lassen, durch welche diese unnütze Arbeit vermieden wird und nur diejenige Arbeit nöthig ist, die den Zusammenhang der Körpertheile aufzuheben nothwendig ist. Nun ist klar: wenn wir den Körper so mechanisch in unbegrenzt kleine Theile zertheilen könnten, so müßte auch unendlich viel Arbeit zu dieser Vertheilung aufgewandt werden. Nun ist aber nur endliche Arbeit nöthig, um den Körper selbst so fein zu zertheilen wie er vertheilt wird, wenn er in Gasform den Raum erfüllt, welche

136

Vertheilung wir doch als die feinste mögliche | ansehen müssen. Und also 308
ist die Vorstellung von einer Theilung in unendlich viele unendlich kleine
Theile überhaupt unzulässig; die letzten Theile müssen immer noch eine
bestimmte angebbare Größe haben, obgleich wir vielleicht den exacten
Werth derselben nur für wenige Körper, wie eben für das Wasser, angeben
können.

Ich sprach vorher von einer zweiten Überlegung, die von Sir W. Thomson angegeben ist. Sie nimmt wieder elektrische Vorgänge zu Hülfe und
ist im Grunde derjenigen Überlegung ganz analog, aus welcher wir auf
die Unmöglichkeit der unbegrenzten Annäherung von Wasserstoff und
Sauerstoff schlossen. Ich will deshalb auch nicht auf sie eingehen. Auch
jene Überlegung läßt sich ganz allgemein ausführen: Wenn ich zwei verschiedene Stoffe, von jedem etwa ein | Milligramm, in beliebig dünne Plat- 309
ten auswalzen könnte, und diese Platten einander beliebig nähern könnte,
so könnte ich aus der Annäherung der Platten auf elektrischem Wege unbegrenzte Wärmemengen erhalten. Nun kann ich aber auf keine Weise mehr
Wärme erhalten, als die beiden Körper bei der innigsten möglichen Vereinigung, der chemischen, hergeben. Also ist die unbegrenzte Anwendung
und Annäherung unmöglich und es läßt sich auch die Grenze angeben, wo
die Möglichkeit aufhört.

Derart sind also die Gründe dafür, daß die Theilbarkeit der ponderabeln Materie ihre Grenzen hat. Sind es Gründe für die Existenz von
Atomen? Nein, von Atomen verlangen wir uns mehr als das, was wir auf
Grund unserer Schlüsse von den klein- | sten Theilen der Materie aus- 310
sagen können. Wir verlangen von ihnen Gleichheit, Unveränderlichkeit,
Getrenntheit; alles aber, was wir von der Materie bisher aussagen können,
ist dieses, daß sie einen inneren complicirten Aufbau, daß sie Struktur besitze. Unsere Schlüsse zeigen uns dies mit der Sicherheit, mit der die Lupe
zeigt, daß das Papier aus Fasern bestehe, das Holz aus Zellen, wie unser
Auge in größerer Nähe entdeckt, daß ein aus der Ferne wie aus einem Guß
erscheinendes Mauerwerk aus einzelnen Steinen sich zusammenfüge. Ob
aber die Struktur der Materie der faserigen des Papiers, der zelligen des
Holzes, der gleichförmigen des Mauerwerks oder einer dritten und vierten
gleiche, darüber sagen unsere Schlüsse uns | nichts, und also auch nichts 311
über Atome. Unsere weitere Darstellung wird diese Lücken auszufüllen
haben.

Halten wir uns indeß noch für einen Augenblick an das erreichte, und
suchen wir uns eine deutliche Vorstellung von den erhaltenen Größen der
kleinsten Theile zu machen. Vorgreifend wollen wir dieselben schon jetzt
Atome nennen, und wollen auch die Größen, welche wir erhalten haben,
und welche zwischen 1/10 und 1 Milliontel Millimeter liegen, als Größe
der Atome betrachten, unsere späteren Auseinandersetzungen werden uns
dazu das Recht geben.

Bieten wir nun unserer Speculation die folgende Hülfsvorstellung dar. Denken wir uns die Welt derartig vergößert vor [sic!], daß 1 Atom von 1 Milliontel Millimeter die Größe einer Erbse erhielte; wir müssen dazu eine etwa 5 Millionenfache Linearvergrößerung angewendet denken. Die verschiedenen Atome können wir uns dann etwa als | Linsen, Bohnen, zum Theil vielleicht auch viel kleiner, wie Leinsamen oder dergleichen vorstellen. 1 Tausendstel Millimeter oder ein Mikron, wie man in der Mikroscopie zu sagen pflegt, wird die Größe von 5 mtr erhalten. Die Wellenlänge des gelben Lichtes stellte sich dar in der Größe von 2 1/2 mtr. Die kleinsten Lebewesen, die wir kennen, die Bakterien, erschienen als Kugeln und Ellipsoide von etwa zwischen 2 und 4 mtr Durchmesser. Sie sind also noch ungeheuer groß gegen die Atome, sie setzen sich aus ihnen zusammen, wie ein großer Sack voll Getreidekörnern aus diesen Körpern. Es ist also klar, daß diese Wesen noch einige Struktur besitzen können, daß äußere Häute möglicherweise einen inneren Hohlraum umgeben, in dem wieder ein Kern als Centrum sitzt.

Aber es | ist ebenso klar, daß eine so complicirte Struktur wie die höheren Thiere sie besitzen, schlechterdings unmöglich ist. Nicht nur eine solche Organisation würde unseren Blicken entgehen, nicht nur sie ist nicht vorhanden, sondern der Stoff selbst, aus welchem sie geformt werden müßte, versagt beim Versuche, eine solche herzustellen. Wir können leicht angeben, wieviele Atome etwa ein solches Wesen enthält. Nehmen wir an, im Wasser und in den Flüssigkeiten berührten sich die Atome, so würden die kleinsten Bakterien doch schon 100 Millionen etwa von denselben enthalten. Jedes einzelne dieser Atome ist unzweifelhaft materia bruta, todte Materie, zu 100 Millionen genügen sie, die wunderbaren Erscheinungen des Lebens zu zeigen.

Doch gehen wir weiter in der Vergrößerung unserer Welt. Ein rothes Blutkörperchen vom Menschen hat etwa 5 Mikron Durchmesser, es würde also in unserer | Vergrößerung einer Scheibe von 25 mtr Durchmesser und 5 mtr Dicke entsprechen. Denken Sie sich also etwa ein flaches und breites Gasometer einer Gasanstalt ganz mit Erbsen, Bohnen und Linsen gefüllt; Sie werden ein rohes Bild erhalten, wie sich die Größe der Blutkörperchen zu der der constituirenden Theile verhält. Welche unendliche Mannigfaltigkeit der Anordnung, der Struktur, ist hier schon möglich! Wer möchte den Mechanismus der zwanzig tausend Millionen Atome, die ein solches Körperchen zusammensetzen, noch überblicken wollen! Je größere Dinge wir uns aus unseren erbsengroßen Atomen zusammengesetzt denken, zu desto größeren Problemen kommen wir natürlich. Nehmen wir nur ein Milligramm oder ein Cubikmillimeter Wasser. In unserer vergrößerten Welt stellt sich | dies dar durch einen Kubus von 5 Kilometern Seite. Denken wir uns also auf einer Ebene ein Quadrat abgemessen, dessen Seiten jene Länge, etwa eine Stunde Wegs, betrügen; denken wir uns an den Seiten senkrechte Mauern aufgeführt bis zu einer Höhe, die der des Montblanc ungefähr gleich käme, und denken wir uns den ungeheuren Hohlraum, der entstünde, gefüllt mit Körperchen von Erbsengröße; wir erhalten so ein Bild von der innern Struktur des Wassers, und wir wundern uns nicht weiter, daß unserer rohen Wahrnehmung dasselbe als ein gleichförmiger Stoff erscheint.

Stellen wir noch einige Betrachtungen an über die Entfernungen, welche jene kleinsten Theilchen trennen. Möglicherweise sind in den Flüssigkeiten | die Theilchen auch noch durch Zwischenräume getrennt, 316 aber wir haben in dem bisher besprochenen keinen Anhalt für die Größe dieser Zwischenräume, und spätere Resultate werden ergeben, daß sie klein sind; so können wir uns dann am einfachsten denken, daß sie sich berühren. Nun aber lassen wir unser Wasser verdunsten. Denken Sie sich, wir nehmen 1 mgr davon, wir bringen es in einen Glaskolben, der 1 Liter Inhalt hat, und mit trockener Luft gefüllt ist. Es verbreitet sich dann der Wasserdampf gleichmäßig durch den ganzen Raum, und wir sagen, die vorher trockene Luft sei jetzt feucht geworden.

Aber sie ist nur sehr wenig feucht; nur an sehr kalten Wintertagen wird die Luft der Atmosphäre so trocken sein wie diese. Und doch enthält noch jeder Cubikmillimeter dieser trockenen Luft eine Billion | von Was- 317 serstoffatomen, und der mittlere Abstand von einem zum andern ist nur gleich dem zehntausendsten Theile des mm. Hätten wir das Milligramm Wasser in einen Raum von 1 Liter gebracht, der luftleer war, so würde es in diesem Raum nun Wasserdampf von etwa 1/2 mm Druck gebildet haben, d. h. also, es würde noch immer ein Vacuum geblieben sein, so gut wie das beste, welches wir mit der gewöhnlichen Luftpumpe irgend erreichen können. Und doch wäre in jedem Cubikmillimeter dieses Vacuums immer noch ein Gewimmel von einer Billion Moleküle! Was hilft es, wenn wir nun unsere vollkommensten Luftpumpen nutzen und herunterpumpen bis auf 1/2000 Millimeter Druck; wir haben zwar in jedem Cubikmillimeter 1000 mal weniger Materie, als da er mit | flüssigem Wasser gefüllt war, 318 aber immer noch protestiren 1000 Millionen Moleküle dagegen, daß wir ihn als vollkommenes Vacuum bezeichnen.

Um eine Vorstellung von einem solchen Vacuum zu gewinnen, stellen wir es uns wieder in unserer 5 Millionenfachen Vergrößerung dar. Wir müssen alsdann in jedem Cubikmeter 8 erbsengroße Atome uns vorhanden vorstellen. Denken wir uns also in ein Zimmer gewöhnlicher Größe eine kleine Handvoll Erbsen gebracht, diese durch den ganzen Raum ver- theilt und nun in schneller Bewegung zwischen den Wänden hin und herfliegend, so haben wir eine passende Vorstellung von dem Zustand des Raumes, welchen wir nach bester Entfernung aller ponderablen Materie übrig behalten. Sie bemerken, daß wir einen solchen Raum mit | Fug und 319 Recht als ziemlich leer bezeichnen, die ungeheure Zahl von Theilchen, die sich immer noch in jedem Cubikmillimeter finden, wird aufgehoben durch die verschwindende Kleinheit jedes einzelnen.

Brechen wir nun diese Betrachtungen ab. Sie sollten uns eine voläufige und angenäherte Vorstellung davon geben, was wir meinen, wenn wir sagen, die Materie sei nicht continuirlich, sondern bestehe aus discreten Theilchen.

Da wir von diesen Atomen ständig zu sprechen haben, war es gut, uns einen Begriff ihrer Zahl und Größe zu bilden. Sie werden begreifen, daß man sich diese Vorstellungen beständig recht deutlich vor Augen zu halten hat, wenn man mit ihrer Hülfe die sinnlich direct wahrnehmbaren Erscheinungen erklären will; andererseits wird Ihnen aber auch klar geworden sein, daß das Bemühen vergeblich sein würde, die gewonnenen theoretischen Resultate nun auch so zu sagen ins Praktische zu übersetzen und nun wirklich mit dem geistigen Auge in den uns umgebenden Dingen die Atome erkennen zu wollen. (Wir wissen, die uns umgebende Luft ist ein Gewimmel kleiner bewegter Theilchen, aber ihre Kleinheit und ihre Zahl ist so ungeheuer, daß jeder Versuch, sich diese Theilchen in ihren wahren Verhältnissen vorzustellen und danach die Wirkungen der Luft zu ermessen, fehlschlägt; die Atome, die wir uns bei einem solchen Versuch vorstellen, werden unendlich groß und unendlich sparsam ausfallen gegen die wirklich bestehenden. Nur mittels Hülfsvorstellungen, Vergrößerungen und dergleichen, vermögen wir für Augenblicke das Spiel der Atome vor unserm geistigen Auge festzuhalten.). Indem wir uns aber diese Theilchen lebhaft vorstellen, wollen wir auch nicht vergessen, daß wir bisher nur ihre Existenz mehr angenommen als bewiesen haben. Wenden wir daher jetzt unsern Blick den weiteren Erscheinungen zu, deren Erklärung uns die Existenz von Atomen anzunehmen zwingt.

Da ist zunächst die Lichtbewegung in den ponderabeln Körpern. Wir
erwähnten früher, daß im freien Aether die Geschwindigkeit der Fortpflanzung des Lichts die gleiche sei für alle Farben. In den ponderabeln
Körpern ist das aber nicht mehr der Fall. Sobald ein Lichtstrahl in einen Glaskörper eintritt, vermögen die bisher vereinten Farben nicht mehr
gemeinsam zusammen weiter zu reisen, sie trennen sich | von einander,   322
und die prachtvollen Farben des Regenbogens treten auf. Die Thatsache
ist also feststehend; ist man sich aber auch über die Erklärung derselben einig? Lange Zeit war man es nicht, und die Theorie der Dispersion
machte den Physikern und Mathematikern viel Kopfzerbrechen. Man sah
ja die Lichtwellen als elastische Wellen an, und das Glas ebenso wie die
Luft und den leeren Raum als einen homogenen Körper an; nun müssen
aber in einem homogenen Körper sich elastische Wellen verschiedener
Wellenlänge alle mit gleicher Geschwindigkeit fortpflanzen, es trat also
einfach ein Widerspruch zwischen Theorie und Erfahrung ein.

Der erste, der hier Aufklärung zu geben versuchte, war der franzö-
sische Mathematiker Cauchy. Er sagte: Auch die elastischen Wellen, zum
Beispiel die Schallwellen in Luft, | pflanzen sich nur dann sämmtlich mit   323
gleicher Geschwindigkeit fort, wenn die Bewegungen der Luft sehr klein
sind, wenn etwa die Ausweichungen der Luft aus der Ruhelage nur etwa
den hundertsten Theil der Wellenlänge betragen. Sehr intensive Schalle
pflanzen sich mit verschiedener Geschwindigkeit fort. Das ist richtig, sie
haben vielleicht bemerkt, daß bei einem kräftigen Kanonenschlag oder
Donnerschlag dem ersten eigentlichen Knall ein kurzes allmählich höher
werdendes Brummen voran geht; es sind das tiefe Töne, die sich in der
Nähe der Schallquelle mit größerer Geschwindigkeit fortgepflanzt haben
als die übrigen. Nun gut, Cauchy nahm an, daß im freien Aether die
Ausweichungen nur klein seien gegen die Wellenlänge, daß aber in den
ponderabelen Körpern, wo die Ausweichungen thatsächlich größer sind,
daß dort schon jene Wirkungen sich geltend machen. Er schuf die erste   324
erträgliche Theorie der Dispersion. Aber obgleich sie die Thatsachen einigermaßen erklärte, hat man sie mit gutem Grunde vollständig verlassen.
Man sagte mit Recht: Die Ausweichungen in den ponderabeln Körpern
sind doch höchstens 1 1/2–2 mal so groß als im Aether; das aber reicht
doch nicht hin, den gewaltigen Unterschied zwischen der Fortpflanzungs-
art im Aether und beispielweise im Schwefelkohlenstoff zu erklären; zu
erklären, wie im Aether ein Vorgang ganz und spurlos fehlen könne, der
sich in Schwefelkohlenstoff sehr entwickelt zeigt.

An die Stelle der Cauchyschen Theorie, die auf der Anschauung der
Körper als einer continuirlichen Materie fußt, ist jetzt die folgende An-

schauung getreten, die sich nur mit der atomistischen Theorie in Ein-
klang | bringen läßt. Man sagt: Im Inneren der Körper müssen die klein-
sten Theile eigene, ihnen eugenthümliche Schwingungen von bestimmter
Dauer auszuführen in der Lage sein; diese dauern sind [sic!] von der
Größenordnung der Perioden der Lichtbewegung; daher wird eine Licht-
welle mehr oder weniger leicht, mehr oder weniger schnell die Körper zu
durchdringen vermögen, je nachdem ihre Perioden mehr oder weniger harmoniren mit den Perioden der Eigenschwingungen der Körpertheilchen.
Lassen Sie uns überlegen, ob diese Erklärung zutreffend ist, ob wir besondere Wahrscheinlichkeitsgründe für sie anführen können, endlich was an
ihrer Hand uns die Erscheinungen lehren über die Atome.

Zunächst, daß sie zutreffend ist, wollen wir uns klar machen am Schall.
Denken Sie sich, wir nehmen die | Luftschicht über einer weiten Ebene als
Ort unseres Versuches. Sie wird von Schallwellen aller Längen mit gleicher Geschwindigkeit durchlaufen, sie entspricht ganz dem freien Aether.
Aber denken sie sich jetzt, wir stellen in dieser Luft eine große Zahl von
gleichgestimmten Stimmgabeln auf, etwa seien dieselben gestimmt auf
den Ton des eingestrichenen C, und sei etwa an der Ecke jedes Quadrat-
meters eine Stimmgabel vorhanden. Erregen wir jetzt einen Ton in der
Luft, so wird er sich ebenfalls ausbreiten, aber er wird die sämmtlichen
Stimmgabeln in Mitschwingung versetzen. Sie werden sich bewegen nicht
in ihrem eigenen Rythmus, sondern im Rythmus des Tons, der sie erregt.
Aber die Größe ihrer Bewegung wird sehr verschieden sein, je nach der
größeren oder geringeren Übereinstimmung zwischen | dem erregenden
Ton und dem Eigenton der Stimmgabeln. Sie werden kaum bemerkbar
mitschwingen, wenn beide voneinander sehr verschieden sind, sie werden
immer stärker in Schwingung gerathen, je mehr der erregende Ton sich
ihrem eigenen Ton annähert, und sie werden außerordentlich heftig in
Bewegung gesetzt werden, sobald gerade der ihnen eigenthümliche Ton
der erregende ist. Das sind ja die Ergebnisse der gewöhnlichen Versuche
über die Resonanz, welche in jedem physikalischen Colleg vorgewiesen
werden.

Nun wollen wir aber das folgende beachten: Erstens: Das Mitschwingen der Stimmgabeln ist gleichbedeutend mit einer Vermehrung der Masse
der schwingenden Substanz. In der That kann ja die Masse der Stimm-
gabeln selbst beträchtlich größer sein als die der | Luft. Nun hat aber
die Vermehrung der Masse eines schwingenden Mediums allemal Ver-
langsamung der Fortpflanzungsgeschwindigkeit der Wellen zur folge, und
also dürfen wir schließen, in unserm System von Stimmgabeln werde sich
der Schall unter allen Umständen langsamer fortpflanzen als in in der
freien Luft. Vergleichen Sie dies mit der optischen Thatsache, daß sich in
allen ponderabeln Medien das Licht langsamer fortpflanzt als im freien
Aether.

Zweitens: Die Wirkung der Stimmgabeln als Vermehrer der Masse der Luft kann nicht die gleiche sein für alle Töne. Für solche Töne, welche die Stimmgabeln überhaupt gar nicht erregen, wenn es solche gäbe, wäre offenbar das Vorhandensein derselben überhaupt gleichgültig und würde die Geschwindigkeit dieser überhaupt nicht beeinflußt durch die Stimmgabeln. | Nun werden zwar alle Töne einwirken auf die letzteren, aber 329 doch dürfen wir schließen, daß auf diejenigen Töne, welche die Stimmgabeln wenig anregen, auch die letzteren wenig zurückwirken, also daß die scheinbare Vermehrung der Masse durch die Stimmgabeln verschieden ausfallen wird für die verschiedenen Töne. Also wird unser mit Stimmgabeln erfüllter Raum ein solcher sein, in welchem verschiedene Töne sich mit verschiedener Geschwindigkeit ausbreiten; am meisten werden diejenigen verzögert sein, deren Periode zusammen fällt mit der Periode der Stimmgabeln, am wenigstens diejenigen, deren Periode weit von der letzteren entfernt ist. Vergleichen sie dieses mit der optischen Thatsache, daß sich in den ponderabeln Körpern die verschiedenen Farben mit verschiedener Geschwindigkeit ausbreiten.

Treiben wir diesen | Vergleich noch etwas weiter. Wenn wir uns ein 330 Prisma bilden aus den gewöhnlich dazu verwandten Körpern, aus Glas, aus Schwefelkohlenstoff und dergleichen, so erscheinen im Spectrum die Regenbogenfarben in der Reihe ihrer Wellenlänge; auf die rothen Strahlen folgen die gelben mit kleineren Wellenlängen, auf diese die grünen mit noch kleinerer, und am anderen Ende sind die violetten mit der kleinsten Wellenlänge. Daß [sic!] bedeutet, daß in diesen Körpern ein [sic!] die sichtbaren Wellen sich um so langsamer fortpflanzen, je geschwinder sie sich folgen. Es kann das, wenn unser Vergleich mit den Stimmgabeln richtig ist, nur dann eintreten, wenn die Schwingungsdauern, die wir in den kleinsten Theilchen des Glases uns vorgezeichnet denken, außerhalb der Periode liegen, welche den sichtbaren Lichtstrahlen | zukommt. Wäre 331 etwa in den Theilchen des Glases eine Schwingungsdauer vorgezeichnet, die der des gelben Lichts gleichkäme, so müßte dieses gelbe Licht im Spectrum sich langsamer bewegen als alle übrigen; es müßte daher auch weiter abgelenkt werden als alle übrigen Farben, und das Spectrum könnte nicht die Regenbogenfarben in ihrer gewöhnlichen Reihenfolge aufweisen, sondern es müßte eine viel complicirtere Folge derselben aufweisen. Nun, wenn es keine Körper gäbe, die solche complicirte, anomale, Spectren ergeben, so würde darum unsere Erklärung nicht unmöglich, wir dürften einfach sagen, daß in den Körpertheilchen gerade Eigenschwingungen zwischen 400 und 800 Bilionen in der Secunde nicht vorkommen.

Aber als eine schöne Bestäti- | gung unserer Theorie werden wir es 332 ansehen, wenn sich Körper finden, die solche Spectren entwerfen, wie unsere Theorie sie vermuthen läßt. Solche Körper hat man nun thatsächlich gefunden; seit 1864 hat man die Erscheinung kennengelernt, welche man als anomale Dispersion bezeichnet, und welche vorher gänzlich unbekannt war. Sie wurde entdeckt an den alkoholischen Lösungen des Farbstoffs Fuchsin. Nimmt man ein Prisma aus solcher Lösung, - es muß ein sehr dünnes Prisma sein, da nur sehr wenig Licht duch die Lösung hindurch geht - so erscheint das folgende Spectrum: Zuerst Roth, dann Gelb wie im Gewöhnlichen Spectrum, aber das Gelb ist schon sehr stark abgelenkt, und jemehr wir uns dem Grünen nähern, desto stärker wird die Ablenkung.

333 Eine bestimmte grüne Farbe ist sogar unendlich abgelenkt, | d.h. sie ist in dem auffangbaren Theil des Spectrums überhaupt nicht vorhanden. Die Farben, die dann noch kürzere Wellenlängen haben, z.B. das Violette, sind dann wieder weniger abgelenkt, sie sind selbst weniger abgelenkt als das rothe, so daß jetzt das Spectrum diese Gestalt hat:

Skizze violett roth gelb grün

Nach unserer Theorie erklärt sich die Erscheinung aus der einfachen Annahme, daß eine bestimmte Schwingungsdauer der Fuchsintheile genau übereinstimmt mit der Schwingungsdauer derjenigen grünblauen Strahlen, die in dem obigen Spectrum fehlen.

Man hat [sich] bei weiterem Fortschreiten der Untersuchung überzeugt, daß diese sogenannte anomale Dispersion keineswegs eine sehr

334 seltene Erschei- | nung ist, daß sie vielmehr sehr vielen Stoffen eigenthümlich ist. Woher kommt es, daß man sie spät entdeckte? Auf sehr einfache Weise erklärt sich das; indem man Prismen und andere Apparate herstellte, suchte man sich zu denselben stets Substanzen aus, die möglichst durchsichtig und farblos waren. Das war aber gerade die Art, auf welche man der anomalen Dispersion aus dem Wege gehen mußte; diese wird sich eben nur zeigen bei Körpern, deren Theile auf eine der sichtbaren Farben abgestimmt sind, und solche Körper werden überhaupt als kräftig gefärbte erscheinen.

Wir verglichen unser Stimmgabelsystem mit den ponderabeln Körpern und hatten dabei ein Erstens und ein Zweitens erwähnt; kommen wir nun

335 zu einem Drittens: Schlagen wir eine einzelne | Stimmgabel an, und überlassen sie sich selber, sie wird bald zur Ruhe kommen. Es hat dies einmal seinen Grund darin, daß sie ihre Bewegung der Luft mittheilt, doch auch im leeren Raum kommt sie zur Ruhe und nicht etwa nach sehr viel längerer Zeit: es geht also auch ein großer Theil im Innern des Stahls in Folge der mangelhaften Elasticität verloren. Verloren geht sie natürlich nur als Bewegung, genau werden wir sagen, sie setze sich in Wärme um. Wenden wir das nun an auf unser Stimmgabelsystem. Ein Ton, der sich durch dasselbe fortpflanzt, setzt die Stimmgabeln in Bewegung. Sind dieselben also unvollkommen elastisch, so werden sie ihrerseits kräftig die Energie des Tones zu zerstören haben, der Schall wird absorbirt, und zwar wird er

336 schneller absorbirt, als in frei- | er Luft. Und zwar um so kräftiger wird

144

die in Folge des Vorhandenseins der Stimmgabeln auftretende Absorption sich kund geben, je kräftiger die letzteren ins Mitschwingen gerathen, also ganz besonders stark für den Eigenton dieser Gabeln. Während Töne, die von dem letzteren beträchtlich verschieden sind, vielleicht ohne merkliche Schwächung das System durchdringen, erlischt der Eigenton schon in den ersten wenigen Metern. Er erschöpft sich darin, die gewaltigen Schwingungen zu unterhalten, zu denen er die in diesen wenigen Metern enthaltenen Stimmgabeln anregt.

Haben wir dazu nun Analogien in der Optik? Gewiß, und zwar sehr deutliche Analogien. Nehmen wir nur einmal das schon erwähnte Fuchsin. Wir sagten, es erzeugt als Prisma verwandt das eigenthümliche Anomale Spectrum, | weil eine bestimmte Schwingungsdauer seiner Theilchen ge rade gleich der Schwingungsdauer einer bestimmten grünblauen Farbe ist. Es müßte also nach unserer eben angestellten Entwickelung auch ge rade diese grüne Farbe vorzugsweise absorbiren. Und selbstverständlich ist das der Fall. Blicken wir durch ein parallelwandiges Gefäß, welches mit Fuchsinlösung gefüllt ist, nach einem Spectrum, oder analysiren wir mit dem Spectroscop einen Sonnenstrahl, der durch ein solches Gefäß hindurch gegangen ist, in beiden Fällen fehlt in dem erhaltenen Spectrum die betreffende grüne Farbe, sie ist vollständig ausgelöscht. Und was ist schließlich die Ursache der schönen rothen Färbung des Fuchsins? Gar nichts anderes als eben jene | Absorption des grünen; die rothe Farbe, in der es erscheint, ist die Complementärfarbe jenes Grüns, es ist das, was vom Sonnenlicht übrig bleibt, wenn wir sie herausnehmen. Und was für das Fuchsin gilt, gilt für alle jene prächtig gefärbten Stoffe, die ano male Dispersion zeigen. Vorzugsweise sind es Anilinfarbstoffe; in letzter Instanz verdankt diese Klasse von Verbindungen ihre prächtigen Farben dem Umstande, daß gerade die ihr angehörigen Verbindungen Schwin gunen der kleinsten Theilchen gestatten, die mit den Schwingungsdauern irgend einer sichtbaren Lichtgattung harmoniren.

Nicht immer ist die Sache so einfach, wie wir sie bisher dargestellt haben; nicht immer sind die Theilchen gerade nur auf eine Schwingungs dauer abgestimmt und gleichen so den einfachen Stimmgabeln; | häufig sind sie einer ganzen Reihe von Schwingungen fähig, verhalten sich also etwa wie ein System verschiedenartiger durch elastische Bänder com municirender Stimmgabeln. Das Chlorophyll giebt im sichtbaren Spec trum 3, 4 und mehr Absorptionsbanden, während es die zwischen diesen liegenden Farben hindurchläßt; ähnlich verhält sich der rothe Farbstoff des Blutes, das Hämoglobin. Joddampf und Dampf von Untersalpertersäure erscheinen dem bloßen Auge braun, es ist also schon dem bloßen Auge klar, daß sie kräftig Licht absorbieren; aber das Spectroscop überzeugt sich, daß sie nicht eine bestimmte Farbe auswählen, aber auch nicht von allen Farben etwas nehmen, sondern hunderte von deutlichen Absorptions-

337

338

339

streifen erscheinen im Spectrum, getrennt von hunderten Streifen heller
340 Zwischenräume, beweisend, daß die | Schwingungsdauern der kleinsten
Theile besser harmoniren müssen mit den hundert ausgelöschten Farben
als mit den gleichgültig hindurchgelassenen.

Aber wenn wir Beweise suchen dafür, daß in den kleinsten Theilen haarscharf bestimmte Schwingungsdauern vorgezeichnet sind, so halten wir uns am allerbesten an die glühenden Gase. Hier können wir die Schwingungsdauern der kleinsten Theile nicht bloß erforschen aus der Wirkung derselben auf fremdes Licht; das eigene Licht, welches die Gase ausstrahlen, giebt uns Belehrung. Wie unser System von Stimmgabeln, wenn wir es erschüttern, etwa durch ein Erdbeben, einen Ton hören lassen wird, und zwar keinen andern Ton als den Eigenton der einzelnen Gabeln, denselben Ton, welchen die Stimmgabel vorzugsweise auch absorbirt, so

341 senden | auch die durch die Wärme erschütterten Theilchen nicht nur Wellen, – Licht – überhaupt aus, sondern Wellen von ganz bestimmter Wellenlänge und keine andern. Der glühende Natriumdampf erscheint uns intensiv gelb-orange; mit dem Spectroscop zeigt sich sein Licht bestehend aus zwei ganz nahe zusammenliegenden Farben, die eine hat nahe an 508, die andere nahe an 508 1/2 Billionen Schwingungen in der Secunde, aber außer diesen beiden wird keine sichtbare Farbe ausgesandt, und auch zwischen beiden ist absolute Dunkelheit; nicht nur bevorzugt sind jene beiden Perioden, sie sind offenbar die einzigen, deren die Theilchen fähig sind.

Andere Dämpfe senden nicht nur 2, sondern oft viele hunderte von

342 Strahlengattungen aus, aber stets ganz bestimmte, stets | nur einen Bruchtheil der zahllosen möglichen Strahlen. Und bekanntlich trifft auch hier in Bezug auf die Absorption die Analogie mit dem Stimmgabelsystem vollkommen zu. Genau dieselben Strahlen, welche der glühende Dampf aussendet, genau die gleichen absorbirt er auch. Erzeugen wir durch Verdampfung von Natrium im Bunsenschen Brenner eine intensive gelbe Natriumflamme und blicken mit dem [unleserlich] hinein, so sehen wir die bekannte gelbe Doppellinie. Stellen wir nun aber hinter die Natriumflamme das viel heißere und weiße elektrische Licht, so erscheinen jetzt im Spectroscop die sämmtlichen Spectralfarben; nur an der Stelle, wo sich die gelbe Doppellinie befand, erscheint jetzt eine verhältnismäßig dunkle

343 Doppellinie: der glühende Natriumdampf absorbirt | aus dem weißen Licht genau diese Farbe, er setzt wohl sein eigenes Licht an die Stelle derselben, aber dasselbe ist so viel schwächer, daß es im Vergleich mit dem übrigen Spectrum des elektrischen Lichts als Dunkelheit erscheint.

Das großartigste Beispiel eines Lichtes, welches durch glühende Metalldämpfe hindurch gegangen ist, bildet bekanntlich unser Sonnenlicht. Die unzähligen schwarzen Fraunhoferschen Linien, welche sich in seinem Spectrum zeigen, sind ebenso viele Farben, welche durch Absorption in glühenden Dämpfen ausgelöscht sind; sie entsprechen ebenso viel bestimmten Schwingungsdauern, auf welche die Theilchen dieser Dämpfe abgestimmt sind, und bekanntlich erkennen wir gerade an diesen Schwingungsdauern jene ent- | fernten und unendlich kleinen Theilchen wieder 344 und sagen: Es sind Theilchen von Natrium, von Eisen, und so weiter, denn sie haben gleiche Schwingungsdauern mit den Theilchen des Natriums, des Eisens und s.w.

Genug jetzt von dem Vergleiche der Stimmgabeln und der kleinsten Theile der Materie; was wir ausgeführt haben, genügt uns zu zeigen, daß er zutreffend ist, daß die kleinsten Theile abgestimmt sind auf bestimmte Schwingungsdauern, daß diese Schwingungsdauern zum Theil mit der Periode sichtbarer Lichtstrahlen zusammenfallen, und das eben dies Zusammenfallen den Grund liefert für die eigenthümlichen Fortpflanzungsweisen des Lichts in den verschiedenen ponderabeln Materien. Ziehen wir also unsere Consequenzen aus dem erhaltenen Resultat. Zuerst diese: die Materie kann nicht continuirlich | und homogen sein, wie sie scheint, sondern 345 sie muß aus discreten Theilchen zusammen gesetzt sein. Denn vergebens bemüht sich nicht nur die gewöhnliche Phantasie, sondern auch die eingehendste Betrachtung würde sich vergeblich bemühen, in einem homogenen continuirlichen Medium Ursachen für bestimmte Schwingungsdauern zu finden. Bestimmte Schwingungsdauern resultiren allemal aus dem Verhältnis zwischen bestimmten Massen und bestimmten Kräften; an welche bestimmte Masse aber sollte man denken in einem homogenen Medium, wo ohne durch Willkür überhaupt kein Theil abgegrenzt ist gegen den andern. Die Vorstellung einzelner getrennt schwingender Theile ist nothwendig verbunden mit der Vorstellung bestimmter Schwingungsdauern.

Auch auf die Größe dieser Theilchen können wir einen, wenn auch ziemlich unsicheren Schluß aus den optischen Erscheinungen ziehen. Wir können mit Sicher- | heit schließen, daß die einzelnen Theilchen sehr 346 klein sein müssen, wegen der ungeheuren Geschwindigkeit, mit welcher sie vibriren; und doch auch, daß sie nicht unendlich klein sein müssen, um mit solcher Geschwindigkeit zu vibriren. Aber um die Größe selbst zu bestimmen, müssen wir die Annahme machen, daß die Kräfte, welche die Elasticität der Substanz bewirken, und daß die Massen, welche sich in jenen Schwingungen bewegen, keine andern sind, als die Masse der Substanz, welche sich auch in den elastischen Schwingungen bewegt. Unter dieser Annahme können wir in folgender Weise schließen: Die Schwingungsdauern geometrisch ähnlicher Stimmgabeln, geometrisch ähnlicher Körper überhaupt, verhalten sich umgekehrt wie die Quadrate der absoluten Längen ähnlicher Seiten. Das | ist ein Resultat der mathematischen 347 Akustik. Nun sind aber die Schwingungen der Lichtwellen etwa billionenmal schneller als die gewöhnlicher Stimmgabeln. Wollen wir uns also die kleinsten Theile der Körper als ähnlich solchen Stimmgabeln denken, so müssen wir sie uns millionenmal kleiner denken.

Die Schätzung der Größe der kleinsten Theile, zu welcher wir so gelangen, ist ziemlich abweichend von den frühern, welche uns weit kleinere Werthe ergaben. Daher werden wir auf den gegenwärtigen Schluß kein Gewicht zu legen haben, wir werden aus ihm nur das Resultat ziehen: daß es nicht widersinnig sei, in den kleinsten Theilen der Materie so geschwinde Schwingungen anzunehmen, da wir uns ja aus den einfachsten akustischen Thatsachen eine Vostellung über deren Zustandekommen bilden | können. Nun aber machen wir einen ganz sicheren und wichtigen Schluß: Die kleinsten discreten Theile, von denen wir reden, müssen unter einander absolut gleich sein. Das folgt einfach aus der absoluten Gleichheit der Schwingungsdauern. Nehmen Sie an, im Natriumdampf hätten nur ein Theil der Atome die Schwingungsschnelligkeit von 508 Billionen pr Sec, andere aber hätten auch größere und andere auch kleinere, so würden wir im Spectrum nicht eine scharfe Linie sehen, sondern wir müßten ein Band sehen, welches sich durch eine Reihe von Farbnüancen hinzieht. Das ist aber nicht der Fall; unter den zahllosen Natriumatomen, welche das Licht erzeugen, befindet sich also auch kein irgend bemerkbarer Bruchtheil, welcher anders schwänge als mit 508 Billionen pr Secunde. Also sind die Schwingungsdauern gleich.

Nun wissen Sie, wie wenig dazu gehört, eine Stimmgabel zu verstimmen. | Das kleinste Klümpchen Wachs, welches wir an ihre Äste kleben, fast der Staub, der sich auf ihr ablagert, die kleinste Temperaturänderung, genügt, um sie zu verstimmen. Und wenn wir nun die Schwingungsdauern der verschiedenen Atome absolut gleich vorfinden, obwohl doch sie ein so feines Reagenz auf Abweichungen des Baus oder der Masse sind, so werden wir berechtigt sein, auf die Gleichheit der Atome zu schließen. Um so mehr da, wo sich nicht eine oder zwei Schwingungsdauern, sondern viele als gleich erweisen. Das Eisenatom liefert uns im Sichtbaren über 400 Spectrallinien, über 400 Schwingungen verschiedener Dauer ist es auszuführen im Stande; wenn nun die 400 Schwingungsdauern eines Eisenatoms genau harmoniren mit den 400 eines anderen, so wird jeder Zweifel an der Gleichheit beider als künstlich und unnatürlich erscheinen.

Hier haben wir nun aber eine Eigenschaft der kleinsten Theile gefunden, die Gleichheit, die wir recht eigentlich als eine Eigenschaft unserer gedachten und gesuchten Atome forderten, und wir empfinden ein Gefühl der Befriedigung, bei diesen stets gleichen Theilchen der veränderlichen Materie angekommen zu sein.

Constatiren wir weiter: In den glühenden Dämpfen müssen die Atome ihre Schwingungen unabhängig von ein ander ausführen; die einen müssen der Einwirkung der andern entgangen sein. Wir schließen das einfach aus der Schärfe, mit welcher die Atome ihre Eigenschwingung festhalten. Nehmen Sie eine Reihe von Stimmgabeln, welche unisono gestimmt sind, und verbinden Sie nun die Aeste | einiger von ihnen durch dünne Fädchen

148

mit einander, so gleich wird die Reinheit des Tones gestört sein. Die Schwingungsdauer der combinirten Stimmgabeln wird wenig abweichen von der der einzelnen oder sie wird etwas abweichen. Und damit also ein System von Stimmgabeln einen reinen Ton von sich gebe, ist nicht allein erforderlich, daß sie alle gleich seien, sondern auch, daß die eine ungestört durch die andere ihre Schwingungen vollenden könne. Und also müssen wir uns in den glühenden Gasen die Atome getrennt voneinander denken durch solche Zwischenräume, daß das eine nicht mehr auf das andere zu wirken vermag. Das ist genau ein Resultat, zu welchem wir auch noch vom Standpunkt der kinetischen Gastheorie aus gelangen werden.

Ziehen wir nun noch diese weitere Folgerung: | die kleinsten selbstän- 352 digen gleichen Theilchen, von denen wir reden, die Atome, sind jedenfalls äußerst complicirte Dinge. Keine Vorstellung von ihnen kann unpassender sein als die von einem ausdehnungslosen Punkte oder dergleichen Vorstel- lungen, welche das möglichst Einfache darstellen sollen. Wir sehen, daß die Atome fähig sind, Schwingungen in ihrem Innern auszuführen; es müssen also schon mehrere Massen vorhanden sein, die durch mehrere Kräfte in der gegenseitigen Ruhelage gehalten werden; aber wir sehen auch, daß viele Metalldämpfe Hunderte, ja vielleicht, wenn wir genau zusehen, Tausende von verschiedenen Schwingungen von sich geben; es müssen also auch im Innern ihrer Atome sehr viele gegen einander be- wegliche Massen und | die entsprechenden Kräfte vorhanden sein. Nicht 353 also mit einem ausdehungslosen Punkte, oder einer starren Kugel, oder einem starren Tetraeder oder dergleichen dürfen wir die Atome verglei- chen, sondern entweder etwa mit einem System von 20–100 Kugeln, die durch Stäbe und Kautschukbänder elastisch untereinander verknüpft sind, oder etwa mit unserem Planetensystem, in welchem sich ja auch eine Reihe von Kugeln in harmonischer Bewegung befindet, oder endlich auch mit Tetraedern und dergleichen, die wir uns dann aber elastisch denken müßten.

Ob eine dieser Vorstellungen passend ist oder keine, und welche etwa von ihnen passend ist, darüber können wir bisher mit Sicherheit nichts aussagen. Am meisten wird uns der Vergleich mit | den Systemen der 354 Himmelskörper ansprechen, weil wir hier nicht wiederum die Elasticität zu Hülfe rufen müssen, die wir als eine Folge der molekularen Struktur aus dem Reich der Moleküle selbst gern verbannen möchten.

Haben wir Aussicht, jemals über den innern Bau der Atome Aufschluß zu erhalten? Es ist kein müssiges Creditnehmen auf die Zukunft, wenn ich antworte: Ja, wir haben sehr gute Gründe, auf sehr vollkommene Auskunft zu hoffen. Nicht umsonst senden uns die Atome der Metalle Hunderte von meßbaren Schwingungsdauern zu, – entweder man wird nie die Gesetze dieser Schwingungsdauern verstehen, und daß scheint nach den bisherigen Erfolgen des menschlichen Geistes nicht wahrscheinlich, oder man wird

355 mit dem Verständnis dieser Gesetzmäßig- | keit den sichersten Aufschluß
erhalten über die Ursachen, welche jene Schwingungen hervorrufen. Es
erscheint wohl möglich, daß man für zwei oder drei solcher Dauern auch
aus unrichtigen Annahmen heraus richtige Werthe berechnen könne, es
erscheint das unmöglich für jene Hunderte und Tausende.

Wären uns in Altägyptischer Hieroglyphenschrift nur einige wenige
Worte überliefert geblieben, so müßte der größte Scharfsinn daran ver-
zweifeln, sie je mit Sicherheit deuten zu können. Unmittelbar wären hunderte von Erklärungsweisen möglich, die scharfe Kritik würde vielleicht
den größten Theil derselben als unrichtig abweisen können, aber immer
würden noch nothwendiger Weise mehrere gleichmögliche Erklärungs-
356 weisen, d.h. keine einzige sichere Erklärung übrig bleiben. | Aber je mehr
Bruchstücke jener Sprache uns gegeben werden, an welchen wir unsere
Vermuthungen prüfen können, je mehr werden wir von den verschiedenen Deutungen verwerfen können, und wenn schließlich überhaupt eine
Deutung übrig bleibt für die zahllosen Papyros- und Steininschriften, die
uns überliefert sind, so werden wir nicht zweifeln, daß diese Deutung die
einzig mögliche und sonach die richtige ist.

Und wenn man, entweder in der Wirklichkeit oder in einer guten Photographie, die Metallspectren und die Gasspectren sieht, mit ihren hunderten
Atomlinien, die bald ohne alle erkennbare Ordnung durcheinander gestreut
sind, bald auch wieder in deutlich erkennbarem, wenn auch unerklärtem
Rythmus sich folgen, so kann man sich des Vergleichs mit einer deutlich
357 geschriebenen, gut erhaltenen, aber noch unentzifferten Schrift kaum enthalten. Jedes Spectrum ist eine in dieser Schrift geschriebene kleine Abhandlung, die von nichts handelt, als von den Zuständen und Eigenschaften
des bestimmten Atoms, welchem das Spectrum entspringt; jede Linie ist
ein Buchstabe, vielleicht ein Wort in dieser Abhandlung, und die große
Zahl dieser Buchstaben oder Worte läßt uns vermuthen, daß die Abhandlung ihren Gegenstand mit ziemlicher Ausführlichkeit behandle. Was aber
das schönste ist an dieser Schrift und Sprache, das ist, das sie nicht gesprochen wurde an einer kleinen Stelle der Erde während einer kurzen Zeit,
wie das Altägyptische, sondern daß sie zu uns ertönt, von der Sonne aus,
358 so gut wie von unseren irdischen Licht- | quellen aus, und von fernsten
Fixsternen so gut wie von der Sonne. In den Spectren der Sterne, der Ne-
belflecken der Kometen erzählen uns die Atome jener Körper von ihrem
eigenen Aufbau und von den Zuständen, in denen sie sich befinden, lange
Geschichten, nur vermögen wir bisher ihre Sprache nicht zu verstehen.
Aber wir brauchen auch nicht ängstlich mit Hast die Documente zu sammeln, daß sie nicht verloren gehen, denn dieselbe Sprache, welche die
Atome jetzt reden, werden sie in allen Zeiten beibehalten, und wenn uns
nicht unsere eigene Wißbegierde zur Eile treibt, so können wir uns Zeit
lassen.

150

Daß die Physiker in der Entzifferung dieser Sternenschrift noch nicht so weit gelangt sind, als die Ägyptologen und Keilschriftforscher in der Entzifferung ihrer Schriften, kann ersteren | wohl nicht übel gedeutet 359 werden. Einmal sind die Documente, die Spectren, ja kaum seit zwanzig Jahren gesammelt, zweitens ist vermuthlich die Entzifferung dieser Schrift noch um ein beträchtliches schwieriger als die jener irdischen Schriften. Denn in jenen schrieben Menschen in menschlichen Ausdrucksformen von menschlichen und uns verständlichen Dingen, hier wird in Zeichen, deren Natur wir nicht wissen können, gehandelt von Dingen, von denen wir keine Ahnung haben. Vielleicht ist nicht die einzelne Spectrallinie das Elementarzeichen, sondern immer ein System von einigen Linien, vielleicht liegen diese aber dann gestreut im Spectrum, vielleicht nicht sämmtlich im sichtbaren oder photographierbaren Theil des Spectrums, so daß wir eine Schrift mit zerschnittenen Buchstaben zu deuten haben. 360

Bisher ist nicht viel mehr in Bezug auf die Deutung des einzelnen Spectrums geleistet worden, als daß man gesucht hat, solche Elementarzeichen, gewissermaßen die Buchstaben, herauszufischen. Man hat gesucht, ob nicht Systeme von Schwingungsdauern in den Spectren sind, welche in harmonischem Verhältnis stehen, d.h. welche ganzzahlige Vielfache einer Grundperiode sind. Der Versuch ist nicht ohne Resultat geblieben, aber die Erfolge waren dürftig, und lassen kaum in dieser Richtung viel werthvolles vermuthen. Man hat dann nach Liniengruppen gesucht, die sich in demselben Spectrum wiederholen, oder die sich in ähnlicher Form in verschiedenen Spectren wiederfinden; dieser Versuch ist schon mit besserem Erfolg gekrönt | worden, aber doch ist die Zusammenstellung der 361 Liniengruppen, die man vergleichen will, bis zu einem gewissen Grade willkürlich. Und was man bisher gefunden, ist [ein] rein empirisches Resultat, ohne daß man irgend einen Grund für die Wiederholung einer bestimmten Liniengruppe sich einstweilen denken kann.

Der einzige positive gesicherte und durchschlagend wichtige Erfolg, der auf diesem Gebiete bisher erlangt ist, ist der von dem englischen Physiker Lockyer erziehlte. Lockyer hat festgestellt, daß die Metalle, welche wir doch als unabhängige Elemente betrachten, die nichts miteinander zu thun haben, doch in ihren Spectren gemeinsame Elemente zeigen. Ein Theil der Linien des Eisens kehrt wieder im Spectrum des Magnesiums, des Kobalts, des Nickels, kurz der Me- | talle, welche wir aus andern Grün- 362 den als Eisenähnliche bezeichnen; ebenso finden sich andere Elemente durch die Gemeinsamkeit gewisser Linien verbunden. Wenn also auch das Eisenatom etwas ganz verschiedenes ist von dem Magnesiumatom u.s.w., so muß es doch Theile enthalten, die gleich sind mit den Theilen des Magnesiumatoms u.s.w. und die eben durch jene gemeinsamen Schwingungsdauern gekennzeichnet sind.

Sie sehen, das sieht einer Analyse der Elemente schon ähnlich; es *ist* eine Analyse der Elemente, wenn wir in ihren Atomen bestimmte Theile unterscheiden. Darum bleiben die Atome doch untheilbar im physikalischen Sinne, wenn nämlich jene Theile in der Welt sich nie voneinander trennten. Aber Lockyer hat auch Gründe dafür gefunden, daß auch physikalisch jene Theile von einander | getrennt werden können. Er fand, daß die verschiedenen Gruppen des Eisenspectrums bis zu einem gewissen Grade unabhängig voneinander verschwinden oder sich gegeneinander verschieben können, daß dies eintrete bei den höchsten Temperaturen, die vorkommen in den hellsten Theilen der Protuberanzen der Sonne, in den Fixsternen. Er deutet dies, wohl mit vollem Recht, als eine eingetretene Zersetzung der Elemente. Wenn es die Zeit erlaubt, werde ich hierauf bei Besprechung der Natur der Elemente zurückkommen; jetzt wäre ein Eingehen in diese Fragen verfrüht, weil wir ja eben von diesen Elementen noch nicht gesprochen haben.

Verlassen wir nunmehr die optischen Betrachtungen. Wir sahen, daß die Lichtbewegung in den ponderabeln Materien zu ihrer Erklärung die Annahme von Atomen nöthig macht, daß nicht blos die Annahme kleinster Theile hinreicht, sondern daß eben solche Dinge erforderlich sind, wie wir uns die Atome denken, kleine, absolut gleiche, unabhängig im Raume getrennte Dinge. Wir sahen, daß für die Zukunft uns noch eine weit reichere Ernte versprochen wird. Ganz ähnliche Resultate werden uns nun auf einem ganz anderen Gebiete entgegentreten. Wir wollen die Thatsachen in Betracht ziehen, welche die Chemie ihrer Forschung unterzieht, und welche die Vereinigung der verschiedenen Stoffe zu neuen Stoffen, den Wiederzerfall dieser neuen Stoffe in die ursprünglichen Bestandtheile [behandelt].

So uralt die Frage ist, ob die Materie ins Unendliche theilbar sei, so uralt ist 365
auch die Frage, wie viel verschiedene Arten von Materie es gebe? Der erste
Blick, den wir in die umgebende Welt thun, belehrt uns, daß es unzählige
verschiedene Stoffe giebt. Einige sind leicht wie die Luft und steigen nach
oben, andere schwer wie das Gold und sinken nach unten, einige sind
durchsichtig wie die erstere, andere unduchsichtig wie das letztere, und
diese und ähnliche Eigenschaften scheinen nicht durch die besondere Form
der Körper, sondern durch ihren Stoff bedingt: welche Gestalt die Körper
annehmen, insbesondere wie klein wir sie auch wählen, jene Eigenschaften
kleben an jedem kleinsten Partikelchen. | Würde nun jedes Theilchen diese 366
Eigenschaften nicht nur bei der Theilung, sondern unter allen Umständen
festhalten und unzerstörbar sein mit diesen Eigenschaften, so könnte gar
kein Zweifel sein, daß wir sagen müßten: Es giebt so viele verschiedene
Arten der Materie, als wir in der Natur nur unterscheiden können. (Wie
viele Arten die unbewaffneten Sinnesorgane des Menschen unterscheiden,
könnte man durch Auszählen der Wörterbücher bestimmen, es können nur
sehr wenige Tausend sein.)

Aber eine Reihe von Thatsachen ließ die Nachdenkenden bald an der
Richtigkeit dieser Behauptung zweifeln. Einmal bietet die Natur doch
auch eine Reihe von Körpern dar, deren Eigenschaften nicht sowohl durch
den Stoff, aus welchem sie gebaut sind, bedingt ist, als durch die Art,
wie dieser Stoff in ihnen angeordnet ist. Da ist das Leder, dessen Zähigkeit, verbunden mit Biegsamkeit, sich durch die Zusammensetzung aus
verschlungenen Fasern erklärt, da sind die Holzarten, deren Fähigkeit, 367
Wasser aufzunehmen, auf dem Vorhandensein der Poren, und deren verschiedene Schwere auf der verschiedenen Größe dieser Poren beruht.

Sodann konnte man sich leicht durch den Versuch überzeugen, daß
derselbe Stoff bei verschiedener Anwendung Körper mit verschiedenen
Eigenschaften zu erzeugen vermöge. Nahm man einen Glaswürfel, pul-
verte ihn so fein wie möglich und brachte das Pulver in die alte Form,
so war jetzt der Würfel nicht mehr durchsichtig, sondern undurchsichtig und weiß, seine Dichtigkeit war kleiner geworden und seine Starrheit
verloren, die Eigenschaften der Masse näherten sich denjenigen einer
Flüssigkeit, ohne daß der Stoff ein anderer geworden wäre. Wenn man
das Glas nur noch viel feiner zu pulvern vermöchte, war es dann nicht
vielleicht möglich, es in eine weiße Flüssigkeit zu verwandeln? | Konnte 368
also nicht derselbe Stoff nach seinen verschiedenen Anordnungen einen
durchsichtigen oder einen unduchsichtigen, einen festen oder einen flüssigen Körper geben? Hatte man nicht in den klaren Schwefelkrystallen,

die mit der Zeit undurchsichtig wurden, in dem Eis, das in der Wärme schmolz, vollständige Analogien zu dem gepulverten Glaswürfel?

Vielleicht möchte auch derselbe Stoff je nach seiner Anordnung verschiedene scheinbar unabhängige Stoffe zu bilden. Man hatte genug Beispiele, daß die Stoffe in einander übergingen. Der Pflanze, die das Holz bildete, wurde kein Holz zugeführt, sondern sie entnahm ihre Nahrung aus dem Wasser des Regens und den Steinen des Bodens. Und wenn das Holz im Ofen verbrannt wurde, so ging kein Holz durch den Rauchfang auf, sondern heiße Luft und Wärme und Lichtstrahlen nach allen Seiten. 369 Solche Beispiele bot | das tägliche Leben, aber die früh entwickelte Metallurgie bot auch Beispiele, die reiner waren und auch heute noch angeführt werden können. Die Metalle mußten in den Erzen, aus welchen man sie gewann, in anderer Form vorhanden sein, sie mußten nach der Oxydation in den pulverigen Metallkalken stecken, sie mußten auch in den bunten Salzkrystallen verborgen liegen, welche sich bei der Auflösung der Kalke oder der Metalle ergeben. Dessen konnte man um so sicherer sein, als man ja in vielen Fällen nach Willkür das Metall aus seinem Versteck hervorholen und wieder in demselben verbergen konnte. So lagen denn schon den ältesten Philosophen Gründe genug vor zu dem wichtigen Satz: Die Zahl der unabhängigen Arten der Materie ist weit kleiner als es den Anschein hat, die meisten Materien sind zusammengesetzt aus einfacheren Stoffen, sie unterscheiden sich durch die Mischung und Anwendung dieser Stoffe.

370 Leider lag es aber für lange | Zeiten nicht in der Macht der Menschen, weiter zu gehen und zu sagen, welche Stoffe welche andern zusammensetzen und durch welche Arten von Anordnung. Speculationen mußten hier den Wissensdurst und das Interesse vorläufig befriedigen. Am liebsten ging man gleich zum Extrem und versicherte, es giebt überhaupt nur *eine* Art von Materie, alle stoffliche Verschiedenheit besteht in verschiedener Anordnung [von] deren Theilchen. Es ist weit angenehmer, eine Sache nicht begreifen zu können, als viele nicht zu verstehen. So urtheilen die ältesten jonischen Philosophen und der Gedanke kehrt immer und immer wieder. Andere glaubten, die bunte Welt doch nur als den Kampf von Gegensätzen verstehen zu können; Empedokles erfand seine 4 Grundstoffe, Wurzeln der Dinge: Erde, Wasser, Luft, Feuer, für welche Aristoteles eine Art logischer Deduction aus den Gegensätzen kalt-heiß, naß-trocken 371 giebt. Die Alchemisten ließen zwei Stoffe, | den Schwefel und den Merkur, alles übrige zusammensetzen, und diese Lehrmeinung ermunterte sie zu stets neuen Bestrebungen, diejenige Mischung jener Elemente herzustellen, welche wir Gold nennen. Paracelsus meinte, nicht ohne ein drittes Element, den Alkohol, auskommen zu können und nahm diesen hinzu, und so fort. Da es aber nicht gelang, auch nur einen einzigen Körper in seine Grundstoffe zu zerlegen oder aus ihnen zusammenzusetzen, da man auch unter diesen Stoffen Erde, Merkur, Schwefel nicht die greifbaren

154

Stoffe dieses Namens verstanden wissen wollte, sondern andere geheimnißvolle, die kein Mensch gesehen hatte, von denen man durchaus nichts
aussagen konnte, so waren alle diese Theorien mehr metaphysischer als
physikalischer Natur.

Warum verfuhren die alten Chemiker, die doch Zeit und Arbeit nicht
sparten, in dieser unpraktischen Weise? Warum suchten | sie nicht lieber $\quad$ 372
die greifbaren, wägbaren Dinge aus greifbaren wägbaren Dingen zusammenzusetzen und in solche zu zerlegen? In Wahrheit waren ihnen nicht alle
Dinge greifbar und wägbar, die es uns heutzutage sind, nicht alle Dinge,
welche in Betracht kommen. Die Gase traten aus und ein wie Geister,
uncontrollirbar, die Körper wurden schwerer und leichter ohne sichtbare
Ursache. Und dies geschah gerade in den Verbrennungs- und Reduktionsvorgängen, auf welche das Augenmerk hauptsächlich gerichtet war.

Aber auch für die Gase kam ihre Zeit. Die Luft wurde greifbar an dem
Tage, an welchem Toricelli und Viviani die Leere des Barometerrohres
feststellten und erklärten. Sie wurde zuerst gewogen, als Pascal die Abnahme des Drucks mit der Höhe zeigte und nachwies, daß der Druck einer
Luftsäule von 150′ dem einer Quecksilbersäule von 2″ das Gleichgewicht
hält[1]. Die Waage wurde anwendbar auf die Luft | und die übrigen Gase seit $\quad$ 373
der Erfindung der Luftpumpe. Aber freilich noch mehr als 100 Jahre vergingen, ehe man die neuen Mittel auszunutzen verstand. Man mußte erst
lernen, daß die Gase besser durch ihr Volum als durch ihr Gewicht gemessen werden, wie man sie absperren könne, welche hauptsächlichsten Arten
es gäbe; kurzum, man mußte sich erst mit dem physikalischen Verhalten
der neuen Größe vertraut machen. Die Experiments on air, welche Priestly
177? veröffentlichte[2], erscheinen uns in ihren Methoden häufig kindlich
genug, aber sie zeigen die erlangte Herrschaft. Und gleichzeitig und nicht
unabhängig davon tritt an die Stelle der alten Chemie die neue, welche mit
dem Phlogiston als letztem Repräsentant die geistigen und | unwägbaren $\quad$ 374
Prinzipien ein für allemal verabschiedete, weil sie dieselben nicht mehr
nöthig hatte. Niemand ruft solche Prinzipien zur Erklärung herbei, wenn
er mit greifbaren Dingen alles erklären kann. Und das war nun möglich.

Man verwandelte nicht mehr die Stoffe, sondern man zerlegte sie und
setzte sie wieder zusammen, aber nicht, ohne die Stoffe, in welche man
zerlegte, aus welchen man zusammensetzte, jeden für sich fein säuberlich
vorzuweisen, nicht ohne auf die Zerlegung auch wieder die Zusammensetzung, auf die Zusammensetzung die Zerlegung folgen zu lassen. Die
Herstellung der Metalle aus ihren Kalken war nicht mehr eine Reinigung
von irdischer Befleckung im allgemeinen, sondern das, wovon man es rei-

---

[1]Die Striche stehen für Fuß und Zoll.

[2]Priestley, Joseph: Experiments and Observations on Different Kinds of Air. Der erste Band
erschien 1774, der zweite 1775 und der dritte 1777.

nigte, wurde festgehalten und ausgefragt, und erwies sich als ein farbloses
Gas, und wie das Metall dazu kam, sich zu beflecken, war nicht mehr
verborgen, jenes Gas war in der Luft enthalten, und entfernte man es dar-
aus, so trat keine Beflekkung und Verschlechterung des | Metalls ein. Die
Unzerstörbarkeit der Materie war erst jetzt als experiementelle Thatsache
zu behaupten möglich. Der Chemiker konnte jetzt sagen: Nehmt ein Pfund
des Stoffes A, einen des Stoffes B und so weiter, laßt alles auf ein ander
wirken und jagt es durch die complicirtesten Verhältnisse und Verwand-
lungen, zu jeder Zeit wil ich in dem Gebräu wieder 1 Pfund des Stoffes A,
ein Pfund des Stoffes B und so weiter nachweisen. Und erstaunlich schnell
lernte die Chemie die Verbindungen der Stoffe beherrschen. Sehen wir von
den organischen Verbingungen ab, so machte es bald keine Schwierigkeiten mehr, von beliebigen Anfangsstoffen ausgehend alle beliebigen Stoffe
herzustellen, welche sich überhaupt von denselben ableiten ließen, ebensowenig wie die Probe auf das Exempel zu machen, die Rückgewinnung
der Ausgangsstoffe.

Die Frage nach den einfachen Arten der Materie und ihrer Zahl trat
nun auch in ein neues Stadium. | Die Chemie faßte auch diese Frage vom
praktischen Standpunkte aus auf, sie fragte nicht: aus welchen einfachen
Stoffen kann ich vermuthen, annehmen oder gar logisch beweisen, daß
die Stoffe sämmtlich sich ableiten müssen, sondern: auf welche greifbaren, vorweisbaren, wägbaren Stoffe kann ich thatsächlich alle Stoffe
zurückführen? Sie konnte die Frage beantworten durch ein Auschlußver-
fahren: Wenn sie eine Liste aufstellte aller jemals bekannt gewordenen
Stoffe, wenn sie aus derselben jeden Stoff ausstrich, den man jemals hatte
zerfallen oder aus andern in der List enthaltenen entstehen sehen, so mußten diejenigen übrig bleiben, welche niemals zerfallen oder entstanden
waren. Und in der That bleib eine Große Zahl von Stoffen übrig, die nun
die Elemente genannt wurden.[3] | Die sämmtlichen bekannten schweren
Metalle mußten zu denselben gerechnet werden, zu diesen schweren Metallen trat eine Reihe neu entdeckter leichterer, welche die Erden bilden,
den Metallen gegenüber stellte sich die Gruppe der Metalloide, von denen
Kohle und Schwefel dem Alterthum bekannt waren, die übrigen theils vor
kürzerer Zeit entdeckt, theils noch zu entdecken waren.

Mit der gesammten Zahl der Elemente geht es wie mit der Zahl der
Planeten, sie läßt sich nicht angeben, weil sie täglich wächst.[4] Lavosier
nahm ungefähr 20–23 an, im Jahre 1840 kannte man 55, im Jahre 1877
kannte man 64, heute sind wohl schon die 70 überschritten. Dabei haben

---

[3]Hier folgt eine Passage, die ausgestrichen wurde, weil sie nahezu identisch auf MsS. 379/380
verwendet wurde; deshalb wird auf ihre Wiedergabe verzichtet. – Außerdem wurde hier ein Blatt
eingefügt.

[4]Diese Bemerkung bezieht sich auf die im 19. Jahrhundert sehr häufige Entdeckung von
Asteroiden.

156

wir Grund, in der Sonne und den Sternen uns unbekannte Ele- | mente 377
zu vermuthen; ferner werden wir theoretische Betrachtungen kennen lernen, welche weitere Elemente, nicht nur überhaupt, sondern solche mit ganz bestimmten Eigenschaften, wahrscheinlich machen. Die große Zahl der Elemente ist von jeher ein Grund gewesen, an ihrer Einfachheit zu zweifeln.

In welchem Verhältnis die verschiedenen Elemente sich am Aufbau der Welt im ganzen betheiligen, läßt sich einstweilen nicht sagen. Wenn wir nach unserer nächsten Umgebung, der Erdkruste schließen dürften, so wären es besonders die Metalloide und die leichteren Metalle, von ersten vorzugsweise Sauerstoff, Silizium in der Kieselsäure, Wasserstoff im Wasser, in zweiter Linie Kohle, Chlor, Schwefel, Phosphor, Stickstoff, von letzteren in erster Linie das Aluminium in der Thonerde, in zweiter Calcium im Kalk, Kalium, Natrium, Magnesium. Zu diesen würden wir nur noch das Eisen als einen wichtigen Bestandtheil der Welt hinzuzunehmen haben; was | wir sonst an Elementen kennen, erscheint mehr 378
als gleichgültige Beimischung, so wichtig uns auch diese Elemente zum Theil, besonders die Schwermetalle, sind. Aber offenbar ist es kein Zufall, daß sich auf der Oberfläche der Erde die leichteren Bestandtheile drängen, und wir dürfen von denselben nicht auf das Ganze schließen. Thatsächlich wissen wir, daß das Erdinnere im Mittel mehr als doppelt so schwer ist wie die Oberfläche, hier werden also die schwereren Elemente einen größern Bruchtheil des Ganzen ausmachen, und es könnte sein, daß Elemente wie Kohlenstoff, Wasserstoff, Stickstoff, die für uns die Grundbedingungen der Existenz sind, ihrer Masse nach so gut wie wegfallen.

Der hohe Magnetismus der Erde, ihr specifisches Gewicht und das häufige Vorkommen des Eisens auf der Oberfläche trotz seiner Schwere, lassen es nicht unwahrscheinlich erscheinen, daß | dieses Element einen 379
Hauptbestandtheil des Erdkörpers bildet. Mit Wasserstoff, Natrium, Magnesium zusammen scheint es auch einen hervorragenden Bestandtheil der Sonne und vieler Sterne zu bilden, wobei nicht zu vergessen [ist], daß wir von diesen auch nur die Oberfläche mustern können.

Die Chemie nennt die Elemente auch einfache Stoffe, ohne indeß daran irgend die geheimnisvollen Eigenschaften knüpfen zu wollen, welche Alterthum und Mittelalter sich mit dem Wörtchen „einfach" nothwendiger Weise verbunden dachte. Sie streitet auch gar nicht, ob diese Elemente von einem absoluten Standpunkte aus als einfache und von einander unabhängige Körper sich ergeben würden, sie erklärt dieselben nur als relativ einfach im Vergleich mit der übrigen Zahl der Stoffe und in Bezug auf unsere Hülfsmittel. Alle | übrigen Stoffe können wir aus diesen zusam- 380
mensetzen, diese können wir weder aus den übrigen noch auseinander zusammensetzen – das giebt einen deutlichen Gegensatz zwischen diesen: den einfachen, und jenen: den zusammengesetzten.

157

Daß der Gegensatz nicht nur in unseren Hülfsmitteln begründet ist, zeigen gewisse physikalische Eigenschaften, welche sie von den sämmtlichen übrigen Körpern unterscheiden. Wenn also auch diese Stoffe nicht die letzten „Wurzeln der Dinge" sind, so sind es doch tiefe Wurzeln, wie die übrigen; wenn sie nicht letzte Prinzipien sind, so sind es doch erste Prinzipien, zu welchen wir auf der Suche nach den letzten gelangen. Aber wenn auch der Name Element und einfacher Stoff auf jede Weise berechtigt ist, die Frage bleibt bestehen: Sind denn nun die Stoffe wirklich einfach oder nicht?

381 Die Chemie hat lange Zeit geantwortet, daß diese Frage für sie gleichgültig sei und unentscheidbar; heute ist sie in der Lage Gründe nachweisen zu können dafür, daß jene Frage im negativen Sinne zu beantworten sei. Denn sie hat eine Reihe von Beziehungen, Verwandtschaften, Übergängen zwischen den Elementen aufgedeckt, welche nur in einem gemeinsamen Ursprung aus tiefen Quellen ihre Erklärung finden können. Die Physik schließt sich ihr an. Ein wenig wissenschaftlicher Grund für diese Entscheidung, dem aber doch kein Denkender entflieht, ist von vorn herein die große Zahl der Elemente; es scheint noch etwas Metaphysik des Mittelalters in uns zu stecken, daß wir sagen: Es kann wohl 3 oder 5 oder 7, vielleicht selbst 12 einfache Stoffe geben, aber 67 oder 73 oder dergleichen, das ist unmöglich, es wäre gegen die | Vollkommenheit der Natur.

382 Ehe wir jene Beziehungen zwischen den Elementen betrachten, wollen wir unser Augenmerk auf die Art richten, wie sie zu den Verbindungen zusammentreten. Wenn der feste gelbe Schwefel und die feste schwarze Kohle zu der durchsichtigen Flüssigkeit Schwefelkohlenstoff zusammentreten, welcher Art ist dann diese Vereinigung? Sind Schwefel und Kohle als solche vernichtet und ist an ihrer Stelle die Flüssigkeit neu erschaffen? Oder sind beide wohlerhalten in der Flüssigkeit, und haben sich nur gegenseitig durchdrungen? Oder sind sie erhalten ohne sich zu durchdringen und bildet die Flüssigkeit nur ein Gemisch beider in sehr kleinen Theilen? Oder liegt sie Sache noch anders?

Der Chemie ist es gelungen, auf diese Frage eine Antwort zu geben, die ebenso klar ist, wie sie helles Licht auf die innere Struktur der | Materie

383 wirft. Die Antwort besteht in folgender Aussage: Die Elemente bestehen aus kleinen getrennten unabhängigen Theilchen, welche man Atome nennt. Alle Atome eines Elements sind gleich. Jedes derselben ist der kleinste Theil des Elements, welcher gedacht werden kann, aber jedes ist auch schon Repräsentant und in chemischem Sinne vollständiger Repräsentant des Elements. Nur diejenigen Eigenschaften des ganzen Elements, welche am Atom haften, sind Sache der Chemie. Die Verbindungen der Elemente bestehen nur in dem Zusammentreten der Atome. Daher besteht auch jeder zusammengesetzte Stoff aus kleinen getrennten unabhängigen Theilchen, welche nun aber der Sprachgebrauch als Moleküle bezeich-

net. Alle Moleküle einer Verbindung sind gleich. Jedes Molekül ist der kleinste Theil der Verbindung, welcher gedacht werden kann, aber es ist auch schon vollständiger Repräsentant derselben. Es besteht aus einer bestimmten Zahl von Atomen bestimmter Elemente. Aber die Zahl und Natur der zusammen- | setzenden Atome reichen noch nicht zur vollständigen Charakterisirung aus, auch auf die Anordnung der Atome kommt es an. Nicht allein Zahl und Natur, sondern auch die Anordnung der Atome kann aus den chemischen Vorgängen erkannt werden. Die ersten Grundgesetze für diese Anordnung sind bereits bekannt.

Es liegt uns nun ob, die Gründe kennen zu lernen, welche zur Annahme dieser Sätze zwingen. Aber freilch dürfen wir nicht hoffen, diese Gründe zu erschöpfen. Die Chemie gleicht in der Entwickelung, die sie heutzutage besitzt, jenen complicirten Brückenconstructionen der Neuzeit, bei welchen es nicht mehr leicht ist zu sagen, welche Theile denn die Tragenden und welche die getragenen seien, sondern bei welchen alle Theile unter einander in Wechselwirkung stehen. Man kann wohl noch die Hauptträger als die wichtigsten herauserkennen, aber man würde irren, wenn man glaubte, daß all das kleine Nebengebälk nicht | auch zur Festigkeit ganz ordentlich beitrüge. So sind es auch kaum mehr die Hauptgründe, als zahllose kleine Nebenbeziehungen, welche dem Chemiker jene Sätze als unbezweifelbare Wahrheiten erscheinen lassen; er weiß, daß von seiner schönen und geordneten Wissenschaft nichts als ein wirrer Trümmerhaufen nackter Thatsachen übrig bleiben würde, wollte man jene Sätze, welche die Ordner der Thatsachen bilden, heraus nehmen. Aber wenn wir nicht alles thun können, wollen wir doch Etwas zu thun suchen.[5]

Zuerst also: Alle chemischen Verbindungen erfogen nach bestimmten Gewichtsverhältnissen. Schwefel und Kohle verbinden sich im Schwefelkohlenstoff im Verhältnis 16:3 und nur in diesem. Beziehen wir Schwefelkohlenstoff aus den verschiedensten Theilen der Erde und analysiren, wir erhalten immer dies Verhältnis; leiten wir nun selber 16 Theile Schwefeldampf über glühende Kohle, es werden genau drei Theile Kohle als Gas mitgenommen, der Rest bleibt zurück. Und wenden wir nun alle unsere Kunst auf, um einen Schwefelkohlenstoff | herzustellen, der etwas reicher an Kohlenstoff sei – keine Möglichkeit! Dagegen ist uns als ein Resultat allgemeinster Erfahrung bekannt: Gemische können wir in allen Gewichtsverhältnissen bilden. Wenn wir 16 Theile Wasser mit 3 Theilen Oel durch heftiges Schütteln zu einer milchartigen Flüssigkeit mischen, so können wir uns einreden, einen ähnlichen Vorgang bewirkt zu haben, wie die Vereinigung von Schwefel und Kohlenstoff, aber ein wesentlicher Unterschied ist da: während wir hier rechts und links durch Zuthun von Wasser oder Oel alle Glieder einer Reihe herstellen können, die von dem

384

385

386

---

[5] Am Rand in Klammern notiert: (Gemisch reiner Körper Unterscheidung von Gemischen)

159

reinen Wasser allmählich überführen zum reinen Oel, während dessen haben wir doch keine solche Reihe, sondern nur Schwefel – einen gewaltigen Sprung – Schwefelkohlenstoff – wieder einen Sprung – Kohle.

Mit einer Mischung ganz allgemein dürfen wir also die chemische Verbindung nicht vergleichen; sagen wir, sie sei eine besonders innige Mischung in einem ganz bstimmten Verhältnis, so ist | formell nichts einzuwenden, aber es ist auch nur die Thatsache selbst wiedergegeben und die Frage entsteht: Wie kommt es, daß Kohle und Schwefel nur im Verhältnis 3 zu 16 jene besondere Art inniger Mischung eingehen? Welche Verwandtschaft haben diese Zahlen zu den Stoffen, in welchen Eigenschaften derselben sind sie begründet? hat die Zahl 3 eine Beziehung zur Kohle, die Zahl 16 eine solche zum Schwefel, oder hat nur das Verhältnis 3/16 eine Beziehung zum Verhältnis zwischen Schwefel und Kohle? Pythagoras würde vielleicht eine zweite Hekatombe geopfert haben für die Kenntnis eines einzigen solchen Zusammenhangs zwischen den Zahlen und den Elementen. Wir nennen das Gesetz das der constanten Proportionen.

Nun aber wollen wir das folgende betrachten: Zwei Elemente bilden häufig nicht nur eine Verbindung miteinander, sondern bisweilen eine ganze Reihe. Alle dieselben erfolgen dann nach dem Gesetz der constanten Proportionen. Aber ganz unabhängig von diesen tritt dann eine | neue und wunderbare Gesetzmäßigkeit auf. Betrachten wir einmal den Stickstoff und den Sauerstoff, die Bestandtheile der Luft. Ihre Verwandtschaft ist nicht groß, in der Luft sind sie einfach gemischt und nicht verbunden mit einander vorhanden. Es lassen sich trotzdem eine Reihe von Verbindungen herstellen. Denken Sie, wir nehmen 14 Gramm Stickstoff und verbinden denselben mit Sauerstoff, so daß wir zuerst möglichst wenig, dann mehr und mehr Sauerstoff hinzunehmen. Die erste Verbindung, die wir erhalten, ist das Stickstoffoxydul, ein Gas, welches dem Sauerstoff ähnlich ist; es wird auch Lachgas genannt und ist das bekannte Betäubungsmittel der Zahnärzte. Es enthält auf jene 14 Gr Stickstoff 8 Gr Sauerstoff. Die zweite Verbindung ist ein der Luft ähnliches Gas, welches z. B. auftritt, wenn wir Kupfer in Schwefelsäure auflösen, es enthält 16 Gramm Sauerstoff, es heißt Stickoxyd. Obwohl es farb- | los ist, bilden sich doch dichte braune Dämpfe bei der genannten Operation, diese haben aber ihren Grund nicht sowohl in dem Gase, als in der Verbindung, welche es sofort mit dem Sauerstoff der Luft eingeht. Sammeln wir die braunen Dämpfe, so können wir aus denselben die nächsten Verbindungen herstellen. Wir haben da das Stickstofftrioxyd, schon kein Gas mehr, sondern bei 0° eine blaue Flüssigkeit, welche jetzt 24 Gr Sauerstoff hat. Sodann das Stickstofftetraoxyd, ebenfalls flüssig sogar bis 26° Celsius; die Analyse ergiebt, daß es [auf] 32 Gr Sauerstoff die entsprechenden Gr Stickstoff enthält. Endlich die Verbindung, welche am meisten Sauerstoff enthält, ist gar fest und bildet

160

weiße Krystalle, sie heißt Salpetersäure-Anhydrid, weil sie in Wasser sich zu Salpetersäure auflöst. Es finden sich in ihr 40 Gr. Sauerstoff.

Nun kann es keine einfachere und deutlichere Gesetzmäßigkeit | geben 390 als die, welche die genannten Zahlen darbieten; dieselben verhalten sich wie 1,2,3,4,5; keine Frage ist berechtigter als die, worin das seinen Grund habe. Wie bei den Gemischen, so ist hier auch bei den Verbindungen eine Mannigfaltigkeit der Mischungsverhältnisse möglich. Aber während dort eine continuirliche Mannigfaltigkeit möglich ist, ist es hier eine discrete. Mit einer bestimmten Menge Stickstoff können wir beliebige Mengen Sauerstoff vermischen, aber nur eine ganz bestimmte Menge oder die doppelte oder dreifache oder vierfache oder fünffache Menge verbinden. Wollen wir daher einen Vergleich überhaupt anstellen, so müssen wir uns vorstellen, daß uns der Stickstoff nur in Ballons mit 14 Theilen Inhalt, der Sauerstoff nur in Ballons mit acht Theilen Inhalt gegeben sei, und daß uns nur erlaubt sei, ganze Ballons miteinander zu mischen. Dann wären auch in den Mischungen nur discrete und einfache Verhältnisse möglich. Aber was hilft uns dieser | Vergleich, da wir doch bei den chemischen Vorgängen 391 durch keinerlei Zwang bestimmte Mengen der Elemente einander darbietet [sic!]. Als wir das Stickoxyd an der Luft braune Dämpfe bilden sahen, boten wir ihm nicht etwa nur gerade 16 Gramm Sauerstoff dar, sondern die ganze unbegrenzte Atmosphäre, es selbst wählte sich 16 Gr daraus, und verschmähte den Rest.

Wäre es indessen vielleicht denkbar, daß auch ohne äußeren Zwang in den Körpern selbst eine Eintheilung liegt, welche die gleiche Wirkung wie jene zwangsweise Einsperrung in Ballons ausübt? In den für unsere Sinne wahrnehmbaren Mengen ist allerdings die Materie continuirlich theilbar, aber die chemischen Verbindungen finden auch schon in Mengen statt, die für unsere Sinne nicht mehr wahrnehmbar sind; wäre es denkbar, daß in diesen Raumverhältnissen der Sauerstoff gewissermaßen nur in ganzen Ballons geliefert würde, daß es möglich wäre, einen oder zwei oder 3 solcher Ballons zu verlangen, | nicht aber 1/2 Ballon oder 3/4 Ballons u.s.f.? 392 Dieser Gedankengang ist zuerst und, wie es scheint, genau an dem von uns gewählten Beispiel von dem Engländer Dalton in den Jahren 1802 und 1803 eingeschlagen und weiter verfolgt worden, bis er sozusagen zur chemischen Entdeckung der Atome führte. Man muß freilich, um Daltons Verdienst zu würdigen, bedenken, daß ihm nicht so klar wie uns eine Reihe von Beispielen, die gut beobachtet waren, vorlagen, sondern daß Beispiele wie das hier erwähnte sehr vereinzelt standen, und daß die Beobachtungen so mangelhaft waren, daß selbst das Gesetz der constanten Proportionen noch in Zweifel stand. Die discrete Mannigfaltigkeit der chemischen Verbindungen erklärte Dalton aus der discreten Theilbarkeit der Materie in ihren kleinsten Theilen, die Einheit, welche diese Theilbarkeit bestimmt und von welcher Brüche nicht mehr möglich sind, nannte er die Atome

der Elemente. Das Gewicht aller Atome ist gleich, und wir dürfen daher
393 sie | für gleich halten.

Die chemischen Verbindungen erklärte er als atomweise Vereinigungen unter den Elementen. Aus den Gewichtsverhältnissen der Verbindungen bestimmte er zuerst die relativen Gewichtsverhältnisse der kleinsten Theile der Elemente. Klar ist nun, daß diese Daltonsche Anschauungsweise das von uns behandelte Beispiel erklärt und vollständig erklärt. Warum die Elemente in diskrete Theile getheilt sind, wird Niemandem einfallen zu fragen. Aber fraglich kann sein, ob die Erklärung die einzig mögliche ist, ob also durch das Gesetz der multiplen Proportionen die Existenz der Atome schon bewiesen sei? Gewiß kann dies niemand behaupten, aber nachdem in 80 Jahren eifrigsten Forschens auch nicht eine andere Erklärungsweise sich dargeboten hat, ist die Frage nach einer solchen müßig und wir thun wohl, die Existenz der Atome als bewiesene Thatsache und nicht als Hypothese hinzunehmen, und erinnernd, daß es überhaupt keine menschliche Wahrheit gebe, die nicht irgendwo auf Hypothesen und Wahrscheinlichkeiten beruhte.

394 Auch wollen wir die Daltonsche Annahme sofort einer scharfen Prüfung unterwerfen. Wir nehmen unser Stickstoffoxydul, welches aus 14 Theilen [Stickstoff] und 8 Theilen Sauerstoff bestand, und zerlegen es wieder in seine Bestandtheile. Nun verbinden wir jeden dieser Theile für sich mit einem andern Element, etwa dem Wasserstoff. Wenn wir Wasserstoff verbrennen in den 8 Gramm Sauerstoff, so erhalten wir Wasser, und zwar 9 Gramm, wir haben gerade ein Gramm Wasserstoff gebraucht. Daraus würden wir schließen, daß wir das Gewicht des Atoms Wasserstoff mit 1 bezeichnen müssen, wenn das des Sauerstoffs 8 ist. Nun können wir auch den Stickstoff mit Wasserstoff verbinden, z. B. indem wir einen elektrischen Funken durch ein Gemisch beider schlagen lassen, und das Resultat ist ein Gas, der Salmiakgeist oder der Ammoniak. Aber wir sind nun in der Lage, eine Voraussage zu machen. Wenn wir wirklich die einfachen Gewichtsverhältnisse richtig erklärt haben, so verhält sich das
395 Gewicht eines Atoms | Wasserstoff zu einem Atom Stickstoff wie 1:14, und wir werden daher im Ammoniak auf 14 gr Stickstoff 1 oder 2 oder 3 oder 4 gr Wasserstoff finden, aber unmöglich 2 1/4 gr oder dergleichen.

Wären hingegen jene Gewichtsverhältnisse begründet in verborgenen Eigenschaften des chemischen Prozesses, so wäre zu vermuthen, daß diejenigen der Verbindungen Stickstoff-Wasserstoff nichts zu thun hätten mit denjenigen Sauerstoff-Wasserstoff. Thatsächlich finden wir, daß sich genau 3 Gramm Wasserstoff mit dem Stickstoff verbunden haben. Sonach finden wir unsere Vermuthung hier bestätigt. Wir können nun aber auch Wasserstoff, Stickstoff und Sauerstoff in gemeinsame Verbindungen überführen; ist unsere Anschauung richtig, so dürfen keine anderen Gewichtsverhältnisse vorkommen, als welche durch 14, 8, 1 theilbar sind. In der That finden wir z. B. im Hydroxylamin 14 Theile Stickstoff mit 3 Theilen Wasserstoff und 16 oder 2 × 8 Theilen Sauerstoff; im Ammoniumnitrit 14 Theile Stickstoff mit 2 Theilen Wasserstoff und 16 oder 2 × 8 Theilen Sauerstoff und so fort.

Machen wir nun die Probe, die in kleinem Kreise geglückt ist, in großem Maßstabe. Bilden wir von jedem der bekannten Elemente eine Verbindung, in welcher Stickstoff enthalten ist. Kaum wird es ein Element geben, von dem eine solche Verbindung nicht möglich wäre. Wir wollen eine solche Menge der verschiedenen Verbindungen herstellen, daß 14 gr Stickstoff in jeder derselben enthalten sei. Die Mengen A, B, . . . , welche sich von den übrigen Elementen mit dem Stickstoff sich verbunden finden, müssen, wenn unsere Auffassung richtig ist, sich zu 14 gr verhalten wie das Gewicht der kleinsten Theile jener Elemente zu dem Gewicht der kleinsten Theile des Stickstoffs. Vielleicht könnten aber auch in jenen Verbindungen schon 2 oder 3 oder 4 Theile der andern Elemente vorhanden sein; dann wären die relativen Gewichte der kleinsten Theile derselben nicht A, B, . . . , sondern A/2 oder A/3, B/2 oder B/3 u.s.w., hierüber können wir nicht mit Sicherheit urtheilen.

Bilden wir nun irgend eine der zahllosen möglichen neuen Verbindungen beliebiger Elemente, so können wir vom Standpunkte unserer Theorie aus voraus vermuthen, daß sich die Elemente verbinden werden im Verhältnis einfacher ganzzahliger Vielfache, entweder der Zahlen A, B, . . . selbst, oder das der Zahlen A/2, B/2, . . . oder A/3, B/3, also einfacher [unleserlich] Theile von A, B, ... Diese Voraussicht finden wir nun in der That bestätigt. Und zwar ist diese Prüfung unserer Theorie eine sehr strenge, weil sie sich nicht in 2 oder 3 Fällen ausführen läßt, sondern viele Tausende von Verbindungen hier thatsächlich untersucht werden, und zwar mit der ganzen Genauigkeit, welche unser zuverlässigstes Instrument, die Waage, darbietet; niemals hat dieselbe die geringste Abweichung von der Regel angezeigt. Die Consequenzen unserer Theorie, als bloße Thatsachen gefaßt, sind also unbezweifelbare Wahrheit, die Gegenstände aber, welche unsere Theorie zur Erklärung derselben annimmt, liegen so dicht hinter ihnen, wie nur je die | unsichtbare Ursache hinter den sichtbaren Wirkungen.

Freilich läßt uns die Theorie auch noch manche Zweifel übrig. Z. B. diesen: Wenn 14 Gramm Stickstoff sich mit 8, 16.. gr Sauerstoff verbinden, muß darum gerade in der ersten dieser Verbindungen 1 Atom Stickstoff mit einem Atom Sauerstoff verbunden sein? Können es nicht auch zwei Atome Stickstoff und ein Atom Sauerstoff sein? Wenn sich etwa eine Verbindung fände, die 21 gr Stickstoff mit 8 gr Sauerstoff verbunden enthielte, so würde dieselbe 7 gr mehr enthalten als das Stickoxydul; wir müßten also annehmen, daß das kleinste Theilchen des Stickstoffs nur das relative Gewicht 7 hätte, und daß also das relative Gewicht 14 schon 2 kleinste

Theile umfaßte. Vielleicht ist eine derartige Verbindung nur noch nicht entdeckt.

So lange die Chemie noch in den Anfängen lag, waren nun derartige Zweifel in der That gerechtfertigt, und jeder Tag konnte neue Belehrung durch die Erfahrung bringen, und eine Correction der früheren Anschauungen veranlassen. Aber je mehr die Chemie ihr Gebiet bemeisterte, um so unwahrscheinlicher wurde zunächst die Entdeckung neuer Verbindungen überhaupt, sodann aber besonders die Entdeckung von Verbindungen, die von den immer mehr bekannt gewordenen Gesetzen abweichen. So lange man die kleinsten Mengen der sich verbindenden Stoffe nur aus 100 Verbindungen abstrahirte, war es möglich, daß in der 101sten noch kleinere Mengen sich verbänden; sobald man aus 1000 abstrahirte, wahr es schon weit unwahrscheinlicher, daß noch die 1001ste wesentlich neues bringen werde, und wenn man wie heutzutage fast nicht nur die wirklich dargestellten Verbingungen kennt, sondern auch über die möglichen ein Urtheil hat, so ist jede Belehrung schon ein Aufsehen erregendes Ereignis. Auch hat die Chemie physikalische Gründe zur Beantwortung der Frage hinzuziehen können, und so ist sie sich heute nach langem Streite | unter ihren Bearbeitern ziemlich klar darüber, welche Mengen der Elemente als Atome zu betrachten seien. Beispielsweise weiß sie, daß sich in der That das Atom des Stickstoffs zu dem des Sauerstoffs im Gewicht verhält wie 7:8, nicht wie 14:8, obwohl eine Verbindung von 21 Theilen Stickst. mit 8 Theilen Sauerstoff nicht nur nicht entdeckt, sondern wahrscheinlich gar nicht möglich ist.

Aber nun sind allerdings auch noch weitere Fragen möglich. Zunächst etwa diese: Wenn wir auch die kleinste Menge Stickstoff kennen, die je in Verbindungen eingeht, sind wir darum schon gewiß, beim Atom angelangt zu sein? Wäre es nicht möglich, daß in allen Verbindungen stets etwa 4 gleiche Atome miteinander vorkämen? Wenn sich dieselben nie trennten, so müßten sie uns als ein Atom erscheinen, so viele Verbindungen wir auch untersuchten? Gewiß, aber wir würden gleichwohl nicht getäuscht sein, sondern würden sehr mit | Recht nicht jene einzelnen 4 Theile, sondern das aus ihnen gebildete System als Atom bezeichnen, denn um es nochmals zu wiederholen, die Untheilbarkeit, die wir vom Atom verlangen, ist nicht eine geometrische oder gar metaphysische, sondern die rein praktische; nun wäre nach der Voraussezung für uns jenes System von 4 Theilen praktisch nicht mehr zu trennen, und danach für uns ein Atom. Die Frage entspringt also nur einer Unklarheit über die Bedeutung, welche wir mit diesen Worten verbinden.

Berechtigter ist die folgende Überlegung: Gesetzt, wir wissen, die kleinste Menge Stickstoff, die je mit 8 Theilen Sauerstoff verbunden vorkommt, sei 7 Theile, wie wir es in der That wissen. Gesetzt nun, wir finden in dem Stickstoffoxyd, jenen braunen Dämpfen, von denen wir schon vorher redeten, 7 Theile Stickstoff verbunden mit 16 Theilen Sauerstoff, wie es in der That der Fall ist. Wir schließen also, hier sei ein Atom Stickstoff verbunden mit 2 Atomen Sauerstoff. Aber wir können | die 402 empirische Zusammensetzung ebensogut ausdrücken, indem wir sagen, es seien 14 Theile Stickstoff mit 32 Theilen Sauerstoff verbunden. In der That drückten wir sie vorhin so aus. Aber nun liegt es näher zu sagen, es seien im Molekül 2 Atome Stickstoff mit 4 Atomen Sauerstoff verbunden. Ebenso gut aber könnten wir auch offenbar glauben, es seien 3 Atome Stickstoff und 6 Atome Sauerstoff verbunden und so fort. Was von alledem ist nun richtig? Oder können wir darüber kein Urtheil haben? Oder ist es vielleicht überhaupt gleichgültig?

Die Antwort ist, daß es durchaus nicht gleichgültig sei, daß aber unserm Urtheil jene Erkenntnis auch nicht verschlossen sei. Zum Beispiel in dem erwähnten Beispiele wissen wir, daß in dem braunen Dampfe 1 Atom Stickstoff mit 2 Atomen Sauerstoff verbunden ist, daß aber in der farblosen Flüssigkeit, zu welcher er in der | Kälte sich verdichtet, je zwei 403 und zwei Moleküle sich verbunden haben, so daß jetzt in jedem kleinsten Theile 2 Stickstoffatome und 4 Sauerstoffatome vorhanden sind. Die Gründe, welche wir für Behauptungen wie die vorliegende haben, sind wesentlich aus den physikalischen Eigenschaften der Körper gezogen. In dem gewählten Falle zum Beispiel schließen wir aus dem specifischen Gewicht des Gases.

Ein Gesetz, welches wir später unter dem Namen der Avogadroschen Regel noch näher kennen lernen werden, sagt uns: Wenn das Molekül des Gases 1 Atom Stickstoff und 2 Atome Sauerstoff enthält, so muß es $(7+2/8)/7$ mal schwerer sein als Stickstoff, es muß aber $(2 \times 7 + 4 \times 8)/7$ mal schwerer sein als Stickstoff, wenn es zwei Atome Stickstoff und 4 Atome Sauerstoff hält. Nun finden wir die erste Dichtigkeit, wenn wir bei 50° prüfen, die letztere, wenn wir bei 0° prüfen; so kommen wir zu der ausgesprochenen Behauptung.

Wir können hier nicht allgemein auf die Gründe eingehen, welche in 404 derartigen Fällen bestimmend wirken; sie sind mannigfaltig, sie sind nicht immer eindeutig, und über einzelne Fälle konnte Meinungsverschiedenheit herrschen; es muß uns genügen zu wissen, daß die Zahl dieser Fälle eine verschwindend kleine ist, und daß wir von den meisten Substanzen nicht nur die relative Zahl der Atome der verschiedenen Elemente, sondern auch die absolute Zahl der Atome kennen. Bei den meisten Verbindungen, welche die anorganische Chemie behandelt, ist diese Zahl übrigens die kleinste, die man annehmen kann. Dagegen spielt in der Chemie der Kohlenstoffverbindungen die Polymerie, wie wir die jetzt besprochene Erscheinung nennen, eine gewaltige Rolle. So waren im Jahre 1883 von den beiden Elementen Wasserstoff und Kohle allein 652 Verbindungen bekannt, von denen die meisten eine ähnliche percentualische

405 Zusammensetzung haben; ganze Reihen unter ihnen aber haben genau
gleiche Zusammensetzung und unterscheiden sich dadurch, daß in dem
Molekül der einen Verbindung doppelt, dreifach... n-fach so viel Kohlen-
und Wasserstoffatome verbunden sind als in den andern.

Das Leuchtgas, das flüssige Petroleum, das feste Praffin bestehen
sämmtlich aus solchen Kohlenwasserstoffen, aber das erstere enthält Moleküle, die nur wenig Kohlenatome enthalten, das zweite solche, die etwa
10 Atome, das letzte solche, die über zwanzig Atome enthalten. Sie begreifen, daß eine Wissenschaft von diesen Verbindungen erst möglich ist,
nachdem man eine klare Vorstellung von dem Wesen der Polymerie gewonnen hat. Aber, fragen wir beiläufig, welche Vorstellung soll man sich
außerhalb der Atomtheorie von derselben machen? Wie können sich 86%
Kohlenstoff mit 14% Wasserstoff auf hunderterlei Arten vermischen? Ein
406 Gefüge von 2 Atomen Kohlenstoff und 4 Atomen Wasserstoff ist | etwas
anderes als ein Gefüge aus 4 Atomen Kohlenstoff und 8 Atomen Wasserstoff, – aber ein Gemisch im Verhältnis 2:4 ist genau dasselbe wie ein
Gemisch im Verhältnis 4:8.

Die Untersuchung über die Zahl der Atome in den Molekülen der verschiedenen Stoffe führt nun zu einem eigenthümlichen Resultat in Bezug
auf die Elemente selbst. Es zeigt sich nämlich, daß der Wasserstoff, der
Sauerstoff, der Stickstoff, in dem Zustande, wie wir ihn in unseren Gasen
vorräthig haben, nicht mehr aus den kleinsten Theilen der Atome dieser
Körper besteht, wie wir sie in Verbindungen besitzen, sondern aus Molekülen, welche aus je zwei solcher Atome zusammengesetzt sind. Wie wir also
sagen, das Molekül Ammoniak sei aus einem Stickstoffatom und 3 Atomen Wasserstoff zusammengesetzt, so müssen wir sagen, das Molekül
des freien Wasserstoffs sei aus zwei Atomen Wasserstoff, das Molekül des
freien Stickstoffs aus zwei Atomen Stickstoff zusammengesetzt.

407 In einem Gefäß mit Wasserstoff haben wir also zwar in gewissem Sinne
einen einfachen Körper vor uns, da wir nur Atome einer einzigen Art darin haben, in gewissem Sinne aber auch einen zusammengesetzten Körper,
in sofern diese Atome sich nicht mehr frei im Urzustande sich befinden,
sondern paarweis mit einander verbunden sind. Wenn wir unbefangen die
Sache betrachten, so hat diese Belehrung zwar viel Interessantes, aber
nichts Auffalllendes an sich, und sie bietet uns nun sofort das Verständnis
für weitere Erscheinungen. Im Jahre 1840 entdeckte Schönbein das Ozon.
Dieses Gas ist vom Sauerstoff chemisch und physikalisch sehr verschieden, und doch bildet es sich aus dem Sauerstoff allein ohne Zutritt eines
andern Elementes, es kann auch stets in Sauerstoff umgewandelt werden,
es ist also einfach eine andere Form desselben, eine allotrope Modification,
wie man sagt.

408 Wie können nun die untheilbaren unveränderlichen Atome | der Ele-
mente verschiedene Form annehmen? Wir sagen: diese Atome nehmen

166

nicht verschiedene Form an, sondern sie verbinden sich in verschiedener Weise; wie im gewöhnlichen Sauerstoff je zwei Atome verbunden sind zu seinem Molekül, so werden im Ozon vermuthlich mehrere verbunden sein. In der That, wir sind so gut wie sicher, daß das Molekül des Ozons aus je 3 Atomen besteht. Wir dürfen nun auch fragen: Können sich vielleicht auch 4 oder 5 Atome vereinigen? Unsere Theorie ist nicht so weit, daß wir die Möglichkeit leugnen können, aber da wir sehen, wie sehr schon das Ozon das Bestreben hat, das dritte Atom abzuschütteln und in gewöhnlichen Sauerstoff überzugehen, so werden wir vermuthen, daß es irgend eine Ursache gebe, welche der Anhäufung mehrerer Sauerstoffatome entgegensteht.

Bei anderen Elementen aber kommen auch verwickeltere Verbindungen der Atome vor. Der Schwefeldampf, und ähnlich verhalten sich Chlor und Jod – hat nicht weniger als 6 Atome in seinem Molekül, wenn wir 409 ihn zuerst aus dem Schwefel bei 110° entwickeln. Erhitzen wir nun aber den Dampf mehr und mehr, so können wir aus der sich verändernden Dichte desselben erkennen, wie diese complicirten Moleküle mehr und mehr zerfallen. Oberhalb 1000° besteht jedes derselben nur noch aus zwei Atomen. Wir können von einer Zersetzung, einer Dissociation, des Schwefeldampfes reden, unbeschadet dessen, daß derselbe ein Element ist. Aus wie viel Atomen das Molekül des flüssigen oder festen Schwefels besteht, können wir einstweilen nicht angeben; wir dürfen aber vermuthen, daß es recht complicirt sei, und wenn wir sehen, daß unter verschiedenen Umständen der Schwefel mit ganz verschiedenen physikalischen Eigenschaften auftritt, so werden wir das auf die verschiedenen Verbindungsweisen der Atome zum Molekül schieben.

Der Weg den wir betreten haben, führt uns nun weiter; er führt uns 410 dazu, neben der Zahl der Atome im Molekül auch ihre Anordnung zu untersuchen. Aber ehe wir uns in diese schwierigen Fragen einlassen, wollen wir uns dessen, was wir erlangt haben, erst noch fester versichern.

Wenn die Atome, wie wir es uns denken, mit ihren sämmtlichen Eigenschaften unverletzt zusammentreten zu den Molekülen, so werden wir die Eigenschaften dieser letzteren aus den Eigenschaften jener ableiten können. Wenn ein Atom eines Elements eine besondere Eigenthümlichkeit besitzt, so dürfen wir erwarten, daß das Molekül, welches dies Element enthält, mehr oder weniger an dieser Eigenschaft theilnehme, und im Allgemeinen werden wir annehmen dürfen, daß die Eigenschaften des Moleküls entweder mittlere sind zwischen denen der es zusammensetzenden Atome oder durch die Summe jener bestimmt werden. Was besondere Eigenthümlichkeiten anlangt, so dürfen wir etwa anführen, daß 411 die Verbindungen des Eisens verhältnismäßig sehr hohen Magnetismus zeigen, entsprechend dem hohen Magnetismus des Eisens selbst und daß, wie Nickel und Kobalt ihm hierin nahe stehen, so auch deren Salze sich den Eisensalzen anreihen. Wir dürfen ferner als solche Eigenschaften die Fähigkeit anführen, ganz bestimmte Aetherschwingungen anzuregen, das heißt also ganz bestimmte Spectralfarben auszusenden. Die Spectren der Verbindungen eines Metalles sind wohl unterschieden von dem des Metalles selbst, aber sie zeigen doch soviel Übereinstimmung in den Hauptmaximis der Helligkeit, daß in dem Spectrum der Verbindung das Spectrum des Elements, in dem Spectrum des Moleküls das Spectrum des Atoms deutlich erkennbar ist. Offenbar schwingt das Atom im Molekül seine alte Schwingungsweise, ist aber gestört duch seine Nachbaratome.

412 Eigenschaften des Moleküls, welche die Mitte halten zwischen denen der Atome dürfen wir kaum erwarten. Nur diejenigen Eigenschaften einer Mischung zweier Stoffe werden die Mitte halten zwischen den Eigenschaften der Stoffe, welche unabhängig von der absoluten Menge des Gemisches sind, wie zum Beispiel Geruch, Geschmack, specifisches Gewicht und dergleichen. Wenn wir aber von einzelnen Atomen und Molekülen reden, so kommt alles auf die absolute Menge an, und auf diejenigen Eigenschaften, die von dieser abhängen; es ist Unsinn, von Eigenschaften zu reden, die dem halben Molekül ebenso gut zukommen wie dem ganzen, oder die sich schon in kleinsten Theilen des Moleküls vorfinden. Dagegen werden wir um so mehr Aufmerksamkeit der Frage zu widmen haben: Giebt es Eigenschaften der Moleküle, die sich einfach als Summe der 413 Atomeigenschaften darstellen lassen? Das Gewicht | ist der Typus einer solchen Eigenschaft, das Gewicht eines Moleküls ist exakt die Summe des Gewichts seiner Atome. Wir dürfen auch von vorn herein erwarten, daß es so sei, weil hier alle uns zugänglichen Körper das Gewicht mehrerer Körper gleich der Summe der Gewichte ihrer einzelnen ist, unabhängig von Lage, Gestalt u.s.w.

Fragen wir nun, ob wir von andern Eigenschaften der Moleküle das Gleiche mit gleicher Sicherheit erwarten dürfen, so werden wir keine andere solche Eigenschaft finden. Aber doch giebt es Eigenschaften, von denen möglicherweise das Gleiche gilt, wenn nicht genau, so doch angenähert. Da ist zunächst das Volum, die Ausdehnung. Unter Volum eines Atoms oder eines Moleküls können wir, ohne daß wir auf die letzte Natur derselben eingehen müßten, denjenigen Raum vestehen, von welchem es jedes andere Atom ausschließt. Denken wir uns nun, daß in den Molekülen die Atome so nahe aneinander gerückt seien wie möglich, so wird 414 das Volum | der Molekel ungefähr die Summe der Volumina der Atome sein. Finden wir also diese Beziehung in der Natur bestätigt, so werden wir dies als einen Beweis für die Richtigkeit der Atomtheorie sowohl als der besonderen von uns jetzt gemachten Annahme ansehen; finden wir sie nicht oder nicht immer bestätigt, so wird das kein Beweis gegen die Atomtheorie sein, es wird nur zeigen, daß die jetzt gemachte Annahme nicht oder nicht immer richtig sein kann, wenn die Atomtheorie richtig

168

ist. Thatsächlich finden wir nun aber die aufgestellten Beziehungen bis zu gewissem Grade in der Natur bestätigt.

Freilich, wie können wir denn das Volum der Atome kennen? Bemerken wir, daß es sich hier nicht um das absolute Volum handelt, ebensowenig wie vorher um das absolute Gewicht, sondern nur um das relative. Wenn wir das Volum einer chemischen Verbindung gleich finden der Summe der Volumen seiner Bestandtheile, so ist das eine Beziehung, die schon von den kleinsten Mengen gilt, und wir | werden sagen: das Volum der 415 Molekel sei gleich der Summe der Volumina der Atome, ohne daß wir doch das eine oder das andere absolut gemessen hätten.

Freilich ist nun das Volum eines Körpers nichts so scharf bestimmtes wie das Gewicht einer Verbindung. Das Volum ist ein sehr verschiedenes in den verschiedenen Aggregatzuständen, es ändert sich schnell mit der Temperatur. Daß wir nicht von dem Volum im Gaszustande reden dürfen, ist nicht zweifelhaft, denn dies ist überhaupt kein bestimmtes, sondern das Gas füllt jedes Volum aus, welches wir ihm anweisen. Wenn wir daher die Volumina der Körper vergleichen wollen, so dürfen wir sie nicht in beliebigen Zuständen vergleichen, sondern nur in solchen, in welchen wir vermuthen dürfen, daß das eigentliche Volum der Moleküle einen gleichen Bruchtheil des Gesammt- | volums ausmache. Hiermit sind wir nun aber 416 einigermaßen aufs Rathen und Probieren angewiesen, und thatsächlich hat es langes Probieren gekostet, bis man fand, daß die Flüssigkeiten in der Nähe ihres Siedepunktes vergleichbare Zustände darstellen, mehr durch das Resultat belehrt, als weil man von vornherein viel für diese Annahme hätte anführen können. Aber es zeigte sich, daß man in diesen Zuständen die Volumina der Verbindungen berechnen kann als Summe der Volumina der Elemente, nach genau denselben Formeln, durch welche man die Gewichte der Verbindungen berechnet aus den Gewichten der Elemente. Ausnahmen und Absonderlichkeiten sind freilich noch dabei. Manchen Elementen muß man in verschiedenen Verbindungen verschiedene Volumina zutheilen, nicht zwar regellos, sondern ganz gesetzmäßig nach der Art und Weise, | wie sie mit anderen Atomen verbunden sind. 417

Wie für jedes Gesetz, dessen Bedeutung noch nicht völlig klar ist, so fehlt auch für das vorliegende noch die Möglichkeit des einfachsten Ausdrucks. Besserung ist nicht eher zu erwarten, als man weiß, warum gerade die Flüssigkeiten bei Siedetemeperatur vergleichbare Zustände darstellen, oder welche anderen Zustände in Wahrheit die vergleichbaren seien. Schritte in dieser Richtung sind gethan, doch sind das Feinheiten, auf welche wir hier nicht eingehen können. Es muß uns genügen zu wissen, daß Beziehungen von der Art der von uns vemutheten sicherlich bestehen.

Eine zweite hierher gehörige Eigenschaft ist die specifische Wärme. Denken wir uns in einen Raum von gleichmäßiger Temperatur solche Mengen der Elemente gebracht, welche sich gerade ohne Überschuß zu

einer chemischen Verbindung vereinigen können. Wir werden dann, wenn
418 wir die | Zusammensetzung jener Verbindung kennen, auch die relative
Zahl der Atome der verschiedenen Elemente kennen. Erhöhen wir nun die
Temperatur des Raumes um einen Grad, so müssen wir den Elementen
Wärme zuführen; diese können wir messen, und also berechnen, wieviel
Wärme relativ nöthig ist, um je ein Atom der verschiedenen Elemente
um einen Grad zu erwärmen. Diese Wärme nennen wir die Atomwärme.
Denken wir uns nun, wir lassen die Elemente sich verbinden, und sehen
zu, wie viel Wärme wir jetzt der Verbindung zuführen müssen, um ihre
Temperatur um einen Grad zu steigern. Wir können auch angeben, wie
groß die Zahl der Moleküle der Verbindung ist, im Verhältnis zur Zahl
der Atome der einzelnen Elemente, wir können daher auch in relativem
Maaße angeben, wie viel Wärme nöthig ist, um das Molekül der Verbindung um einen Grad zu erwärmen, welche Wärme wir consequent die
Molekularwärme nenen werden.

419   Es wäre nun denkbar, daß die specifische Wärme der Verbindung einfach gleich der Summe der specifischen Wärmen der Bestandtheile wäre;
alsdann wäre auch die Molekularwärme auch die Summe der Atomwärmen, und wenn dies Gesetz allgemeine Gültigkeit hätte, so setzte sich die
Molekularwärme aus den Atomwärmen nach genau denselben Formeln
zusammen, nach welchen das Molekülgewicht aus den Atomgewichten
zusammengesetzt wird. Ist es aber auch wahrscheinlich, daß es so sei?

Offenbar können wir hierüber nur dann eine Meinung haben, wenn wir
eine bestimmte Vorstellung davon besitzen, was Wärme sei. Nun haben
wir aber heutzutage eine bestimmte Vorstellung. Wir sind so gut wie sicher,
daß sie in einer Bewegung der kleinsten Theile besteht. Die Atomwärme
wird also bestehen: erstens in einer Bewegung im Innern des Atoms, von
dessen Complicirtheit wir uns ja schon öfters überzeugt haben; zweitens
420 in einer Bewegung des Atoms als Ganzem. Die | Molekularwärme da-
gegen wird bestehen erstens in der Bewegung im Innern der einzelnen
Atome, zweitens in der Bewegung der Atome im Molekül, drittens in der
Bewegung der ganzen Moleküle. Wüßten wir nun aber, daß die Energie
der Bewegung im Innern der Atome weitaus die der andern Bewegungen
überträfe, so hätten wir hinreichenden Grund zu der Annahme, daß die
Molekularwärme die Summe der Atomwärmen sei. Aber bei jeder andern
Vermuthung haben wir keinen Grund es zu vermuthen, und da jene Voraus-
setzung eher unwahrscheinlich ist, so werden wir nur mit Zweifel an die
Frage treten, wie sich denn in Wirklicheit die Natur verhalte. Folgendes ist
nun das Resultat der experimentellen Anfrage: Erstens: Im gasförmigen
und flüssigen Zustand der Körper findet sich unsere Annahme durchaus
nicht bestätigt. Dies werden wir aber nicht als einen Beweis ...

170

MIX
Papier aus verantwortungsvollen Quellen
Paper from responsible sources
FSC® C105338

FSC
www.fsc.org

If you have any concerns about our products,
you can contact us on
ProductSafety@springernature.com

In case Publisher is established outside the EU,
the EU authorized representative is:
Springer Nature Customer Service Center GmbH
Europaplatz 3, 69115 Heidelberg, Germany

Printed by Libri Plureos GmbH
in Hamburg, Germany